# 브레인
# 케미스트리

**OVERLOADED**

# 브레인 케미스트리

무너진 균형을 회복하는
뇌화학 이야기

지니 스미스Ginny Smith 지음 | 양병찬 옮김

BRAIN
CHEMIST
RY
: OVER
LOADED

위즈덤하우스

기분, 날씨, 통증…
온갖 영향을 다 받는 골치 아픈 생명체,
당신을 위한 뇌화학 강연이 시작됩니다.

## 차례

신경과학은 어쩌면 과학을 통틀어 가장 중요한 분야일지도 모른다. 그리고 이 책은 신경과학에서 가장 근본적인 질문을 다룬다. 우리 뇌는 어떻게 일상의 경험을 생성하고 행동을 주도할까? 1.5킬로그램의 젤리처럼 생긴 기관이 어떻게 외국어 학습을 가능하게 하고, 점심에 무얼 먹을지 결정하고, 심지어 사랑에 빠지게 할 수 있을까? 물론 뇌를 구성하는 세포가 중요하지만, 우리 일상생활의 모든 측면에 영향을 미치는 복잡한 세부 사항에 관여하는 것은 뇌세포를 적시고 그들 간의 의사소통을 허용하는 각종 화학물질이다. 그런데 이 작은 분자들이 정확히 어떻게 풍부함, 기복, 희로애락을 포함한 인간 경험의 전체 스펙트럼을 일으킬까? 그리고 뇌는 어떻게 이러한 분자들 간의 각축전이 과부하로 귀결되지 않도록 제어할까?

우리는 이 책에서 최첨단 연구를 살펴보고, 뇌와 '뇌를 제어하는 분자들'의 복잡 미묘한 작동을 더 잘 이해하고자 노력하는 데 앞장선 과학자들을 만날 것이다. 이러한 분자의 수준을 변화시키는 의료용 및 기분 전환용 약물을 탐구하고, 뇌의 작용에 대한 더 나은 이해가 어떻게 화학적 뇌의 섬세한 균형에 과부하를 초래하지 않으면서 흔한 질환의 치료를 향상시키는 데 도움이 될 수 있는지 조사할 것이다. 더 나아가 자유의지, 의식 그리고 뇌가 어떻게 우리의 본능을 제어하는지를 다루고자 한다.

그 과정에서 우리는 신경과학의 역사를 파헤쳐, 거대한 도전에 직면했던 과학자들의 호기심과 끈기에 대한 이야기를 발굴할 것이다. 덤으로, 뇌에 대한 우리의 이해에 혁명을 일으킨 우연한 발견도 들여다본다. '과학은 어떻게 이루어지는가'에 관한 에피소드들은 과학 자체만큼이나 매력적이다. 화학물질 뒤에 도사리고 있는 인물을 엿보게 해줄 뿐만 아니라 수년에 걸쳐 지식이 발전하는 방식을 더 깊이 이해하도록 도와주기 때문이다.

《브레인 케미스트리》가 미디어에 만연한 지나친 단순화에 맞서 당신을 무장시키는 데 도움이 되기를 희망한다. 앞으로 살펴보겠지만 '세로토닌은 행복 화학물질이다' 또는 '도파민은 중독성이 있다'는 생각은 이러한 진술을 무의미하게 만들 정도로 중요한 뉘앙스를 너무 많이 놓치고 있다. 대신 나는 이 책에서 그 복잡성을 탐구하고 찬미할 것이며, 사물의 이해를 돕고 기본 개념을 알기 쉽게 설명하기 위해 전문 과학 용어를 과감히 생략할 것이다. 이 책이 모든 기본적인 질문에 답을 제공할 수는 없겠지만(많은 경우, 심지어 과학자들도 잘 알지 못한다)《브레인 케미스트리》가 당신의 호기심을 자극하고, 자신의 놀라운 뇌에 대해 더 많이 알고 싶게 만들기를 바란다.

# 뇌,

## 화학물질의 경연장

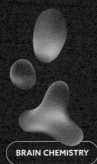

# 답변보다 더 많은 질문

◦━◦

나는 항상 호기심이 많았고, 내 주변 사물들이 '왜' 그리고 '어떻게' 작동하는지 이해하고 싶었다. 운 좋게도 어렸을 때 내 곁에는 이러한 호기심을 격려하고 아무리 엉뚱한 질문이라도 최선을 다해 답해 준 부모가 있었다. 악명 높은 사례를 소개할까 한다. 내가 세 살 무렵이었을 것이다. 공중화장실에 들어간 나는 어머니를 돌아보며 이렇게 물었다. "엄마, 여기서는 왜 이렇게 큰 소리가 나는 거예요?"

어머니는 열과 성을 다해, 소리가 부드러운 표면에서는 흡수되지만 공중화장실처럼 딱딱한 표면에서는 반사되는 이유를 설명해 주셨다. 바로 그때 용무를 마치고 물을 내리고 나온 분이 감탄과 놀라움이 섞인 표정으로 어머니에게 말했다. "휴, 우리 집 딸이 그런 질문을 하지 않아서 천만다행이에요!"

나는 항상 과학을 사랑했고 과학 지식을 스펀지처럼 흡수했지만, 뇌과학의 매력을 발견한 것은 대학생이 되어서였다. 흔히 일어나는 일이지만, 삶의 과정을 바꾸는 것은 우리가 고뇌하는 거대하고 중대한 결단이 아니라 겉보기에는 사소하고 중요하지 않은 결정이다. 나야말로 그런 경우에 해당한다고 할 수 있다. 내가 인간 두뇌의 경이로움에 눈을 뜨게 된 것은, 약간의 변덕이 작용하여 선택한[1] '진화와 행동'이라는 과목에서 수강한 두어 번의 강의에서였다. 여기서 나는 진정한 도전을 만났다. 뇌는 미스터리와 미지의 것으로 가득 찬 믿을 수 없게 복잡한 시스템이었고, 가장 근본적인 수준에서 분석하고 이해해야 했다. 게다가 우리 모두에게 매일 영향력을 행사한다니! 나는 뇌에 완전히 매료되어 전공을 화학에서 심리학으로 바꾸기로 결심했다.

2학년이 되기 전 여름에 생물학 A 레벨[2] 점수가 부족해서 문제가 생길까 봐 전전긍긍하다 신경계에 대한 제한된 지식을 업그레이드하기로 마음먹었다. 나는 GCSE[3]를 준비한 덕분에 뉴런(또는 신경

---

**1**　솔직히 말해 데이비드 애튼버러David Attenborough가 등장하는 자연사 다큐멘터리의 '개정판'을 시청할 핑곗거리가 될 거라고 생각했기 때문이다.

**2**　영국 대입 준비생들이 보통 18세에 치르는 과목별 상급 시험(옮긴이 주).

**3**　영국의 중등교육 자격시험으로, 중등교육을 제대로 이수했는지 평가하는 국가 검정 시험(옮긴이 주).

세포)의 구조에 대해 약간의 지식을 갖고 있었다. 그리고 뉴런이 '뇌와 몸 주위에서 메시지를 보내는 전문 세포'임을 알게 되었지만, 더 많은 것을 배울 필요를 느꼈다. 그래서 관련 서적을 탐독하기 시작했다.

나는 뉴런의 종류가 다양하다는 것을 알게 되었다. 우리 몸에는 감각뉴런sensory neuron이 있는데, 이 뉴런에 의해 감각기관에서 입력된 정보가 뇌와 척수spinal cord로 구성된 중추신경계central nervous system, CNS로 전달된다. 운동뉴런motor neuron은 정보를 정반대 방향으로 전달하여, 뇌가 당신의 움직임을 제어할 수 있도록 해준다. 그리고 미세한 개재뉴런interneuron이 있는데, 이것은 감각뉴런과 운동뉴런을 연결하여 복잡한 회로가 형성되도록 해준다. 뇌 안에서는 상황이 더 복잡해지고, 뉴런이 매우 다양한 모양으로 존재하며 기능도 다양해서, 신경세포를 아주 깔끔하게 분류하기가 어렵다. 그러나 뇌신경cranial nerve과 체신경somatic nerve 사이에는 몇 가지 유사점이 있다.

대부분의 다른 세포들과 마찬가지로 뉴런에도 세포체cell body가 있다. 여기에는 핵(DNA 저장을 비롯하여 다양한 역할을 수행)과 미토콘드리아(에너지를 생성)가 포함되어 있다. 뉴런은 세포체에서 만들어진 새로운 단백질을 이용하여 기능을 수행하고, 필요할 때 스스로 복구할 수 있다. 그러나 내가 가장 흥미롭게 여긴 것은 뉴런과 '전형적인' 동물 세포 사이의 차이점이었다. 수상돌기dendrite는 나뭇가지처럼 생긴 돌기로, 뉴런에서 뻗어 나와 다른 많은 뉴런과 연결될 수 있게 해준다. 그리고 '축삭axon'은 기다란 돌기로, 메시지를 빠르고 쉽게 보낼 수 있게 해준다.

## 개구리, 프랑켄슈타인, 제니퍼 애니스턴

메시지가 뉴런을 통해 전달되는 방식은 1780년 루이지 갈바니Luigi Galvani라는 과학자와 함께 이해되기 시작했다. 갈바니는 대학에서 의학과 수술 교육을 받고 졸업 후에 볼로냐 대학교의 강사가 되었다. 교육과 연구를 병행하던 그는 전기가 신체에 영향을 미치는 방법에 관심을 가졌으며, 죽은 개구리 다리에 전기를 흘리면 마치 되살아나는 것처럼 경련을 일으킨다는 사실을 발견했다.[4] 갈바니는 소스라치게 놀랐고, 자신의 발견을 '동물 전기animal electricity'라고 명명했다. 그는 자신이 동물의 '생명력'을 발견했다고 믿었는데, 어느 정도는 옳았다. 그러나 '동물 전기'를 특수한 형태의 전기라고 생각한 것은 잘못된 판단이었다. 파비아 대학교의 실험물리학 교수 알레산드로 볼타Alessandro Volta는 이를 깨닫고, 갈바니의 이론을 공개적으로 비판했다. 그는 동물 전기가 자신의 '볼타전지'의 유체를 통해 흐르는 전기와 동일한 형태라는 것을 증명했으며, 볼타전지는

---

**4**    이는 1818년에 출간된 메리 셸리Mary Shelley의 소설 《프랑켄슈타인》에 영감을 제공한 것으로 생각된다.

궁극적으로 오늘날 우리가 사용하는 배터리의 원조가 되었다. 배터리와 신체 모두에서, 전기는 하전荷電된 입자, 즉 이온의 흐름에 의해 운반된다.

오늘날 우리는 뉴런이 활성화되면 뉴런의 한쪽 끝에서 다른 쪽 끝으로 전기가 이동한다는 사실을 알고 있다.[5] 마치 축구 경기에서 파도타기 응원을 하는 군중처럼 말이다. 이것은 '극파spike' 또는 '활동전위action potential'로 알려져 있으며, 종종 뉴런의 '발화firing'라고도 일컫는다. 활동전위는 실무율all or nothing law[6]을 따르며, 0과 12 사이의 아무 곳이나 가리킬 수 있는 아날로그시계보다 특정한 숫자를 표시하는 디지털시계와 더 비슷하다. 뉴런은 문턱값threshold에 도달하면 발화하고 도달하지 못하면 발화하지 않으므로, 작거나 큰 활동전위는 존재하지 않는다. 그러므로 예컨대 감각의 강도에 대한 정보를 제공하는 것은 '발화의 세기'가 아니라 '극파의 비율'이다.

깊이 파고들면서 나는 이 단순해 보이는 구조들이 얼마나 복잡한지 깨달았다. 예를 들어, 축삭은 미엘린myelin이라는 지방질로 코팅되어 있다. 미엘린은 전기 케이블 주변에서 발견되는 절연재와 약간 비슷하지만, 메시지가 축삭을 따라 더 빨리 전달되도록 도와준다. 뇌에서 때때로 '백색질white matter'이라고 불리며, 신경아교세

---

**5** 흥미롭게도 대부분의 뉴런에서 정보는 한 방향으로만 흐를 수 있다. 이때 첫 번째 뉴런은 화학물질을 방출하고, 두 번째 뉴런은 화학물질을 받아들이는 수용체를 가지고 있다.

**6** 단일 근섬유, 신경섬유가 문턱값 이하의 자극에서는 반응하지 않고, 문턱값 이상의 자극에서 자극의 세기에 관계없이 반응의 크기가 일정하게 나타나는 현상(옮긴이 주).

포glial cell⁷에 의해 만들어진다. 뇌에는 뉴런보다 10배나 많은 신경아교세포가 있지만, 더 유명한 사촌들에 가려 존재감이 없다. 부분적으로는 뉴런을 뒷받침하기 위해 존재하는 상당히 비활성적인 세포로 간주되어왔기 때문이다. 과학자들은 신경아교세포가 뇌를 건강하게 유지하고 적절하게 기능하도록 만드는 데 훨씬 더 적극적인 역할을 수행한다는 사실을 깨닫기 시작했다.

복잡 미묘한 뇌를 알아갈수록 나는 더욱 빠져들었다. 대학 마지막 해에는 내 관심이 심리학과 신경과학의 경계에 있음을 깨달았다. 그것은 인지심리학 또는 행동신경과학으로 알려진 영역으로, 가장 중요한 질문인 왜 우리는 '일정한 방식'으로 행동할까에 답할 수 있는 영역인 것 같았다. 그러나 더 파고들수록 우리가 얼마나 모르는지를 알게 되었다. 살아 있는 인간의 뇌 내부를 들여다볼 수 있게 해주는 자기공명영상MRI 스캐너가 발명된 후 수년 동안, 과학자들은 뇌의 어느 영역이 어떤 과정에 관여하는지 밝혀내는 데 초점을 맞췄다. 또한 숫자나 얼굴을 보았을 때, 간지럼을 탈 때 웃음을 '관장하는' 영역을 발견했다. 그들은 심지어 영화배우 제니퍼 애니스턴Jennifer Aniston의 사진에 반응하는 단일 뉴런까지 발견했다. 그러나 더 최근에 우리는 이것이 뇌 스캐너의 해상도에 의해 야기된 지나친 단순화라는 사실을 깨닫기 시작했다. 오늘날 우리는 각각의 과정을 '관장하는' 영역을 살펴보는 대신, 뇌 전체에 광범위하게 분

---

**7**　신경아교세포란 뉴런을 제외한 뇌 속의 모든 세포를 말한다.

포하는 뉴런의 조합을 찾는 데 초점을 맞추고 있다.

인간의 뇌에서 각각의 뉴런은 수천 개의 연결을 만들어, 뇌의 회색질grey matter을 구성하는 조밀한 세포망을 구축할 수 있다. 내가 특히 매력적이라고 생각하는 것은 바로 세포들 사이의 연결인데, 그 이유는 우리 뇌에 놀라운 유연성을 제공하기 때문이다. 인간은 대다수의 뉴런이 이미 제자리를 잡은 상태로 태어난다. 뇌의 특정 영역이 새로운 뉴런을 만들 수 있는지를 놓고 논쟁이 있지만, 이과정은 광범위한 것처럼 보이지 않는다. 그러나 우리에게 이미 있는 뉴런은 새로운 연결을 만들 수 있고, 연결의 강도가 바뀔 수도 있다. 이 현상은 때때로 뉴런이 새로운 수상돌기를 성장시킴으로써 새로운 물리적 연결이 만들어지는 과정을 통해 발생한다. 하지만 이것은 느린 과정이며, 우리 뇌는 주변에 보내는 신호를 바꾸는 데 더 빠른 방법을 필요로 한다. 바로 여기서 뇌 화학물질이 개입한다. 뇌 화학물질이 어떻게 작동하는지 이해하기 위해서는 먼저 그것이 어떻게 발견되었는지 살펴볼 필요가 있다. 그러려면 타임머신을 타고 1800년대 중반으로 가야 한다.

## 세기의 논쟁

◦━◦

19세기 중반까지만 해도 뇌가 무엇으로 구성되었는지는 여전히 미스터리였다. 인간의 감각은 그럭저럭 쓸 만했고, 당시의 현미경은 그다지 강력하지 않았다. 분명한 것은 뇌가 촘촘하게 얽힌 섬유로 구성된 네트워크라는 것이었다. 그러나 이 섬유들의 정체가 무엇인지, 우리가 살아 있는 매 순간 어떻게 뇌가 무수한 임무를 수행하는지는 분명하지 않았다. 그렇다고 해서 과학자들이 이론을 제시하고 진실을 밝히려는 실험을 멈춘 것은 아니었다. 카밀로 골지Camillo Golgi도 이런 과학자 중 한 명이었다.

골지는 1843년 이탈리아에서 태어나 아버지를 따라 의사로 성장했다. 그러나 실험의학에 대한 관심은 골지를 연구직으로 이끌었고, 그는 결국 줄리오 비초체로Giulio Bizzozero 문하에서 공부하기 시작했다. 무엇보다 비초체로는 신경계 쪽 전문가였으며 현미경으로 신경계의 구조를 연구했다.

당시 생리학의 세포이론은 비교적 초기 단계에 머물렀다. 신체가 별개의 요소, 즉 세포로 구성되어 있다는 생각이 널리 받아들여졌지만 뇌까지 확장되지는 않았다. 대신 독일의 해부학자 요제프 폰 게를라흐Joseph von Gerlach는 망상이론網狀理論을 제시하며, '신경계의 섬유는 연속적인 망을 형성하며, 그 속으로 정보를 전달하는 유체가 흐른다'고 주장했다. 골지가 지지한 것은 바로 이 이론이었고, 이것은 평생 그의 연구 결과를 좌우했다.

돈 문제로 다시 병원에 취직한 골지는 오래된 병원 주방에 조악한 실험실을 마련해 연구를 이어갔다. 당시 과학자들은 현미경으로 신경계를 관찰하기 위해 착색제를 만들었는데, 신경계의 구조를 염색함으로써 더 잘 보이게 하려는 것이었다. 그러나 골지는 그것이 뇌의 복잡한 구조를 명확하게 만들기에 충분하지 않다고 느꼈다. 좌절한 그는 실험에 착수했고 1873년 돌파구를 마련했다. 먼저 뇌 표본을 중크롬산칼륨$K_2Cr_2O_7$으로 처리한 다음 질산은$AgNO_3$으로 처리했더니 빽빽하게 들어찬 뇌세포 중 일부가 검게 변하여 현미경으로 구조를 쉽게 들여다볼 수 있었다. 그는 자신의 기법을 흑색 반응la reazione nera이라고 명명했지만 오늘날에는 골지염색Golgi stain으로 더 잘 알려져 있으며 여전히 널리 사용되고 있다. 골지는 망상 이론을 뒷받침하고자 자신의 염색을 이용해 많은 논문을 발표하며, '정보가 흐르는 복잡한 그물형 구조를 볼 수 있다'고 주장했다. 하지만 그즈음 골지의 남은 생애 동안 골치를 썩일 논쟁이 일어나고 있었다. 이를 이해하려면 지중해를 건너 스페인으로 가야 한다.

골지가 학업에 몰두하던 1860년대, 스페인의 한 해부학 교사와 그의 아내는 어린 아들 때문에 걱정이 이만저만이 아니었다. 불량 행동 때문에 번번이 학교에서 쫓겨난 어린 산티아고 라몬 이 카할Santiago Ramón y Cajal은 심지어 손수 만든 대포로 이웃집 대문을 파괴해 감옥에 갈 뻔한 위기까지 겪었다. 제화공과 이발사 견습생 시절에도 반권위주의적 태도가 사그라들지 않자 아버지는 카할을 (스케치할 수 있는 인간의 유해가 있는) 묘지에 데리고 가서 여름을 보내며 내심 아들이 의학에 관심을 갖기를 바랐다. 예술가의 소질이 있었던 카할은 즉시 아버지의 기대에 부응했고, 1873년에 의학 공부를 마치고 육군 의무병이 되었다. 그러나 쿠바에서 말라리아와 결핵에 걸려 스페인으로 돌아와서는, 병에서 회복하자 연구에 관심을 돌렸

뇌, 화학물질의 경연장

기 때문에 의사 생활은 오래가지 않았다.

카할은 초기에 염증, 콜레라, 피부 연구에 집중했지만, 1887년 바르셀로나에서 골지의 새로운 염색 방법을 접하고는 평생 동안 계속될 뇌에 대한 관심을 갖게 되었다. 카할은 과학자일 뿐만 아니라 예술가이기도 해서 그의 뉴런 그림은 상세한 만큼이나 아름다웠다. 현미경 앞에 앉아 경이로운 그림을 그리는 동안, 카할은 골지가 뭔가 잘못 알고 있음을 깨달았다. 뇌는 하나의 '연속적인 망'이 아니라 '별개의 세포들'로 이루어져 있었던 것이다. 이것은 뉴런이론 neuron theory 을 뒷받침하는 증거가 되었다. 두 사람이 1906년 노벨 생리의학상을 공동 수상했음에도 골지는 뉴런이론에 대한 카할의 증거를 결코 받아들이지 않았으며, 1926년 사망할 때까지 망상이론을 지지했다.

물론 현대의 영상 기술은 카할을 비롯한 뉴런이론 지지자들이 옳았음을 명명백백히 증명한다. 뉴런은 연속되어 있지 않으며, 하나의 끝과 다음 시작 사이에 작은 틈을 남긴다. 이 틈을 시냅스 synapse라고 하는데 우리 뇌가 작동하는 메커니즘에서 매우 중요한 역할을 한다.

## 틈새에 주목하라!

❍━❍

일부 시냅스에서는 전류가 첫 번째 뉴런(또는 시냅스 전 뉴런)에서 틈

새이음gap junction이라는 것을 통해 두 번째 뉴런(또는 시냅스 후 뉴런)으로 곧바로 흐를 수 있다. 그러나 성인의 뇌에서 훨씬 더 흔한 것은 화학적 시냅스이며, 우리가 이 책에서 집중적으로 다룰 시냅스가 바로 이것이다.

앞서 언급했듯이, 뉴런이 활성화되면 전기 신호가 뉴런을 따라 한쪽 끝에서 다른 쪽 끝으로 흐른다. 이 활동전위가 뉴런의 끝에 도달하면 신경전달물질neurotransmitter이라는 화학물질이 분비된다. 신경전달물질은 시냅스를 가로질러 다음 뉴런에 도착한다. 뉴런의 가장자리에는 수용체receptor라고 불리는 특별한 구조가 있는데, 세포의 내부와 외부에 절반씩 자리 잡고 있다. 화학물질이 이러한 수용체에 결합하면 두 번째 세포에 변화를 일으킨다. 그것이 일으키는 변화는 분비되는 화학물질과 수용체의 유형에 따라 다르지만, 두 가지 주요 범주로 나뉜다. 첫 번째는 빠르고 직접적이며, 두 번째는 느릴 뿐 아니라 뉴런 내에 존재하는 일련의 메신저를 통해 작동한다.

첫 번째 범주에서, 신경전달물질은 수용체에 결합하여 뉴런 내부의 이온 흐름을 직접 변화시킨다. 이는 세포를 더 '흥분'하게 만들 수 있으며, 신경전달물질이 충분히 수용체에 결합하면 뉴런의 발화를 초래할 수 있다. 만약 신경전달물질이 이러한 효과를 낸다면, 우리는 이것을 흥분성excitatory 신경전달물질이라고 부른다. 신경전달물질은 유사한 과정을 통해 정반대 효과를 낼 수 있는데, 이는 이온의 흐름을 변경함으로써 뉴런의 활성화를 방해한다. 이것을 억제성inhibitory 신경전달물질이라고 부른다.

뇌, 화학물질의 경연장

이러한 과정은 상대적으로 빠르고 짧은 데 반해, 두 번째 유형의 수용체는 화학물질로 하여금 '더 느리고 오래 지속되는' 효과를 내게 함으로써 세포 내에서 일련의 변화를 촉발한다. 이것은 세포가 더 쉽게 또는 더 어렵게 활성화되거나, 신경전달물질이 분비되는 방식이 바뀌거나, 뉴런에서 발견되는 수용체가 변경되도록 작용할 수 있다. 하나의 신경전달물질이 여러 유형의 수용체에 결합하기도 하는데, 이는 '동일한 화학물질이라도 결합하는 수용체에 따라 다른 효과를 낼 수 있다'는 것을 의미한다.

인간의 뇌에서 가장 흔한 신경전달물질은 글루탐산염glutamate이다. 대개 글루탐산염은 두 번째 뉴런을 흥분시키는 효과가 있으므로, 신호가 두 번째 세포에 전달되어 그 세포를 활성화하는 작업이 더 용이해진다. 글루탐산이 충분히 분비되면, 첫 번째 세포에서 두 번째 세포로 전달된 신호가 계속해서 이동할 수 있다. 앞으로 살펴보겠지만, 이 화학물질은 학습에서 통증에 이르기까지 모든 종류의 과정에 필수적이다.

뇌 전체에 고루 분포하는 감마아미노부티르산gamma aminobutyric acid은 GABA로 알려져 있으며, 글루탐산과 정반대 효과를 낸다. GABA가 수용체에 결합하면, 뉴런이 활동전위를 보내는 작업이 더 어려워진다. 이는 GABA를 억제성 신경전달물질로 만든다. 그 결과 GABA를 사용하는 뉴런은 뇌를 진정시키는 효과를 발휘함으로써 다른 뉴런의 활동을 감소시키게 된다. 이것은 그러한 뉴런이 수면을 돕고 불안에 대처하는 데 중요함을 의미한다.

하지만 우리가 이 책에서 만나게 될 대부분의 뇌 화학물질이 이렇게 간단하지는 않을 것이다. 뇌에서 어떤 유형의 수용체가 발견되는지에 따라, 뇌의 다른 부분에서 각각 상이한 효과를 낼 수 있기 때문이다. 동일한 뉴런에서 여러 유형의 수용체가 발견될 수도 있으므로, 동일한 화학물질이라도 '얼마나 많은 화학물질'이 '얼마나 오랫동안' 방출되는지에 따라 다른 효과를 나타낼 수 있다. 혼란스럽게 들릴지도 모르지만 나중에 알게 될 것처럼 각각의 과정은 비교적 간단하며 우리는 그것들을 결합함으로써 (우리의 뇌를 경이로운 기계로 만드는) 더 높은 수준의 복잡성에 도달하게 된다.

그에 더하여 도달 범위의 문제가 있다. 방금 논의한 신경전달의 간단한 예에서, GABA 또는 글루탐산염은 시냅스로 방출되어 반대편에 있는 몇 개의 뉴런에 영향을 미친다. 때로는 뇌 화학물질이 더 광범위하게 방출되어 뉴런 그룹 전체에 영향을 미치므로, 뉴런 간의 메시지 전달 작업이 더 쉽거나 어려워진다. 이러한 가외의 복잡성은 뇌가 신속하게 변화에 대처할 수 있게 하며, 그 덕에 우리는 놀랍도록 유연하게 반응할 수 있다.

이것은 수년 전 나를 사로잡은 근본적 질문으로 돌아가게 한다. 우리 뇌는 어떻게 우리를 일정한 방식으로 행동하게 만들까? 내가 보기에 그 해답은 우리 뇌의 배선配線에 있는 것이 아니라 뇌를 적시는 화학물질에 있는 것 같다. 왜냐하면 앞으로 보게 되겠지만 뉴런들 사이의 연결은 변화할 수 있고 실제로 변화하는 데다,[8] 그 과정이 천천히 진행되기 때문이다. 이것은 우리가 경험하는 밀리초

단위의 변화, 즉 찰나의 결정, 감정 변화, 직면한 유혹을 관장하는 것이 배선이 아님을 의미한다. 대신, 이 변화들은 모두 뇌화학에 지배된다.

그리고 우리의 됨됨이를 결정하는 것은 우리의 뇌이기 때문에, 우리 자신이 격동하는 신경전달물질의 바다에 지배된다는 뜻이다. 그런데 그 바다는 어떻게 작동할까? 이것을 알아내기 위해 나는 지난 18개월 동안 책과 논문을 읽고 전 세계 전문가들과 이야기를 나누었다. 그 결과 몇 가지 답을 찾았지만 동시에 무수히 많은 질문과 맞닥뜨렸다. 나는 걸핏하면 과학 지식의 경계에 부딪혔고, 놀랍고 복잡한 뇌에 대해 아직 배워야 할 것이 얼마나 많은지를 새삼 깨달았다. 신경과학은 다른 어떤 과학보다도 빠르게 발전한다. 따라서 각각의 주제에 현재의 과학적 합의를 제시하려고 했지만 동의하지 않는 사람들도 있을 것이다. 그리고 독자들이 이 글을 읽을 때쯤에는, 우리의 이해를 뒤집는 새로운 연구가 발표되었을지도 모른다. 이것이 과학이 작동하는 방식이다. 나는 이 책이 '돌에 영원히 새겨진 사실'이 아니라 '지금 이 순간 포착된 이해의 스냅숏'으로 받아들여지기를 바란다.

이 책의 각 장은 삶의 다양한 측면과 뇌화학이 우리 생활의 구석구석에 어떻게 영향을 미치는지를 다룬다. 하나하나가 거대한 논란거리여서 각각이 그 자체로 책의 주제가 될 수 있었기 때문에, 어

---

**8**  그리고 2장에서 보게 되겠지만, 이 과정 자체를 화학물질이 제어한다.

떤 이야기를 다룰지 선택하고 결정해야 했다. 이것은 불가피한 공백 (즉, 각 장에 포함될 수 있었지만 내가 다루지 못한 주제와 영역)이 존재한다는 뜻이기도 하다. 그러므로 만약 특정 영역을 더 깊이 파고들고 싶은 사람은 책 끝 부분에 제공한 장별 참고 문헌을 참조하기 바란다.

나는 각 장들을 이해하기 쉬운 순서로 엮으려고 노력했으며, 각 장은 앞 장의 내용을 이어받고 있다. 뇌 영역, 네트워크, 화학물질 간의 복잡한 관계는 외견상 완전히 다르게 보이는 주제 사이에도 예상보다 많은 공통점이 있음을 의미한다. 물론 각 장은 독자적인 내용이므로, 아무 장에서나 출발하여 원하는 순서대로 읽어도 무방하다. 하지만 가급적이면 처음부터 시작할 것을 권장한다. 주지하는 바와 같이 뇌는 고도의 상호 연결성을 특징으로 하는 기관이기 때문이다.

각설하고, 나와 함께 발견의 여정에 나서 당신을 당신답게 만드는 화학물질 수프를 자세히 알아보자.

뇌, 화학물질의 경연장

# 기억,

## 용량 큰 저장 창고 짓기

열여덟 번째 생일날 무엇을 했는지 기억하는가? 내 기억 속 그날은 금요일이었고, 학교를 마친 남자 친구가 친구 두 명과 함께 나를 레딩의 시내 중심가로 태워다 주었다. 쌀쌀한 1월 저녁, 우리는 중심가에서 약간 떨어진 곳에 있는 독특한 칵테일 바(약간 지저분했던 것 같다) 퍼플 터틀Purple Turtle로 걸어갔다. 그곳에서 자랑스럽게 '오늘 열여덟 살'이라고 적힌 배지를 달고, 다양한 칵테일 메뉴를 스캔하며 합법적으로 술을 구입할 수 있는 새로운 능력을 즐겼다. 그날 저녁의 기억은 꽤 선명하다(적어도 초반만큼은). 나는 심지어 화장실 앞에 줄을 섰던 것을 기억하는데, 그곳에서 한 무리의 소녀가 오늘이 정말 내 생일이 맞는지 물었다.[1]

하지만 그해의 또 다른 금요일에 무엇을 했는지 묻는다면, 나

기억, 용량 큰 저장 창고 짓기

는 아무런 단서가 없다. 피상적 수준에서 생각해봐도 당연히 중대한 사건은 다르게 저장되므로, 다른 평범한 날보다 훨씬 더 쉽게 기억을 떠올리게 된다. 하지만 이런 차이는 우리 뇌에 어떻게 코딩되는 것일까? 끈적끈적한 바닥과 낙서로 뒤덮인 벽이 그토록 쉽게 떠오르는 그날 저녁을 회상할 때, 내 뉴런과 시냅스에서는 실제로 무슨 일이 벌어지고 있는 걸까?

이것을 이해하려면 우리가 학습하고 기억하는 법을 살펴봐야 한다. 이 여정은 우리를 인지능력 향상제(일명 똑똑한 약)라는 윤리적 수렁에 빠뜨리고, 우리 자신의 기억에 대한 신뢰성에 의문을 제기할 것이다. 하지만 먼저, 학습의 기본인 신경과학부터 시작하기로 하자. 이것은 인간이 아니라 군소로 알려진 이상야릇한 생물에서 비롯되었다.

## 민달팽이를 꼬챙이로 찌른 과학자들

군소*Aplysia kurodai*는 바다 민달팽이의 일종이다. 이 큰 연체동물은 얕은 물에 살며, 머리에 있는 두 개의 긴 돌출부가 토끼 귀와 (약간) 닮았다고 하여 시헤어sea hare, 직역하면 '바다토끼'라는 서양식 이름

---

1    이 사건으로 나는 다음과 같은 의문을 갖게 됐다. 사람들은 실제로 열여덟 번째 생일이 아닌 날에도 '오늘 열여덟 살' 배지를 달고 다니는 것일까? 그렇다면 그 이유는 무엇일까?

을 얻었다. 이 돌출물은 실제로 바닷물에 용해된 화학물질을 탐지하는 데 사용되는데, 군소가 먹이나 짝에게 가는 길의 '냄새'를 맡을 수 있게 해준다. 군소는 등에 (숨을 쉬게 해주는) 아가미와 (아가미 위로 물을 퍼 올리는) 수관siphon을 가지고 있다. 군소의 수관과 아가미는 특히 섬세해서 방해를 받을 경우 마치 달팽이가 껍데기 속으로 후퇴하는 것처럼 재빨리 몸 안으로 오므라든다. 이 반사작용은 전 세계 신경과학자들의 무수한 학습 실험의 기초가 되었으며, 2000년 뉴욕 컬럼비아 대학교의 에릭 캔들Eric Kandel에게 노벨 생리의학상을 안겨주기까지 했다.

쉽게 볼 수 있는 이 반사작용뿐만 아니라 군소는 약 1만 개의 단출한 뉴런을 가지고 있는데, 사실 이 정도면 제법 많은 편이다. 그 덕에 연구자들은 동물의 행동, 특히 학습과 기억을 제어하는 뉴런의 회로를 연구하는 작업을 비교적 쉽게 할 수 있다. 이 단순한 생명체는 기억을 형성할 수 있고, 실제로 그렇게 하는 것으로 밝혀졌다. 일반적으로 부드럽게 찌르는 것만으로도 도피반사withdrawal reflex를 유발하기에 충분하지만, 반복적으로 찌르면 잠시 후 군소는 실질적 위험이 없다는 것을 학습하고 반응을 멈춘다. 이것은 습관화habituation 과정이며, 가장 간단한 학습 형태임이 틀림없다. 처음 방에 들어갔을 때 강한 냄새를 맡았지만 몇 분 후에 더 이상 냄새를 맡을 수 없게 되었다면, 당신은 습관화를 경험한 것이다. 기본적으로 동일한 자극이 반복되면, 뇌는 그것이 생존에 중요하지 않다는 사실을 깨닫고 이내 반응을 멈춘다. 똑같은 일이 인간과 군소의 신

기억, 용량 큰 저장 창고 짓기

경계에서 일어나다니!

이러한 학습이 어떻게 생기는지 완전히 이해하려면, 군소의 신경계에 있는 거대한 뉴런을 확대하여 그것들의 의사소통 방법을 살펴봐야 한다. 실험자가 최초로 군소를 찌르면, 이 자극을 감각뉴런이 감지하여 전기 신호가 발생한다. 전기 신호는 감각뉴런을 따라 이동하여 다음 뉴런 앞에 존재하는 틈, 즉 시냅스에 도달한다. 여기에서 화학물질이 방출되어 시냅스를 가로질러 이동하고, 두 번째 뉴런의 수용체를 활성화한다. 이러한 시냅스를 가로지르는 가장 중요한 화학물질은 글루탐산염이다. 글루탐산염은 흥분성 신경전달물질이므로, 이것이 수용체에 결합하면 두 번째 뉴런이 발화할 가능성이 높아진다. 충분한 양의 수용체들이 활성화되면, 전기 신호가 두 번째 뉴런을 따라 전달된다. 그리하여 메시지가 전달된다. 이 과정은 신호가 운동뉴런에 도달할 때까지 반복되어, 군소는 수관과 아가미를 당기게 된다. 마침내 반사작용이 완료된다. 지금까지는 아주 간단하다. 자극이 반복되면 신호가 계속해서 보내질 수밖에 없을 테니, 만약 학습이 일어난다면 이 과정에서 발생할 것이다.

뉴런이 처음 활성화되면 첫 번째 뉴런이 보유한 풍부한 글루탐산염이 방출되어 시냅스를 가로질러 두 번째 뉴런으로 신호를 전달한다. 그러면 두 번째 뉴런이 반응한다. 그러나 캔들이 실험에서 발견한 바에 따르면, 첫 번째 뉴런이 글루탐산염을 재흡수하거나 추가 생성할 수 있는 것보다 빠른 속도로 활성화가 계속되면, 결국 글루탐산염이 고갈된다. 따라서 캔들이 군소의 뉴런을 다시 활성화시켰을 때, 시냅스를 통해 신호를 전달해줄 물질이 바닥났으므로 군소는 반응하지 않았다. 이 '신경 피로neural fatigue'는 일시적 효과였는데, 그 이유는 글루탐산염의 수치가 회복될 수 있기 때문이다.[2] 그러나 반복적인 활성화가 더 긴 시간 동안 계속되면 뉴런은 다른 변화를 겪는데, 여기에는 두 번째 뉴런이 수용체의 일부를 제거함으로써 시냅스를 약하게 만드는 것[3]도 포함된다. 이것은 훨씬 오래 지속되는 효과로, 군소의 경우 습관화가 몇 주 동안 지속될 수 있어 장기 기억의 한 형태임을 암시한다.

습관화보다 더 흥미로운 현상은 민감화sensitisation다. 민감화는 다양한 방식으로 발생할 수 있으며, 우리 모두가 어떤 형태로든 경험한다. 무서운 영화를 본 다음 마루판이 조금 삐걱거릴 때마다 간이 콩알만 해진 적이 있다면, 당신은 민감화를 몸소 겪은 것이다. 캔들은 군소에 약한 전기 충격을 가함으로써, 군소가 찌르기에 민감해질 수 있음을 발견했다. 이러한 민감화는 찌르기에 대한 반응을 더욱 격렬하게 만들었다. 군소의 경우 이 과정이 세로토닌이라는 화학물질에 의존하는 것으로 밝혀졌다.[4] 즉, 전기 충격은 감각 뉴런 근처에 위치한 개재뉴런이 세로토닌을 방출하게 하고, 세로

---

**2**    이 과정은 잘 이해되지 않았지만, 한 연구에 따르면 생쥐의 뉴런에서 글루탐산염이 보충되는 데 걸리는 시간은 실온에서 약 15초이고 체온이 높을수록 더 빠르다.

**3**    24쪽에서 언급한 세 가지 변화(세포가 더 쉽게 또는 더 어렵게 활성화되거나, 신경전달물질이 분비되는 방식이 바뀌거나, 뉴런에서 발견되는 수용체가 변경됨) 중 하나다(옮긴이 주).

**4**    세로토닌은 4장에서 다룰 기분에 관여하는 것으로 더 잘 알려져 있지만, 학습과 기억을 포함한 다른 수많은 뇌 과정에도 관여한다.

기억, 용량 큰 저장 창고 짓기

토닌은 감각뉴런에 결합하여 (해당 뉴런이 활성화될 때) 더 많은 글루탐산염을 방출하게 한다. 이로써 감각뉴런과 운동뉴런을 연결하는 시냅스가 강화되어, 이전에 무시되었던 찌르기가 이제는 격렬한 반응을 일으키게 된다. 그뿐이 아니다. 세로토닌은 고전적 조건화classical conditioning, 이를테면 파블로프의 개에서 볼 수 있는 종소리와 먹이 사이의 학습된 연관성에도 관여한다.

그렇다면 이것이 인간의 학습과 무슨 관계가 있을까? 우리는 수관, 아가미, (우리를 성가시게 하는 사람들을 물리치는) 먹물 분사 능력[5]은 없지만, 내부적으로는 바다 민달팽이와 매우 유사하다. 우리는 군소보다 뉴런이 약 850만 배 많지만, 이를 사용하여 새로운 것을 배우고 기억하는 과정은 놀랍도록 비슷한 듯하다.

1949년에 과학자 도널드 헵Donald Hebb은 "함께 발화하는 뉴런들은 연결된다"라고 곧잘 표현되는 이론을 내놓았다. 즉, 동일한 뉴런 쌍이 동시에 더 자주 활성화될수록 이들 사이의 연결이 더 강해진다는 것이다. 어떻게 보면 앞에서 언급한 군소의 장기 습관화와 정반대 같기도 하다. 그때는 뉴런들이 활성화되면 '뉴런 간의 연결이 더 약해진다'고 했는데, 이제는 '연결이 더 강해져 다음에 사용할 때 신호가 더 쉽게 흐른다'고 하니 말이다. 엄밀히 말해서, 일련의 뉴런이 이러한 강화(장기 강화long-term potentiation, LTP)와 약화(장기 약화 long-term depression, LTD) 중 어느 것을 겪는지는 뇌에서 뉴런이 발견되는

---

**5** 여담이지만, 이런 능력은 출퇴근 시간 지하철에서 정말 요긴할 수 있다!

위치와 활성화 패턴을 포함한 수많은 요인에 달려 있다. 그러나 논의를 단순화하기 위해 당분간 LTP에 초점을 맞추려 한다.

군소와 마찬가지로 우리의 시냅스 중 많은 부분이 글루탐산염을 사용하여 의사소통한다. 신호가 뉴런을 따라 시냅스로 이동하면 글루탐산이 방출되고, 이것이 시냅스를 가로질러 이동하여 두 번째 뉴런을 활성화한다. 이러한 신호가 반복될 때, 신경 피로를 피하기 위해 신호 사이에 충분한 지연이 있다면 두 번째 뉴런이 반복적으로 활성화될 수 있다. 이것은 뉴런의 변화를 촉발함으로써 더 많은 수용체를 생성하게 한다. 또한 첫 번째 뉴런은 각 신호에 반응하여 더 많은 글루탐산염을 방출하기 시작한다. 두 가지 변화 모두, 첫 번째 뉴런이 발화할 때마다 두 번째 뉴런이 신호를 접수하여 계속 전달할 가능성을 높인다. 그에 더하여, 그 변화들은 전달 속도를 향상시킨다. 당신이 뭔가를 완전히 학습하고 난 후, 그것을 떠올리기가 훨씬 쉽고 노력이 적게 드는 듯한 건 바로 이 때문이다. 그건 단순한 느낌이 아니라 사실이다. 글루탐산염의 방출 및 접수 방법의 변화로 뇌가 이러한 경로를 활성화하는 것이 더 쉬워진 덕분이다.

장기 강화란 이름이 붙은 것은, 신경 피로와 달리 매우 오랫동안 지속될 수 있기 때문이다. 방금 언급한 변화는 몇 시간 동안 이어지기도 하는데, 경로의 활성화가 계속되는 경우 특히 장기간이라면 두 번째 뉴런은 아예 더 많은 수용체를 만들어 영구적으로 추가할 것이다. 이는 뇌가 장기 기억을 영원히 저장하는 방식일 수 있다. 그러나 그것은 신경전달물질 수준에 그치지 않는다. 뉴런 쌍이

'함께' '훨씬 더 자주' 자극을 받으면, 성장인자growth factor라는 화학 물질이 방출되어 두 뉴런 사이에 새로운 시냅스가 형성되고 연결이 더욱 강화된다. 이론적으로, 새로 생성된 연결은 기억을 남은 생애 동안 간직한다.

## 우리는 제대로 기억하고 있을까?

╾○╾

기억이 장기간 저장되는 것은 공고화consolidation로 알려져 있으며, 이는 매혹적인 과정이다. 기억은 장기 강화를 통해 뇌 깊숙한 해마에서 처음 형성된다. 기억은 몇 시간 또는 심지어 며칠 동안 해마에 머물 수 있지만, 우리가 형성한 모든 기억이 해마에 영원히 머물러 있다면 기억은 제한될 것이다. 이 영역에는 뉴런이 많지 않아 일정한 양의 기억흔적만 저장된다. 우리의 영리한 뇌는 고심 끝에 교묘한 방법을 고안해냈다. 며칠에서 몇 주 심지어 몇 달에 걸쳐 천천히 점차적으로, 기억은 해마 사용을 중단하고 뇌의 표층인 피질에 저장된다. 피질은 고도로 접힌 층으로, 해마보다 훨씬 더 크고 엄청난 양의 뉴런을 포함한다. 각각의 기억은 뉴런의 조합으로 저장되기 때문에, 피질의 저장 용량은 방대하다.

만약 기억이 비디오카메라와 같다면, 공고화 과정[6]은 여기서 종료될 것이다. 비디오카메라는 동영상 파일을 일시적으로 저장한 (메모리 카드) 다음, 장기 저장을 위해 다른 장소(하드 드라이브)로 옮긴다. 기억을 되살리고 싶으면 하드 드라이브에서 찾아내 '시청'하면 된다. 하지만 애석하게도 인간의 뇌는 그런 식으로 작동하지 않는다. 기억을 떠올릴 때, 뇌는 실제로 그것을 재활성화함으로써 뉴런을 기억이 처음 형성되었을 때와 유사한 상태로 되돌린다. 이때 뉴런은 유연한 상태로 복귀하기 때문에, 스스로 변화하면서 가지고 있는 기억을 바꿀 수 있다. 그런 다음 기억이 다시 저장될 때 뭔가 새로운 정보가 함께 저장되므로, 다음에 그 기억을 떠올릴 때 원래 기억과 새로운 부분을 구별하는 일은 불가능하다. 오기억誤記憶이 생성된 것이다.

오기억 연구는 엘리자베스 로프터스Elizabeth Loftus가 시작했는데, 기억이 작동하는 방식에 대한 우리의 이해에 혁명을 일으켰다. 1970년대에 로프터스와 동료 존 파머John Palmer는 목격자 증언과 인터뷰 질문이 사람들에게서 범죄 기억을 바꿀 수 있을지에 관심을 가지고 한 가지 실험을 고안했다. 그들은 학생들에게 자동차 사고 비디오를 시청한 다음 그들이 본 내용을 설명해달라고 요청했다.

---

**6** 과학자들은 공고화의 작동 메커니즘을 정확히 알지 못하지만, 두 가지 주요 아이디어를 제시한다. 학습이 일어난 후 해마는 피질의 영역을 반복적으로 활성화함으로써 연결을 강화하는데, 이러한 연결은 기억이 장기간 저장으로 이어진다. 원래 과학자들은 해마 기억이 먼저 형성되고, 이 과정에서 피질로 전달된다고 생각했지만 최근 연구는 두 개의 기억 흔적이 동시에 형성될 수 있음을 시사한다. 그러나 피질 기억은 처음에는 사용될 수 없다. 해마 기억이 피질로 고스란히 이전되는 게 아니라, 기존의 피질 기억이 재활성화되어 모종의 방법으로 '성숙'된 후에 사용될 수 있기 때문이다. 설사 그렇더라도 확실한 것은, 해마가 이 과정에 필수적이며 해마가 손상되면 새로운 장기 기억의 형성은 불가능하다는 것이다.

기억, 용량 큰 저장 창고 짓기

그러고 나서 "차가 서로 _____했을 때, 그 차들은 얼마나 빨리 달리고 있었나요?" 같은 중요한 문제를 포함하여 일련의 구체적인 질문을 던졌다. 그들은 '처박았다'에서 '접촉했다'에 이르는 다양한 동사로 빈칸을 채우고, 참가자들이 추측한 속도를 기록했다. 아니나 다를까. 로프터스와 파머가 예상한 대로 단어가 폭력적일수록 참가자들은 자동차가 더 빨리 달리고 있었다고 생각했다. 평균 차이는 거의 시속 16킬로미터였다! 질문에서 단어 하나를 바꾸면 어떤 사건에 대한 사람들의 기억에도 영향을 미치는 것 같았다.

둘은 이에 만족하지 않고, 이러한 변화가 지속되는지를 확인하고자 했다. 그래서 두 번째 실험에서 다른 학생들에게 자동차 충돌 비디오를 보여주고 그들을 세 그룹으로 나누었다. 로프터스와 파머는 첫 번째 그룹에게 "차가 서로 부딪혔을 때 얼마나 빨리 달렸나요?", 두 번째 그룹에게 "차가 서로 처박았을 때 얼마나 빨리 달렸나요?"라고 묻고, 세 번째 대조 그룹에게는 아무런 질문도 하지 않았다. 일주일 후 실험실로 돌아온 학생들은 비디오를 회상하며, 깨진 유리를 본 적이 있는지(실제로는 없었다)를 포함하여 비디오에 대한 몇 가지 질문에 대답하도록 요청받았다. 그랬더니, '처박은' 그룹이 깨진 유리를 보았다고 말할 가능성이 더 높은 것으로 나타났다. 사용한 단어가 정말로 그 사건의 기억을 오염시킨 것이다.

이 연구와 로프터스가 수년에 걸쳐 고안한 다른 많은 연구는 우리의 기억에 대해 중요한 것을 말해준다. 기억은 무오성無誤性과 거리가 멀다. 사실 기억은 손상되기 쉽고 가변적이다. 질문 방식과 같은 간단한 것이 사건에 대한 기억을 바꿀 수 있으며, 이러한 변화는 잠재적으로 우리의 남은 생애 동안 지속될 수 있다. 그러므로 어떤 사건의 세부 사항에 대해 친구나 가족과 의견이 분분하다면, 이 점을 염두에 두어야 한다. 당신의 기억이 분명하고 정확하며 그들의 기억은 확실히 틀릴 수도 있지만 둘 다 틀릴 가능성도 있다! 이쯤 되면, 내 열여덟 번째 생일 밤 외출 기억이 과연 얼마나 정확한지 궁금해진다. 아마도 다음 날 사람들에게 그것에 대해 이야기하면서 나도 모르게 기억을 바꿨을 것이다. 자기 기억의 정확성을 스스로 신뢰할 수 없다는 사실이 조금 당황스럽긴 하지만, 이 분야 연구는 우리의 뇌가 어떻게 작동하는지에 대한 흥미로운 통찰을 제공하기 시작했다.

우리의 기억이 그토록 변화무쌍하고 부정확하다면, 열여덟 번째 생일에 대한 기억은 왜 그렇게 생생해 보이는 걸까? 그리고 그날이 그해의 다른 날보다 실제로 더 잘 기억나는 걸까, 아니면 그냥 그렇게 느껴지는 걸까? 그날에 대한 기억이 두드러지는 이유 중 하나는 아마도 매우 감정적인 날이었기 때문일 것이다. 친구들이 내가 본 것 중 가장 아름다운 신발 한 켤레를 선물했을 때 느꼈던 행복, 신분증을 처음 사용한다는 설렘, 주말에 열릴 파티에 대한 기대감. 이 모든 것이 내 뇌에 영향을 미쳐 기억이 저장되는 방식을 변경했을 것이다.

감정과 기억은 불가분의 관계다. 편도체amygdala(감정을 처리하는 뇌의 변연계의 일부)는 해마 바로 옆에 있는데 여기에는 그럴 만한 이유가 있다. 인간은 생존에 도움이 될 만한 사건을 기억하도록 진화했기 때문에 우리의 뇌는 긍정적이든 부정적이든 커다란 감정적 반응을 일으킨 사건에 대한 정보를 저장할 가능성이 더 높다.

4장에서 살펴보겠지만, 인체는 감정이 고조될 때 아드레날린, 노르아드레날린, 코르티솔을 비롯한 수많은 화학물질을 분비한다. 이 중에서 기억력 향상을 담당하는 것은 아드레날린으로 보인다. 아드레날린이 편도체와 해마의 활동 수준을 증가시키는 것으로 알려져 있기 때문이다. 이것을 정서적 기억 향상emotional memory enhancement이라고 하며, 연구에 따르면 그런 현상은 아드레날린 수용체를 차단하면 감소하고 아드레날린 방출량을 늘리면(약물을 사용하거나 지원자에게 얼음물에 손을 집어넣도록 요청함으로써) 증가한다. 우리가 사랑하는 사람의 죽음과 같은 부정적인 일이든 결혼식과 같은 긍정적인 일이든 감정적 사건을 다른 사건보다 더 생생하게 기억하는 것은 바로 이 때문이다. 내가 열여덟 번째 생일날을 그토록 생생히 기억하는 이유도 마찬가지다. 그날은 행복하고 신나는 기념일이었기 때문에 내 뇌 화학물질은 미래를 위해 이를 저장한 것이다.

극도로 극적인 사건에 수반될 수 있는 또 다른 유형의 정서적 기억이 있는데, 이것은 섬광기억flashbulb memory으로 알려져 있다. 섬광기억은 일반적으로 뉴욕의 쌍둥이 빌딩 공격이나 다이애나 왕세자비의 죽음처럼 거대하고 충격적인 공적 사건이 일어날 때 형성된다. 그런 뉴스를 접했을 때 자신이 어디에 있었는지를, 사람들은 다른 기억보다 훨씬 더 생생하고 본능적인 방식으로 기억한다.[7] 자신이 입고 있던 점퍼의 질감이나 TV 화면 속 기자의 머리카락 색깔과 같은 감각 정보를 기억할 수도 있다. 자신이 기억하는 것이 무엇이든 사람들은 아마도 그 기억이 아주 생생하게 느껴지기 때문에 한 치의 오차도 없이 정확하다고 확신하며 자신만만해할 것이다. 하지만 이 부분을 자세히 들여다보면 재미있는 사실을 알 수 있다. 실제로 테스트해보면 이러한 섬광기억은 일반적인 기억보다 정확하지 않다. 본인은 철석같이 자신할지 모르나 모든 기억은 시간이 경과함에 따라 변하고 정확도가 떨어지며 섬광기억도 예외가 될 수 없다.

예를 들어, 많은 사람이 첫 번째 비행기가 타워에 충돌하는 생방송 TV 영상을 보고 쌍둥이 빌딩 공격에 대해 알게 되었다고 주장한다. 심지어 조지 부시 대통령조차 그날에 대한 질문을 받았을 때 그렇게 주장했다. 그러나 첫 번째 비행기에 대한 생방송 영상은 존재하지 않으며, 비디오는 사건이 종료된 후에야 시청할 수 있었다. 아무리 생생하고 정확하게 느끼더라도 이러한 기억은 사후에 만들어진 것이다. 앞에서 언급한 '오기억 형성 과정'을 참고하면 어떻게

---

**7**    나는 두 개의 섬광기억을 가지고 있다. 하나는 프랑스 시골에 있는 휴가용 오두막집 바닥에 책상다리를 하고 앉아 다이애나 왕세자비에 대한 뉴스를 시청한 것이다. 나는 나무 벽과 바닥, 나무 냄새, 그리고 '정말 나쁜 일이 일어났다'는 사실을 기억한다. 비록 당시에는 너무 어려서 제대로 이해하지 못했지만 말이다. 다른 하나는, 2005년 런던에서 일어난 지하철 폭탄 테러에 관한 것이다. 고등학교 시절 쉬는 시간으로 거슬러 올라간다. 나는 한쪽 사물함에서 다른 쪽 창문에 이르기까지 복도를 가득 메운 소녀들의 모습, 그리고 부모님이 안전한지 확인하기 위해 필사적으로 전화 통화를 시도하던 우리 모두의 소리를 생생하게 기억한다.

기억, 용량 큰 저장 창고 짓기

이런 일이 일어나는지 쉽게 이해할 수 있는데, 자초지종은 이렇다. 사건 발생 며칠 후, 사람들은 아마도 영상이 포함된 TV 뉴스 보도를 보고 그날의 기억을 떠올렸을 것이다. 그들의 뉴런은 즉각 유연한 상태에 재진입하여 방금 시청한 동영상에 의해 변경된다. 그런 다음 변경된 기억은 미래를 위해 다시 저장됨으로써 새로운 정보로 완성된다.

로프터스의 발견 이후, 과학자들은 이런 변화에 민감한 기억을 회상할 때 뇌에서 무슨 일이 일어나는지 알아내려고 노력해왔다. 연구가 아직 진행 중이지만, 우리는 이제 재공고화(회상된 기억을 다시 저장하는 것) 과정이 기억을 해마의 임시 저장소에서 피질의 장기 저장소로 옮기는 원본의 공고화 과정과 비슷하지만 동일하지는 않다는 것을 알게 되었다. 두 과정 모두에서 뇌는 새로운 단백질을 생성해야 하지만, 구체적으로 파고 들어가면 각각의 단백질은 다르다. 이것은 몇 가지 흥미로운 가능성으로 이끈다. 기억을 바꿀 수 있다면, 예컨대 외상후스트레스장애Post Traumatic Stress Disorder, PTSD 환자의 트라우마 기억을 선택적으로 지우거나 바꿀 수 있지 않을까?

## 기억 조작

○━○

PTSD는 총기의 위협이나 심각한 교통사고를 당하는 것과 같은 충격적 사건에 의해 유발되는 질환이다. 생존자들은 플래시백

flashback[8]과 악몽을 통해 반복적으로 그 경험을 되살리며 공포와 초조함을 느낀다. 그들은 또한 수면장애를 겪고, 감각이 없거나 세상과 단절돼 있다고 느낀다. PTSD 환자들은 이러한 플래시백을 경험하면서 사건 중에 느꼈던 감정을 원래 느꼈던 것만큼 강하게 재경험한다. 대부분의 기억은 시간이 흐르면 사건과 관련된 감정도 점차 희미해진다. 그것이 특정한 정서적 사건의 기억일지라도, 특히 오래전에 경험한 일이라면 회상할 때 강한 감정이 동반되지는 않는다. 그러나 PTSD의 경우, 저장 과정의 결함으로 인해 감정이 결코 사라지지 않는다. 이는 생존자들이 정상적으로 기능하는 것을 극도로 어렵게 만든다.

케임브리지 대학교의 심리학 선임 강사 에이미 밀턴Amy Milton은 분자 수준에서 기억을 이해하고 이를 사용하여 PTSD 환자를 돕기 위해 노력하고 있다. 그런데 왜 누군가는 트라우마 후에 이런 종류의 기억이 남고 누군가는 그러지 않을까? 밀턴은 내게 다음과 같이 설명했다.

해마는 무척 민감해서 아주 심한 스트레스를 받으면 거의 폐쇄되죠. 그러나 편도체는 달라요. 어느 편인가 하면 처리 속도가 빨라져요. 그래서 누군가 충격적인 사건을 겪었을 때, 특정 일련의 소인성 요

---

8    사람의 마음에 예기치 않게 역사적인 장면 혹은 과거 경험이 갑작스럽게 떠오르는 현상 (옮긴이 주).

기억, 용량 큰 저장 창고 짓기

인 predisposing factor들이 해마보다 편도체에 유리한 쪽으로 균형추를 옮길지 여부를 결정하게 되죠. 그리고 그런 일이 발생하면 해마가 일반적으로 제공하는 시간·날짜·맥락·공간 정보가 누락된 공포 기억으로 귀결돼요. 공포 기억은 매우 일반화되어 있고, 삶의 모든 측면에 적용되는 기억이에요. 심지어 환자가 안전한 상황일 때도 이러한 기억이 되살아나죠. 일례로, 빨간 우체통처럼 정말 무해한 물체가 환자에게 끔찍한 교통사고의 플래시백을 촉발하는 임상 사례가 종종 보고되는데, 이유인즉 환자를 들이받은 자동차가 빨간색이었기 때문이죠.

대부분의 공포 기억은 유용하다. 만약 우리가 전화를 하다가 도로 쪽으로 발을 잘못 내디뎌 차에 치였다면, 다시는 그러지 않는 법을 배우는 것은 중요하다. 그러나 이러한 기억이 지나치게 일반화되면, 더 이상 유용하지 않고 해로워지기 시작한다. PTSD 환자들에게 발생하는 일이 바로 이런 것이다.

PTSD에 대한 현재의 치료법은 임기응변적이며 매우 집중적으로 행해진다. 환자들은 안전한 상황에서 새로운 기억이 오래된 트라우마를 압도하기를 희망하며 트라우마를 반복해서 기억해야 한다. 그들은 뇌의 앞쪽에 있는 이성적 부분인 전전두피질 prefrontal cortex, PFC에 의존하여 편도체 반응을 억제하는 법을 학습하지만, 성공 확률은 절반에 그치며 중도 포기율도 높다. 그래서 과학자들은 '재공고화에 대한 우리의 이해'와 '약물 사용'이 더 나은 치료법을 개발하고 환자의 삶을 개선하는 데 도움이 될 수 있을지를 조사하고 있다. 밀턴은 다음과 같이 설명한다.

새로운 발상은 기억을 유연한(불안정한) 상태로 되돌린 다음, 새로운 방해 정보를 도입함으로써 그 기억을 구조적으로 파괴하거나 약물을 투여한다는 거예요. 정서적 학습 상황에서는 아드레날린이 높아져 기억을 공고화할 수 있는 글루탐산염 기반 경로가 촉진되죠. 따라서 해당 시스템을 표적 삼아 작동하지 못하게 한다면 그 정서적 기억을 약화시킬 수 있어요.

인간에 대한 이러한 연구에서는 대부분 프로프라놀롤propranolol 이라는 약물을 사용한다. 프로프라놀롤은 일반적으로 고혈압 치료에 사용되며, 아드레날린 수용체 중 하나[9]를 차단한다. 프로프라놀롤은 아드레날린이 심근세포에 결합하는 것을 막음으로써 심장 활동을 줄이고 심박 수와 혈압을 낮춘다. 그러나 프로프라놀롤은 혈뇌장벽blood-brain barrier, BBB을 통과하여 뇌에 영향을 미칠 수도 있다. 프로프라놀롤은 뇌 안의 아드레날린과 노르아드레날린 수용체를 차단하여 정서적 기억에 영향을 미친다. 즉, 기억이 불안정해진 상태에서 뇌에 프로프라놀롤이 존재하면, 아드레날린의 효과가 감소하므로 정서적 요소가 적은 상태에서 기억이 재공고화될 수 있다.

---

**9**  구체적으로 이것은 베타-아드레날린 수용체다. 그러므로 프로프라놀롤은 베타 차단제로 알려진 약물 중 하나다.

또한 프로프라놀롤은 기억의 공고화에 필요한 단백질 생성을 직접 차단할 수도 있다.

그러나 기억을 유연한 상태로 되돌리는 일은 당초 생각처럼 쉽지 않은 것으로 밝혀졌다. 기억이 다시 유연해지려면 사건을 회상하는 것뿐만 아니라 회상과 관련하여 예상치 않은 뭔가, '예측 오류 prediction error'가 있어야 한다. 이는 많은 의미가 있다. 즉, 실험자는 원래 기억에 문제가 있는 경우에만 기억을 업데이트하고 싶어 한다.[10] 밀턴은 이 점을 지목하며, 프로프라놀롤을 사용하여 PTSD를 치료하려는 시도가 거듭 실패한 이유일 수 있다고 여긴다. 단순히 회상하는 일만으로 기억을 변경할 수는 없다는 것이다.

**실험자는 일종의 놀라움을 유도해야 하는데, 이는 피험자가 이전에 학습한 것과 충분히 유사해야 해요. 만약 그렇지 않다면 피험자는 그 것을 완전히 다른 상황으로 생각하고 새로운 기억을 만들게 되죠.**

동물실험에서는 실험자가 시궁쥐를 상자 안에 넣고 발에 가벼운 전기 충격을 줄 때마다 어떤 소리를 들려줌으로써, 쥐가 그 소리만 들어도 전기 충격을 예측하도록 공포 기억을 만든다. 그런 다음 쥐를 상자 안에 다시 넣고 소리를 들려주는데 이번에는 전기 충

---

**10** 이는 로프터스의 연구와 관련하여 놀랍게 보일 수 있지만, 많은 경우 그녀는 자신의 실험에서 부지불식중에 이러한 '예측 오류'를 유도했을 것이다. 또한 로프터스가 관심을 가졌던 종류의 일화적 기억 episodic memory에서는 예측 오류가 덜 중요할 수도 있다.

이 없다. 이는 시궁쥐에게 예측 오류를 초래하고, 공포 기억을 다시 불안정하게 만들기에 충분하다. 이것이 인간에게도 중요한지 확인하기 위해, 암스테르담 대학교의 실험임상심리학 교수 메렐 킨트 Merel Kindt와 동료들은 캔들의 군소 실험과 마찬가지로 민감화를 사용하는 테스트를 고안해냈다.

인간의 경우 한 가지 일반적인 형태의 민감화는 '두려움을 느낄 때, 큰 소리가 들리면 더 많이 몸을 움츠린다'는 것이다. 두려움을 유발하기 위해, 킨트는 학부생들에게 특정 거미의 사진을 보면 약하지만 불쾌한 전기 충격을 받는다는 사실을 학습시켰다. 그런 다음 그 거미 사진을 보여줬을 때, 학생들은 다른 거미 사진을 보았을 때보다 더 놀라고 큰 소리에 더 격렬하게 반응했다. 그러나 학생들에게 그 거미를 다시 보여준 후 프로프라놀롤을 투여했더니(이번에는 전기 충격이 없었다), 불필요한 움츠림이 사라졌다. 그러나 그들에게는 두 가지 요소(거미, 프로프라놀롤)가 모두 필요했다. 즉 거미를 보여주지 않고 프로프라놀롤을 투여하거나, 전기 충격 없이 거미를 보여주기만 하고 프로프라놀롤을 투여하지 않는 경우에는 아무런 효과가 없었다. 모든 학생은 질문을 받았을 때 어떤 거미가 전기 충격과 관련이 있는지 기억할 수 있었다. 다른 것은 그들의 반응뿐이었다. 결론적으로 말해, 공포 기억을 재활성화한 후 재공고화를 차단해야만 정서적 반응이 제거되는 것으로 보인다.

이러한 흥미진진한 발견에도 불구하고 PTSD 환자에 대한 임상시험은 초기 단계에 머물러 있다. 그러나 전망은 매우 밝게 느껴진다. 기억을 재활성화하고, 예측 오류를 초래하고, 프로프라놀롤을 적시에 투여하는 세 가지 요소의 조합은 이 끔찍한 질환을 앓는 사람들을 돕는 완벽한 조합으로 판명될 것이다. 그러나 그러려면 더 많은 시간과 연구가 필요하다.

## 집중력이 요구된다면

이쯤 되면 독자들은 학습과 기억의 기본 원리와 뇌 화학물질이 학습 및 기억 과정에서 수행하는 역할을 이해했다고 생각할지 모르겠다. 글루탐산염이 시냅스를 가로질러 신호를 전달하는 것, 글루탐산염의 방출량 및 접수량 변화는 이해를 위한 첫걸음이다. 세로토닌도 중요한데, 그 역할은 수용체 수의 느린 변화나 새로운 시냅스의 성장이 기억을 장기적으로 저장하기 전에 시냅스의 강도를 단기적으로 조절해주는 것이다. 아드레날린도 학습과 기억에 관여하며, 정서적 내용을 감안할 때 어떤 기억을 저장하는 것이 가장 중요한지 알려주는 역할을 한다. 그러나 물론 인간은 군소보다 훨씬 더 복잡하며 학습 내용도 훨씬 더 다양하다. 이것은 우리의 학습 및 기억 메커니즘에 영향력을 행사하는 다른 요인들이 존재하며, 뇌 화학물질도 여기에 일익을 담당함을 의미한다.

길고 지루한 이야기를 늘어놓는 동료와 대화를 나누다 이 친구가 지난 몇 분 동안 무슨 말을 했는지 당최 모르겠다는 생각이 든다면, 당신은 아세틸콜린의 딜레마에 빠졌을지도 모른다. 이 뇌 화학 물질은 새로 출시된 첨단 제품의 성능에 대한 일화를 들을 때 부족할 수 있는 각성, 주의력, 동기부여와 관련이 있다! 보다 근본적인 수준에서, 아세틸콜린은 외부 자극(직장 동료)과 내부 자극(서넉에 뭘 먹을지) 사이에서 초점을 전환하는 데 도움이 된다.

아세틸콜린은 새로운 정보를 배우는 데뿐만 아니라 저장하고 인출하는 데도 엄청나게 중요하다. 뇌의 회로는 두 가지 유형으로 나눌 수 있는데, 하나는 외부 회로(외부 세계에 대한 정보를 제공하는 회로)이고, 다른 하나는 내부 회로(외부에서 입력된 정보를 내부적으로 처리하는 회로)다. 그런데 종종 동일한 뉴런이 외부 회로와 내부 회로 모두에서 입력을 받기 때문에, 뇌는 어느 시점에서 어느 쪽이 중요한지를 '결정'해야 한다. 아세틸콜린이 개입하는 것은 바로 이 부분이다. 즉, 아세틸콜린의 수치가 높으면 외부 입력에 대한 반응이 강화되고 내부 되먹임이 억제된다. 그러면 새로운 정보를 받아들이는 데 집중하기 때문에, 새로운 것을 배우기에 완벽한 상태(집중된 각성)가 된다. 그러나 잠시 후 아세틸콜린 수치가 떨어지며 주의력이 흐트러지기 시작한다. 즉, 서파수면slow-wave sleep(가장 깊은 수면 단계로, 뇌파가 동기화되고 느려짐) 중과 '깨어 있지만 쉬고 있을 때', 해마의 아세틸콜린 수치가 낮아지고 더 많은 글루탐산염이 내부 회로에서 방출되어 지배권을 장악한다. 이는 집중된 각성 중에 형성된 기억을 장기 기억으로 저장하게 해준다.

아세틸콜린은 기억을 소환하는 데도 도움이 된다. 저장된 기억을 인출하려고 할 때, 뇌는 그 사실과 관련된 다른 개념들을 활성화한다. 예컨대, 나는 최근에 스페인어를 독학하고 있는데, 어렸을 때 배운(그리고 완전히 잊었다고 생각한) 프랑스어가 나를 방해한다는 것을 알게 되었다. 아주 규칙적으로, 스페인어 단어를 떠올리려고 하면 뜬금없이 프랑스어 단어가 끼어들어 'Hola, je m'appelle Ginny'와 같은 다국적 문장으로 귀결된다. 답답하지만, 일단 뇌가 기억을 어떻게 저장하는지를 알게 되면 이런 황당한 상황을 충분히 납득할 수 있다. 요컨대 우리는 정보를 있는 그대로 저장하지 않는다. 오히려 그중에서 알짜배기 요점을 추출한다. 따라서 뇌는 이 장의 모든 단어를 기억하는 대신, 그 안에 포함된 정보를 처리하여 (바라건대) 훌륭하고 간결하며 중요한 메시지를 생성할 것이다.

바로 여기서 문제가 발생한다. 내 머리에는 '내 이름은'과 'je m'appelle'라는 프랑스어 문구 사이의 연결고리가 저장되어 있다. 내가 'me llamo'라는 스페인어를 배워 저장하려 할 때마다 내 뇌는 덤으로 오래된 프랑스어의 흔적을 활성화한다. 기억이 작동하는 방식 때문에, 흔적이 더 많이 활성화될수록 시냅스가 강화되어 효율성이 더 높아진다. 그래서 '내 이름은' = 'me llamo'를 반복하는 것은 스페인어의 흔적을 강화할지 모르지만, 프랑스어의 흔적도 강화한다. 그렇다면 어떻게 해야 프랑스어를 섞지 않고 스페인어로만 대화할 수 있을까? 아세틸콜린에 도움을 요청하자! 이 화학물질의 뇌 수준이 높으면 외부 세계에 주의가 집중되고 내부 경로가 약해진다. 그리하여 '내 이름은' = 'me llamo'라는 기억흔적이 활성화되어, 프랑스어 버전을 강화하지 않고 스페인어를 강화할 수 있다.

뇌의 아세틸콜린 수치를 변화시키는 약물을 사용한 실험 덕분에 우리는 이러한 현상에 대해 많은 것을 알고 있다. 널리 연구된 약물 중 하나는 멀미 치료에 사용되는 스코폴라민scopolamine이다. 스코폴라민은 아세틸콜린 수용체를 차단하는데, 그렇게 되면 뇌가 아세틸콜린에 더 이상 반응하지 않아 낮은 수준의 사고를 하게 된다. 따라서 피험자에게 단어 목록을 보여준 직후에 스코폴라민을 투여하면 아무런 어려움 없이 단어를 기억해낸다. 그러나 목록을 보여주기 전에 스코폴라민을 투여하면 기억력이 저하된다. 뇌가 생성하는 아세틸콜린을 탐지할 수 없기 때문에, 스코폴라민을 투여받은 피험자는 내부 모드에 갇혀 편안한 마음으로 오래된 기억을 공고화하지만 새로운 기억을 형성하기는 어렵다.

흥미롭게도 스코폴라민은 신경과학 연구자들이 새로 발견한 약물이 아니라 오랜 역사를 가지고 있다. 흰독말풀은 가짓과(감자, 토마토, 담배가 여기에 속한다) 식물로, 고대에 약물로 사용되었으며 수술용 마취제로도 쓰였다. 또한 환각 성질이 있어서 수 세기 동안 종교 의식과 기분 전환용으로 이용되기도 했다. 흰독말풀의 활성 성분에는 스코폴라민이 포함되어 있는데, 이것은 사용자가 경험하는 심각한 기억상실증의 원인으로 생각된다.[11]

사실, 일부 과학자들은 스코폴라민이 환각 효과에도 관여한다고 믿는다. 뇌가 아세틸콜린을 탐지할 수 없기 때문에 스코폴라민은 내부 지각에 초점을 맞추는 극적인 변화를 초래할 수 있다. 기억

기억, 용량 큰 저장 창고 짓기

의 저장보다 공고화 및 회상을 우선시하는 현상은, 스코폴라민 사용자가 자신의 기억을 현실적이고 현재적이라고 믿으며 '경험'한다는 것을 의미할 수 있다. 효과는 일반적으로 일시적이지만, 스코폴라민이 체내에 머물러 있었던 기간에 대한 기억이 거의 돌아오지 않는다는 것은 기억이 애초에 저장되지 않았다는 생각과 맞아떨어진다. 슬프게도 흰독말풀은 치사량이 환각 경험을 일으키는 용량보다 그리 많지 않아 치명적일 수 있다.

## 똑똑한 약?

기억 형성을 차단할 수 있는 약물이 있다면, 기억력을 개선하고 학습 속도와 효율을 향상시키는 약물도 있지 않을까? 얼마 전까지만 해도 케임브리지에서 공부했으며 이러한 '학습 보조제'가 대학에 얼마나 만연한지를 보여주는 숱한 설문 조사 결과가 존재함에도 나는 그런 약물을 복용해본 적이 없다. 그러나 이른바 '똑똑한 약'은 빠르게 성장하는 분야이며, 효과를 보증한다고 알려져 있다. 일반적으로 사용되는 많은 '똑똑한 약'은 처방전이 있어야 구입할 수 있다. 예컨대 아데랄(암페타민)과 리탈린(메틸페니데이트)은 모두 ADHD

---

**11** 그래서 나는 흰독말풀이 실제로 환자를 마취시켰는지, 아니면 수술 중에 느낀 극심한 고통을 나중에 기억하지 못하게 했는지 궁금하다.

치료에 사용되는 흥분제다. 그러나 수년 동안 이 알약은 학생들과 '경쟁력 우위'를 추구하는 사람들에 의해 적응증 외off-label 용도로 쓰여왔다. 두 가지 약물 모두 뇌 화학물질인 도파민과 노르아드레날린의 수치를 높이는데, 이는 도파민과 노르아드레날린 시스템이 오작동하는 것으로 여겨지는 ADHD 환자에게 유익하다. 환자가 복용하는 저용량에서, 이러한 강화 효과는 앞일을 계획하고 복잡한 작업을 수행하는 데 관여하는 뇌의 전두 영역에서만 발생하는 것으로 보인다. 우려스럽게도 너무 많은 양을 복용하면 약물이 다른 뇌 영역에도 영향을 미쳐 인지에 부정적 영향을 줄 수 있다.

ADHD가 없는 사람이 이러한 신경전달물질을 꽤 고용량으로 복용하면 집중력이 향상되고 지루한 작업을 더 즐겁게 하는 것으로 생각된다. 그러니 ADHD 치료제가 학습 보조제로 사용되는 건 전혀 놀라운 일이 아니다! 그런데 이 약물들은 사람들이 주장하는 극적인 효과를 정말로 발휘하는 걸까? '똑똑한 약'을 다룬 수많은 논문을 분석한 최근 연구에서, 그것은 건강한 사람들의 인지, 문제 해결, 기억에 작은 영향을 미치는 것으로 나타났다. 그러나 이는 일부에 해당하며 그 효과는 연구에 따라 천차만별이다. '똑똑한 약'이 자신의 능력에 자신감을 갖게 한다는 제안도 있다. 다시 말해 약을 복용한 사람들은 자신의 지적 능력을 실제보다 과대평가하는 경향이 있다는 것이다. 흥분제이므로 남용의 위험도 있다. 즉, 과량의 약물을 복용하면 도파민이 더욱 극적으로 증가하므로, (3장에서 볼 수 있듯이) 도파민에 의존하게 될 수 있다는 것이다. 기분 전환용으로 사용하는 경우, 약물이 제공하는 '흥분'을 갈망하며 '작은 도우미' 없이는 하루도 살 수 없다고 느낄 수 있다. 이러한 문제점 때문에 '똑똑한 약'이 조만간 뇌 강화제로 일반화될 가능성은 낮다.

최근 많은 관심을 받고 있으며, 부작용이 적어 보이는 또 다른 약물은 프로비질(모다피닐)이다. 원래 기면증narcolepsy 환자의 주간졸림증을 줄이기 위해 개발된 이 약물은 수면이 극도로 부족한 사람의 인지능력을 향상시키는 효능이 있다. 이로 인해 군인에서부터 외과의사, 우주비행사에 이르기까지 광범위한 잠재 사용자가 복용 대상자였다! 그리고 물론, 이 '경이로운 약'을 시험해보거나 학교나 직장에서 활력을 얻고 싶어 하는 사람도 수두룩하다. 모다피닐의 작용 메커니즘은 잘 알려져 있지 않지만 도파민, 노르아드레날린, 세로토닌, 글루탐산염을 포함한 모든 범위의 신경전달물질 수준에 영향을 미친다. 이것이 기억력과 인지 제어를 정확히 어떻게 향상시키는지는 아직 밝혀지지 않았지만, 모다피닐을 사용하는 사람이 증가하자 이러한 약물을 연구하게 된 케임브리지의 신경과학자 바버라 사하키언Barbara Sahakian은 최근 이러한 약물을 적절히 통제하는 방안을 강구해야 한다고 주장했다.

이러한 약물은 과학적 문제뿐만 아니라 윤리적 문제도 제기한다. 시험 전에 뇌 강화제를 복용하는 것은 부정행위에 해당할까? 공부할 때만 복용하면 괜찮지 않을까? 이미 많은 사람이 힘든 하루를 보낼 때 카페인의 힘을 빌려 각성과 주의력을 유지하고 있다.[12] 엄밀히 말해 카페인도 뇌를 변형시키는 약물이다(5장 참조). 그렇다면 모다피닐과 카페인의 차이는 무엇일까? 사하키언의 주장에 따르면, 모다피닐은 손 떨림과 같은 부작용을 일으키지 않기 때문에 실제로 많은 상황에서 카페인보다 바람직하다. 예컨대 긴 수술을 앞둔 외과의사가 손 떨림 없는 각성 촉진제를 복용하는 것은 관련된 모든 사람에게 큰 이익이 될 수 있다.[12]

하지만 갑자기 모든 사람의 약물 복용을 일반화하면, 경쟁에서 이기기 위해 약물을 상용常用하는 세상이 오지 않을까? 분명히 말하지만 그것은 우리가 바라는 미래가 아니다. 그리고 그것은 덜 특권적인 배경에 놓인 아이들의 상황을 더욱 어렵게 만들 수 있다. 부모의 재력은 어린 시절 독서에 더 많은 시간을 할애하는 것부터 족집게 과외를 받는 데 이르기까지 다양한 방법으로 자녀의 미래에 큰 영향을 미친다. 여유 있는 사람만 구입할 수 있는 값비싼 뇌 강화제까지 추가된다면 그 격차는 더욱 커질 것이다.

사실 나도 똑똑한 약에 귀가 솔깃하다. 특히 모다피닐의 이점은 흥미로울 뿐만 아니라 단기적 안전성까지 검증된 듯하다. 그러나 먼저, 그게 정품인지 확인할 필요가 있다. 현재 이 약물을 적응증 외 용도로 사용하는 사람들은 대부분 웹사이트에서 구입하는데, 그들이 싸구려 복제품을 받지 않는다는 보장이 없다. 그 알약에 무슨 성분이 들어 있는지 알 수 없는 위험까지 감수하고 싶지는 않다.

또한 장기적 안전성 데이터가 아직 충분하지 않다. 한두 번 사

---

**12**    솔직히 말해 진한 커피 한두 잔이 없었다면 이 책은 나올 수 없었을 것이다!

기억, 용량 큰 저장 창고 짓기

용해서 해를 입을 가능성은 거의 없지만, 우리 뇌는 장기간 섭취하는 모든 것에 점차 적응한다고 알려져 있다. 모닝커피가 예전과 같은 자극을 주지 못해 더블 에스프레소에 손을 뻗고 있지 않은가(5장 참조)? 그와 똑같은 이유로 마약 사용자는 동일한 흥분을 얻기 위해 복용량을 지속적으로 늘려야 한다(3장 참조). 그렇다면 모다피닐을 정기적으로 복용할 경우 동일한 효과가 유지될까, 아니면 사용량이 점차 늘어나 결국에는 우리가 카페인에 기대는 것처럼 모다피닐에 의존하게 될까? 이것은 반드시 해결해야 할 답 없는 질문이다.

또한 뇌 발달에 어떤 영향을 미칠지 알 수 없는데도 청소년과 대학생이 똑똑한 약 사용을 늘려간다는 것은 특히 우려되는 부분이다. 아기와 어린이의 뇌는 성인의 뇌와 달리 빠르게 변화하고 학습한다. 사실 우리 뇌는 이십 대 중반이 될 때까지 성장을 멈추지 않는다. 그리고 여전히 과학자들은 성장 과정의 각 지점에서 우리 뇌에 어떤 화학적 일이 벌어지는지 알아내려 애쓰고 있다. 불필요한 약물로 뇌화학을 변경한다는 생각은 적어도 내가 보기에는 매우 걱정스럽다.

## 아기와 새끼 기러기

아기와 어린이는 배우기 위해 진화했다. 다른 많은 동물에 비해 인간의 유아는 믿을 수 없을 정도로 무력하게 태어난다. 큰 두뇌와 엉성한 자세 때문에 아기는 완전히 준비되기 전에 태어나며, 이로 인해 보호자에게 전적으로 의존할 수밖에 없다. 유아는 걷거나 스스로 먹을 수 없고 심지어 자신의 체온을 조절할 수도 없다. 이 모든 것은 유아를 취약하게 만들지만, 그들이 훨씬 더 극적인 방식으로 환경에 의해 형성될 수도 있다는 것을 의미한다.

유아는 성인만큼 많은 뉴런을 가지고 태어나지만 그렇다고 뇌가 완전히 형성되어 있는 것은 아니다. 그건 어림도 없는 소리다. 지금껏 살펴봤듯이 학습과 기억에 중요한 것은 뉴런 사이의 연결이며, 이러한 연결은 출생 후 몇 년 동안 빠르게 변화한다. 이 기간 동안 우리 뇌는 장기 강화를 통해 새로운 연결을 형성할 수 있는 최적의 상태가 된다. 그러나 이러한 과정을 위한 최적의 시간은 '뇌 영역'과 '능력의 종류'에 따라 다르다. 이러한 '기회의 창'은 민감기 sensitive period로 알려져 있으며, 이에 대한 기존 지식의 상당 부분은 콘라트 로렌츠Konrad Lorenz라는 오스트리아의 동물행동학자로부터 시작되었다.

로렌츠는 늘 동물을 사랑했다. 어릴 때는 많은 반려동물을 길렀고, 심지어 근처 동물원에서 아픈 동물을 돌보는 일을 했다. 그러나 외과의사인 아버지가 의사가 되라고 강권했으므로, 1922년 의학 공부를 시작했다. 그럼에도 로렌츠는 동물에 대한 연구를 포기할 수 없었다. 그는 일지를 작성하고 관찰 내용을 기록했는데, 1927년 갈까마귀에 관한 그의 일지가 권위 있는 저널에 실리기도 했다. 의학 학위를 취득한 후 로렌츠는 마침내 동물학 박사 학위를 받았다.

기억, 용량 큰 저장 창고 짓기

로렌츠는 1930년대에 스승 오스카 하인로트Oskar Heinroth의 발자취를 좇아 회색기러기 연구를 시작했으며, 나중에 '각인imprinting'이라고 부르게 되는 현상을 연구했다. 알에서 부화할 때, 많은 종의 새끼들은 길을 잃지 않기 위해 어미가 인도하는 곳이라면 어디든 따라가는 법을 빨리 배워야 한다. 하인로트는 조건이 맞으면 회색기러기의 새끼가 어미보다는 오히려 인간을 따른다는 사실을 알아차렸다. 그래서 제자 로렌츠는 어떻게 그런 일이 일어나는지를 알고자 했다.

로렌츠는 다양한 실험으로 새끼 기러기들은 태어날 때 처음 보는 크고, 눈에 띄고, 움직이는 물체에 애착attachment을 형성할 준비가 되어 있음을 발견했다. 야생에서는 이것이 어미가 될 테지만, 실험실에서는 다른 종의 모델, 공, 또는 심지어 (가장 유명한) 로렌츠 자신이 새끼들에게 각인되었다. 한 실험에서 로렌츠는 둥지에서 알 절반을 가져와 인큐베이터에서 키웠고 나머지 절반은 어미 기러기가 키우도록 했다. 부화했을 때, 로렌츠의 새끼들은 예상한 대로 그를 각인했고 나머지 새끼들은 어미를 각인했다. 다음으로, 로렌츠는 새끼들을 섞은 후 상자로 덮었다. 잠시 후 그가 상자를 치우자마자 로렌츠의 새끼들은 그에게로 달려가고 다른 새끼들은 곧장 어미에게로 향했다. 그는 이 각인이 병아리가 부화한 직후인 결정적 시기critical period에 일어나는 게 틀림없다고 주장했다. 만약 새끼 기러기가 이 시점이 경과하도록 적절한 자극을 받지 못하면 각인은 결코 일어나지 않을 것이다. 그는 또한 각인은 영구적이며 평생 동물에 영향을 미친다고 믿었다.

로렌츠의 경력은 전쟁으로 중단되었고, 1941년에는 독일군에 의무병으로 입대하여 나중에 나치 친위대의 심리학자가 되었다. 로렌츠는 훗날 잔학 행위에 개입하거나 자신의 지식을 활용한 사실을 부인했지만, 나치 이데올로기를 뒷받침하는 데 자신의 연구를 사용한 것으로 보인다. 새끼 기러기의 각인을 관찰한 것 외에도 로렌츠는 각인이 이후의 성적 행동에 어떤 영향을 미치는지에 관심이 있었고, 기러기에 양육된 오리가 나중에 기러기에 성적 매력을 느낀다는 사실을 알아냈다.

로렌츠는 이를 이용하여, 동물의 교잡(서로 다른 종의 짝짓기)이 타고난 욕구의 충돌로 말미암아 혼란을 야기할 것이며, 이로써 결국 동물이 '약화'될 수 있다고 주장했다. 물론 이것은 '인종의 순수성'과 인류를 '약화'시킬 수 있는 이종교배를 막는 나치의 이상과 완벽하게 들어맞았다. 로렌츠는 또한 동물이 가축화되면 약해진다고 믿었고, 이것이 인간에게 시사하는 바를 '두려워'했다. 1973년 노벨 생리의학상을 받았을 때 쓴 자서전에서 로렌츠는 이렇게 말했다.

나는 가축화의 위험성을 지적했고, 이해를 돕기 위해 최악의 나치 용어로 글을 썼을 뿐이다. 이 행동에 대해 변명하고 싶은 마음은 추호도 없다. 나는 진심으로 새로운 통치자들에게 좋은 일이 생길 거라고 믿었다. 오스트리아의 편협한 가톨릭 정권은 이 순진한 희망을 높이 사기 위해 나보다 더 훌륭하고 지적인 사람들을 끌어들였다. 친절하고

기억, 용량 큰 저장 창고 짓기

인간적인 내 아버지를 포함하여 거의 모든 친구와 교육자가 순순히 응했다. 우리 중 어느 누구도 이 통치자들이 사용한 '선택'이라는 단어가 살인을 의미한다고 생각하지 않았다. 내가 그 글들을 후회하는 것은, 나 개인이 짊어진 명백한 불신보다는 가축화의 위험에 대한 미래의 인식을 저해하는 효과 때문이다.

로렌츠는 1944년 소련군에게 체포될 때까지 나치를 위해 일했다. 포로수용소에서는 의사로 일하다가 1948년 마침내 집으로 돌아와 연구에 복귀했다. 로렌츠는 의심의 여지 없이 동물행동 분야에서 중요한 인물이었고, 종종 '동물행동학(동물의 행동을 연구하는 분야)의 아버지'로 불린다. 그러나 과학은 진공상태에서 발전하지 않으며, 누군가의 과학적 신념과 정치적 신념을 분리하는 것은 도움이 되지 않고 심지어 가능하지도 않다. 과학자의 세계관은 그들이 연구에서 던지는 질문, 결과를 해석하는 법, 결과로부터 추론하는 방식을 추동한다. 이것은 로렌츠의 발견이 일고의 가치도 없다는 뜻이 아니라 단지 당시의 정치적 이슈를 감안하여 살펴봐야 한다는 것을 의미한다.

1950년대에 들어 에크하르트 헤스Eckhard Hess라는 독일 태생의 미국 연구원이 로렌츠의 연구를 재개했다. 헤스는 메릴랜드에 있는 자신의 연구실에서 새끼 오리를 조사하여, 부화 후 13~16시간에 각인이 발생한다는 사실을 발견했다. 이는 각인에 대한 새로운 관심을 불러일으켰고, 향후 10년 동안 더 많은 발견이 이루어졌다.

알고 보니 로렌츠가 제시한 기회의 창이라는 개념은 옳았지만 그가 생각한 것처럼 고정적인 것은 아니었다. 예컨대 새끼가 부화한 후 사회적 고립 상태에 있게 되면, 각인 창은 20시간으로 늘어난다. 따라서 각인은 생물학적으로 결정된 정해진 경로만 따르는 게 아니라 경험의 영향을 받기도 한다.

오늘날 연구자들은 결정적 시기보다는 민감기를 언급하는 경향이 있다. 민감기는 동물이 특정한 것을 학습하는 경향이 있는 시기이며, 두뇌와 미래의 행동이 경험에 의해 형성될 수 있는 시기이기도 하다. 그리고 기러기처럼 인간에게도 특정한 능력과 관련된 민감기가 있는 것 같다.

예를 들어 시각을 생각해보라. 갓난아기는 자세히 볼 수 없다.[13] 아기들은 주변시력peripheral vision이 불량하고 색상과 대비를 감지하는 능력도 떨어진다. 이러한 능력은 빠르게 발달한다. 하지만 그러려면 눈이 제대로 작동해야 한다. 이는 백내장을 가지고 태어난 아기가 평생 동안 문제를 겪을 수 있음을 의미한다. 백내장은 심할 때 일반적인 명암감을 제외한 모든 시각 정보를 차단한다. 백내장을 치료하면 적어도 이론적으로는 눈이 정상적으로 기능할 수 있다. 성인이 백내장을 치료하면 시력이 회복된다는 점을 감안할 때, 백내장을 얼마나 오래 앓았는지는 그다지 중요하지 않은 것 같다. 그

---

13    흑백 줄무늬를 회색 화면과 얼마나 미세하게 구분할 수 있는지로 측정되는 '시력'의 경우, 아기의 시력은 정상 시력을 가진 성인보다 40배나 나쁘다.

063

기억, 용량 큰 저장 창고 짓기

러나 아기의 경우는 이야기가 달라진다. 생후 6주 이내에 백내장을 치료하고[14] 적절한 후속 조치를 취하면 대부분의 아기는 정상 시력을 갖게 된다. 그러나 치료가 늦어질수록 아기는 더 많은 시각적 문제를 겪게 되고, 이 문제들은 평생 동안 남을 것이다.

또 다른 명확한 예는 언어다. 어른이 되어 언어를 배우려고 시도해본 사람은 그것이 얼마나 어려운지 잘 알고 있지만, 아이들은 아주 적은 노력으로도 거뜬히 해낸다. 어린아이를 외국에 보내면 몇 달 안에 원어민처럼 말하겠지만, 그들의 부모는 여전히 기본적인 표현과 씨름할 것이며 모국어의 억양에서 결코 벗어나지 못할 것이다.

학습에는 타이밍이 중요하며 적절한 능력 개발을 위해서는 조기 학습이 중요하다는 것을 부인할 수 없다. 또한 기회의 창이 닫히고 나면 학습이 더 어려워지거나 심지어 불가능해진다. 부분적으로 이것은 우리의 뇌가 발달하는 방식과 관련 있다. 아기가 태어나면 뇌는 새로운 연결을 매초 최대 100만 개의 속도로 빠르게 형성한다. 아기가 성장하면서 이런 영역들이 성숙해지기 시작한다. 시각과 같은 단순한 능력부터 시작하여, 사용하는 연결은 장기 강화로 강화되고 사용하지 않는 연결은 제거된다.

예컨대 신생아는 모든 언어의 소리를 구별할 수 있다. 그러나

---

**14** 이것은 한쪽 눈에 백내장이 있는 경우에 해당하는 내용이다. 흥미롭게도 양쪽 눈에 백내장이 있으면 출생 후 8주로 기간이 약간 더 길어진다.

다른 언어를 제쳐놓고 한 언어에 노출되면서 이러한 유연성을 잃기 시작한다. 한 살이 되면 영어에만 노출된 아기는 영어가 아닌 소리를 구별하는 능력을 잃게 된다.

뉴런이 '연결 모드'에 있는 나이를 놓치면 민감기를 놓치게 되어 뇌의 형성 방식이 달라진다. 이렇게 되면, 종전과 똑같은 정보를 입력해도 뇌가 다르게 형성된다. 발달 패턴과 '연결에서 가지치기 pruning로의 전환'은 뇌 영역과 능력의 종류에 따라 극적으로 다르다. 예를 들어, 의사결정과 숙고에 관여하는 뇌의 전두 영역은 이십 대 초반까지 발달이 완료되지 않는다.

뇌의 어느 영역을 한 모드에서 다른 모드로 전환하는 요인을 콕 집어내지는 못했지만 과학자들은 몇 가지 이론을 제시했다. 한 이론에서는 GABA(감마아미노부티르산)와 같은 화학물질을 사용하는 억제성 뉴런과 글루탐산염을 사용하는 흥분성 뉴런의 균형 가능성을 제안한다. 만약 발달 중인 뇌가 덜 억제되면 새로운 연결이 더 쉽게 형성될 수 있을 것이다. 다른 이론에서는 신경 간의 경쟁도 일익을 담당한다고 제시한다. 즉, 활발한 뉴런이 주변의 덜 활발한 뉴런을 차단한다는 것이다. 마지막으로, 경험의 중요성을 강조하는 과학자들도 있다. 동물에서 모든 감각 입력을 박탈하면, 적어도 잠시 동안은 민감기의 종료가 지연되는 것처럼 보인다. 아직 밝혀야 할 것이 많지만 민감기를 다시 여는 방법을 알아낼 수 있다면, 백내장을 제때 치료받지 못한 어린이와 같은 사람을 도울 수 있을 것이다.

기억, 용량 큰 저장 창고 짓기

# 차우셰스쿠의 아이들

—◦—◦—

인생 전체를 놓고 살필 때, 지각능력과 관련된 민감기가 존재한다
는 주장은 타당해 보인다. 그러나 더 복잡한 행동은 어떨까? 아마도
어린이들이 배워야 할 가장 중요한 것 중 하나는 우리가 살고 있는
사회를 탐색하는 방법, 즉 사람들과 유대감을 형성하는 법과 사회
적 상호작용의 규칙일 터다. 대부분의 어린이에게 이런 일은 자연
스럽게 일어나는데, 양육자의 행동을 스펀지처럼 흡수하고 주변 사
람들과 상호작용을 하기 때문이다. 그러나 이런 사회적 상호작용이
완전히 제거되면 어떻게 될까? 슬프게도 1980년대와 1990년대에
일어난 사건들은 우리에게 꽤 좋은 통찰을 제공한다.

　　1967년 공산당 지도자 니콜라에 차우셰스쿠Nicolae Ceaușescu가
루마니아의 대통령이 되었다. 루마니아를 '세계 강국'으로 만들기
위해 그는 여러 가지 전체주의 규칙을 도입했다. 자신의 목표를 달
성하는 한 가지 방법이 인구를 늘리는 것이라고 믿었던 차우셰스쿠
는 피임과 낙태를 금지했다. 이로써 부모가 돌볼 수 없는 아기들이
태어났고, 이 아기들을 돌보기 위한 기관을 설립해야 했다. 이곳을
종종 '루마니아 고아원'이라고 부르지만 수용된 어린이의 60퍼센트
는 친부모가 생존한 것으로 추정된다. 생이별한 부모들은 가난해서
자녀를 돌볼 수 없기도 했지만 국가의 보살핌을 받으면 자녀가 더
나은 삶을 살 거라고 확신했다. 그들은 심지어 나중에 상황이 나아
지면 아이들을 데려갈 수 있다는 언질을 받았다.

그러나 이러한 기관들은 애초 의도대로 운영되지 않았다. 맡겨진 수많은 아이로 순식간에 과부하가 걸려 직원들은 가장 기본적인 보살핌 이상을 제공할 수 없었다. 많은 곳에서 음식과 난방이 부족했고, 아이들은 보육사와 더 나이 많은 아이들에게 이중으로 학대받았다. 많은 아이가 경미한 질병이나 기아로 사망했다. 기껏해야 끼니를 제공하여 죽음을 면하게 해줄 뿐, 아이들을 안아주거나 말을 걸거나 놀아주지는 못했다. 이것들은 중요하지 않게 들릴지 모르겠지만 아동의 사회성 발달에는 필수적이다.

1989년 차우셰스쿠가 실각하자 이 아이들의 존재와 그들이 견뎌야 했던 상황이 만천하에 드러났다. 환경 개선을 돕기 위해 세계 각지에 자선단체가 설립되었고,[15] 많은 어린이가 전 세계 가정에 입양되었다. 그럼에도 기관에 남은 아이들의 수는 여전히 많았고, 정치 상황이 이 지역의 빈곤을 악화시킴에 따라 더 많은 아이를 계속해서 수용해야 했다. 슬프게도 이제 더 많은 장난감과 물품을 기증받았을지 모르지만, 그들에게 제공된 보살핌은 향후 10년 동안 별로 개선되지 않았다.

입소문이 퍼지면서 이 아이들이 처한 곤경이 아동 발달 연구자들의 관심을 불러일으켰다. 이 끔찍한 비극은 신체적·사회적 방치가 발달하는 뇌에 어떤 영향을 미치는지, 그리고 인생 후반의 경험

---

**15** 어렸을 때 이 아이들에게 보낼 장난감과 간식으로 가득 찬 상자를 포장한 기억이 있다. 하지만 당시 나는 그들의 불행이 어느 정도인지 전혀 몰랐다.

기억, 용량 큰 저장 창고 짓기

이 이를 보상할 수 있는지에 대한 중요한 통찰을 제공할 터였다. 그것은 미래의 다른 아이들에게 도움이 될 수 있을 것이다. 이러한 문제의식을 품고 네이선 폭스Nathan Fox를 포함한 연구자들은 2000년에 부카레스트 초기 개입 프로젝트Bucharest Early Intervention Project를 시작했다. 이 프로젝트에서 연구자들은 태어날 때 버려져 루마니아 부카레스트에 있는 6개 국영 기관 중 한 곳에 수용된 100명 이상의 어린이를 평가했다. 그런 다음 연구원들은 틀림없이 마음 아팠을 작업을 했다. 아이들을 무작위로 두 그룹으로 나누어, 한 그룹은 기관에 남겨두고 다른 그룹은 연구를 위해 특별 훈련을 하고 재정 지원을 받은 단란한 위탁 양육 가정에 보낸 것이다.[16] 한편으로 연구자들은 이 두 그룹뿐만 아니라 (지역사회 대조군으로 알려진) 한 번도 기관에 수용된 적이 없는 동년배 어린이들로 구성된 그룹을 추적했다. 위탁 양육을 시작하기 전 세 그룹의 발달 상태를 비교한 결과, 예상대로 기관에 수용된 집단의 발달 상태가 여러 가지 면에서 대조군보다 뒤처진 것으로 밝혀졌다. 이 아이들은 언어 능력과 운동 발달이 떨어졌고 IQ도 낮았다. 아이들은 낯선 사람과 있을 때 이상한 행동을 보였는데, 마치 오래전에 헤어진 친척인 것처럼 달려가 껴안았으며, 대부분의 아이들같이 수줍음 또는 경계심을 나타내거나 안심하기 위해 보육사나 양육자에게 의지하지 않았다. 뇌파 검

---

**16** 이것은 비윤리적으로 들릴지 모르지만, 연구가 이루어지지 않았다면 모든 아이가 고아원에 남아 있었을 거라는 점을 명심할 필요가 있다. 그들의 연구로 많은 아이가 재정적·정서적 지원을 받는 가정에 입양되었고, 나머지 어린이들도 상황이 개선되었다.

사EEG로 이 아이들의 뇌 활동을 테스트한 결과, 전반적으로 수치가 낮았다. 요컨대 뇌가 제대로 발달하지 않은 것이다.

하지만 나쁜 소식만 있는 건 아니었다. 연구원들이 향후 12년 동안 추적 관찰해보니, 기관에서 벗어난 아이들이 부진을 만회하기 시작하면서 뚜렷한 패턴을 보였다. 그들은 가족을 한 번도 떠나지 않은 그룹에는 여전히 뒤처졌지만 새로운 양육자와 안정적인 유대감을 형성할 수 있는 것처럼 보였다.

연구를 시작할 때 아이들의 나이는 생후 6개월에서 거의 3세 사이였는데, 이것은 연구자들에게 독특한 기회였다. 그들은 양육 집단을 세분하여 아이들이 시설에서 나왔을 때 몇 살이었는지에 따라 어떤 차이가 있는지 확인할 수 있었다. 이로써 인간의 사회적 발달과 관련한 민감기가 존재하는지 여부를 알 수 있을 터였다. 아니나 다를까, 그들은 중요한 것을 발견했다. 나이가 어릴 때 입양된 아이일수록 부진을 더 빨리 만회했다. 그러나 엄격하게 따지면 나이는 능력의 종류에 따라 달랐다. 생후 15개월 이전에 입양된 아이들은 언어 능력이 급격히 향상되었지만 그 이후에는 더 많은 어려움을 겪었다. IQ의 경우, 결정적 나이는 생후 18~24개월이었다. 8년 후, 두 살이 되기 전에 입양된 아이들은 정상적인 EEG 패턴을 보인 반면, 나중에 양육된 아이들은 여전히 차이를 보였다.

이것은 인간 유아에게 민감기가 있으며, 그 기간에 정신적·신체적으로 발달하기 위해서는 적절한 자극이 필요하다는 것을 말해준다. 동물과 마찬가지로, 감각 및 운동 기술과 같은 기본 능력은 초기에 발달하고 좀 더 복잡한 사회적 행동은 조금 늦게 발달하는 것으로 보인다. 하지만 이유가 뭘까? 방치된 아기의 뇌에서 무슨 일이 일어나기에 출생 후 몇 년 동안 그들의 행동에 영향을 미친 걸까?

# 무는 아기

연구자들에 의하면 유아에게 가장 중요한 경험 중 하나는 '주고받는' 상호작용이다. 이는 부모가 아기에게 '말 걸기'와 '소음이나 얼굴 표정에 반응하기'처럼 간단할 수 있다. 유아가 성장함에 따라 물체 가리키기, 간질이기, 놀기 같은 공유된 경험이 포함되겠다. 여기서 중요한 것은 양육자가 아기에게 반응한다는 점이다. 한 실험에서 과학자들은 엄마들에게 무표정한 얼굴로 아기를 바라보기만 하고 어떤 식으로도 반응하지 말라고 요청했다. 그러자 아기들은 몇 초 안에 눈에 띄게 괴로워했다. 과학자들에 의하면 아기들은 이러한 반응 부족을 위험 신호로 받아들인다. 일리가 있는 말이다. 생존을 위해 양육자에게 전적으로 의존하는 아기에게 반응 부족은 치명적일 수 있기 때문이다.

따라서 이러한 상호작용 부족은 스트레스 반응을 활성화함으로써 유아의 몸에 아드레날린과 코르티솔이 넘쳐나게 한다. 만약 평상시에 반응을 잘하는 양육자가 바빠서 아기가 울도록 내버려두는 것처럼 가끔 있는 일이라면 장기적으로 해를 끼치지는 않는다.

사실 아기는 스스로 달래는 법을 터득한다. 그러나 스트레스 시스템이 장기간 지속적으로 활성화되면 온갖 문제를 초래할 수 있다.

지속적으로 분비되는 높은 수준의 코르티솔은 수상돌기(다른 많은 뉴런과 연결할 수 있게 해주는 뉴런 말단의 분지 구조)의 성장과 시냅스 형성을 약화시킬 수 있다. 생후 처음 몇 년 동안 얼마나 빨리 변하는지를 고려할 때, 아기의 뇌가 이 기간에 특히 민감한 것은 놀라운 일이 아니다. 또한 높은 수준의 코르티솔은 수초화myelination를 억제하는데, 수초화란 뇌 주위에 메시지를 전달하는 뉴런의 축삭(신경섬유)이 종종 백색질이라고 불리는 절연 코팅으로 덮이는 과정이다. 수초화는 성숙 과정의 필수적인 부분으로, 뇌신경의 효율성 향상에 기여한다.

뇌 스캔 연구에 따르면, 루마니아 고아원의 아이들은 뇌가 더 작고, 신경세포체로 구성된 회색질의 양이 적고, 백색질의 연결이 부족했다. 단란한 가정에 입양된 아이들은 백색질을 어느 정도 회복했지만 회색질의 양은 회복하지 못했다. 이것은 뇌 발달에 대해 알고 있는, 뉴런이 가장 빠르게 성장하고 연결되는 시기 이후에 수초화가 일어난다는 사실과 일치한다. 사실 뇌신경의 수초화는 우리가 이십 대가 될 때까지 완료되지 않는다.

높은 수준의 코르티솔은 또한 코르티솔 자체가 체내에서 장기적으로 기능하는 방식을 변화시킨다. 우리 모두는 코르티솔 주기가 있는데, 아침에 가장 높고[17] 저녁이 되면 떨어진다. 그러나 방치된 아이들은 리듬이 둔화하며 하루 종일 거의 일정하게 유지된다. 이

기억, 용량 큰 저장 창고 짓기

는 루마니아 고아들이 보인 신체 발육 부진, 무분별한 친근감과도 관련 있는 것으로 보인다. 그러나 뇌 구조와 마찬가지로 코르티솔 주기도 바뀔 수 있으며, 양육자가 과중한 스트레스를 받지 않는 한 사랑이 넘치는 가족에게 양육되거나 입양된 아이는 회복하는 것으로 나타났다.

이것은 표면적으로 약간 혼란스러워 보일 수 있다. 나는 앞에서 감정과 관련된 뇌 화학물질이 기억력을 향상시킬 수 있다고 언급했다. 그러나 약간 많으면 좋을 수 있지만 너무 많으면 부정적인 영향을 미친다. 이러한 과유불급 원칙은 코르티솔뿐만 아니라 다른 스트레스성 화학물질에도 적용된다. 코르티솔이 방출되면 뇌의 특정 영역이 LTP에 더 예민해지므로 기억 저장에 도움이 된다는 연구 결과가 있기는 하다. 그러나 코르티솔은 몇 시간 동안 혈류에 머무를 수 있으며, 이 경우 기억력 향상 효과는 초기에만 나타난다. 과학자들은 실제로 두 가지 효과가 있다고 본다. 하나는 기억 저장에 도움이 되는 빠른 효과이고, 다른 하나는 기억 저장을 억제하는 느린 효과다.

진화론적 관점에서 이것은 실제로 의미가 있다. 무섭거나 스트레스받는 일이 생기면 나중에 회피할 요량으로 그 기억을 저장하려고 할 것이다. 그럴 때 아드레날린, 노르아드레날린, 코르티솔이 분

---

**17** 흥미롭게도 코르티솔은 혈압을 높인다. 코르티솔이 최고조에 달하는 이른 아침에 심장마비가 가장 흔하게 발생하는 이유이기도 하다.

비돼 그렇게 하도록 돕는다. 그러나 그 기억이 저장되고 위협이 지나간 후에도 코르티솔은 사라지지 않고 새로운 기억이 그 중요한 기억 위에 덧씌워지는 것을 방해할 수 있다. 지속적인 코르티솔은 기억을 보호함으로써 미래를 위해 안전하게 저장되도록 한다.

문제는 만성 스트레스로 코르티솔 분비가 계속될 때다. 이런 상황에서는 항상 '공포 후' 모드와 LTP 상태에 있으며, 따라서 학습이 지속적으로 감쇠한다. 고아원 어린이에게서 발견되는 '덜 반응적인' 코르티솔 시스템은 이 화학물질이 기억에 제공할 수 있는 단기적 이점(빠른 효과)이 결코 향유될 수 없다는 것을 의미할 수도 있다.

우리의 뇌 화학물질에 관한 한 관건은 균형이다. 화학물질이 학습에 관여한다는 것은 사실일 수 있지만, 그렇다고 해서 수치가 증가하면 반드시 지적 능력이 향상된다는 의미는 아니다. 우리의 뇌는 쉽게 과부하가 걸리므로 제대로 기능하기 위해 적정량의 화학물질로 구성된 '골디락스 포인트goldilocks point'를 추구한다. 즉, 건강한 사람일수록 이러한 화학물질의 수준을 변화시키는 약물을 사용하는 데 특히 주의해야 한다. 앞서 살펴본 것처럼 그런 약물은 종종 의도와 다른 결과를 초래하기도 한다.

그러나 우리가 학습과 기억의 신경과학, 그리고 그것을 제어하는 화학물질을 더 많이 발견함에 따라, 바라건대 그것을 더 효율적이고 안전하게 만드는 방법을 찾을 수 있었으면 한다. 이는 더 나은 공교육 방법이나 (질병이나 학대로 발달의 창이 닫혀버린) 아이들을 돕는 약물이 될 수도 있다. 그러나 모든 과학 발전과 마찬가지로 윤리적

기억, 용량 큰 저장 창고 짓기

문제가 있다. PTSD를 비롯한 기억장애의 치료를 개선하는 것은 수백만 명의 삶을 변화시킬 수 있지만, 만약 누군가가 기억을 조작하는 방법을 발견한다면 위험해질 것은 분명하며, SF와 스파이 스릴러의 가장 어두운 영역에 발을 딛는 결과를 가져올 것이다. 지적 능력 향상에 관한 한, 현재로서 가장 안전하고 신뢰할 만한 방법은 가장 최신의 방법도 아니고 가장 흥미진진한 방법도 아니다. 연습하고 또 연습하고 또 연습하고, (5장에서 살펴보겠지만) 충분한 수면을 취하는 것이다.

# 중독,
## 보상과 동기부여의 함정

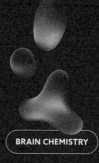

전화기를 내려놓았다. 흥분해서 지은 미소 때문에 뺨에 통증이 느껴진다. 피는 솟구쳐 오르고, 방 안을 뛰어다니고 싶은 충동이 일었다. 남편 제이미에게 방금 일어난 일을 가능한 한 빨리 알리고 싶어 곧바로 문자를 보냈다. '맙소사, 방금 내가 누구 전화를 받았는지 상상도 못 할걸! 어떤 유명한 출판사[1]에서 나랑 책 작업을 하고 싶다지 뭐야! 어렸을 때 내 책꽂이에 그 출판사 책이 한가득이었다고! 도저히 믿을 수 없어!!!'

느낌표의 수에서 알 수 있듯이 나는 무척 흥분했다. 사실, 그것은 절제된 표현이다. 나는 당구공처럼 네 벽 사이를 튀어 다니고 있

---

**1** 이 출판사의 이름은 추측에 맡긴다.

었다. 어린 시절 그 출판사의 아름다운 삽화가 있는 책을 좋아했는데, 그곳에서 책을 낸다고 생각하니 꿈이 실현된 듯한 기분이었다. 책 집필 과정에서도 스릴은 계속되었다. 디자이너에게서 초교본을 받았을 때, 최종본을 교정했을 때, 그리고 첫 책을 손에 쥐었을 때, 매 순간 나는 기쁨과 자부심과 보람을 느꼈다. 그러나 그 강도는 점차 감소했다. 두 번째 전화를 받았을 때도 나는 기뻤다. 하지만 그 다음에는 별다른 감흥이 없었고, 네 번째 전화를 받았을 때는 하품이 나왔다! 여전히 집필을 즐겼지만 더 이상 새로운 일이 아니어서 스릴도 따라주지 못했다.

우리 뇌는 우리의 출세를 돕는 방향으로 진화해왔다. 그러기 위해서는 가장 단순한 수준에서 먹고 마시고 위험을 피하고 번식하여 다음 세대에 유전자를 전달해야 한다. 그런데 이런 과제들을 차질 없이 수행하려면 어떻게 해야 할까? 부분적으로는 우리가 생존에 유익한 일을 할 때 보상을 제공하고 미래에 그런 일을 반복하도록 동기를 부여하는 우리 뇌의 시스템에 달렸다. 배가 고플 때 도넛이 그렇게 맛있고, 데이트 상대에게 깊은 인상을 주어 (바라건대) 침대로 데려가기 위해 많은 노력을 기울이는 이유다.

현대 사회에서 보상 시스템은 다양한 보상을 추구하도록 동기를 부여한다. 더 멋진 신발, 더 큰 집, 더 나은 직업. 그러나 일단 목표에 도달하면 그에 대한 보상이 오래가지 않으므로 다음 목표를 위해 노력하게 된다. 다음 보상을 추구함으로써 우리를 계속 앞으로 나아가게 하는 시스템은 진화론적으로 이치에 맞는다. 일단 맛있는 열매를 먹었거나 매력적인 낯선 사람과 잠자리를 가졌다면 다음 단계로 넘어가는 것이 논리적이다.

몇 권의 책을 쓰는 동안 내게도 같은 일이 일어났다. 일단 목표를 달성하고 나면 그 목표를 다시 달성했다고 해도 동일한 보상은 주어지지 않는다. 이것이 내가 더 큰 업적을 달성하고자 내 경력을 업그레이드하게 된 원동력이었다. 시그마 출판사로부터 내 첫 단행본인 《브레인 케미스트리》를 써달라는 연락을 받았을 때 나는 또 다른 스릴을 느꼈고, 지금은 이 책을 세상에 공개했을 때의 흥분(그리고 공포!)을 기대하고 있다. 보상의 이러한 덧없는 측면은 이점이기도 하지만, 불행하게도 우리를 몰락으로 이끌기도 한다.

한 가지 문제는 이 시스템이 단순하며 현대 사회에 꼭 적합한 것은 아니라는 점이다. 우리는 풍요로운 세상에서 컵케이크 한 개를 더 먹는 것이 건강에 이롭기보다는 해로울 가능성이 높음을 이해하지 못한다. 그래서 종종 건강에 해로운 행동에 끌린다.

이 시스템에 문제가 있음을 증명하는 가장 극단적인 예는 약물 사용이다. 약물 남용은 시스템에 편승하여, 어떤 '자연적' 보상 이상의 강렬한 감정을 생성한다. 약물 복용 중단이 그토록 어려운 이유다. 이 욕망과 충동 시스템이 어떻게 작용하는지 이해하려면, 먼저 약물을 살펴본 다음 그것이 어떻게 (때때로) 중독으로 이어지는지 알아봐야 한다.

중독, 보상과 동기부여의 함정

# 중독의 이해

마약을 투여한 사람이 모두 중독되는 건 아니다. 다른 약물보다 중독성이 강한 것도 있지만, 보통 사람들보다 중독될 가능성이 더 높은 이들도 있는 듯하다. 이것은 특정 사람들의 뇌 속에 있는 모종의 요인이 약효와 상호작용하여 그들을 더 큰 위험에 빠뜨리는 게 틀림없음을 암시한다. 그러나 중독의 원인과 메커니즘을 제대로 이해하려면 먼저 중독이 실제로 무엇인지 살펴봐야 한다.

중독은 재미있는 단어다. 우리 모두가 중독의 의미를 알고 있다고 생각할지 모르지만 중독을 정의하는 것은 놀라울 정도로 어렵다. 비근한 예로, 우리는 새로운 TV 프로그램이나 음식에 '중독'되었다고 말하면서 중독의 임상적 정의에 어긋난 발언을 한다. 그리고 어떤 사람들은 음식에 중독되는 것이 가능하다고 주장하지만(6장 참조), 우리 대부분은 그렇지 않다. 모름지기 중독으로 정의하려면, 열망이 지나쳐 나머지 삶의 다른 것을 포기하고 일, 관계, 심지어 자신의 안전까지 해치면서 추구해야 하기 때문이다. 그렇다면 무엇이 사람을 이러한 극단으로 몰아가는 것일까?

고전 이론 중 하나는 중독된 사람들이 황홀감을 추구한다는 것이다. 마약 복용 상태의 느낌이 너무 좋아서 온갖 역경을 무릅쓰고라도 그 느낌을 추구한다는 것이다. 그렇다면 무엇이 마약의 쾌감을 이끌어내는 걸까? 이 질문을 구글 검색창에 입력하면, 대부분의 결과 페이지는 '황홀감'이 부분적으로 엄청난 양의 도파민 방출로 인한 거라고 알려줄 것이다. 도파민은 뇌 화학물질로, 비교적 최근인 1957년 캐슬린 몬터규Kathleen Montagu가 뇌에서 발견한 소분자다.[2] 처음에는 파킨슨병 환자 연구 덕분에 운동 시작initiation of movement에 중요한 것으로 알려졌는데, 파킨슨병은 흑질substantia nigra[3]이라고 불리는 뇌의 일부에서 뉴런이 사멸하는 특징이 있다. 문제의 뉴런은 건강한 사람의 뇌에서 다량의 도파민을 생성하기 때문에, 파킨슨병 환자는 도파민 수치가 낮을 수밖에 없다. 도파민 결핍은 동작과 균형의 어려움, 일반적으로 손 떨림 등의 증상을 초래한다. 오늘날 우리는 도파민이 약물 남용에도 중요하다는 것을 알게 되었다.

코카인을 예로 들어보자. 일반적으로 도파민이 시냅스로 방출되면 두 번째 뉴런의 수용체와 결합하여 신호를 보낼 가능성을 변화시킨다. 한편, 시냅스 내의 과도한 도파민은 첫 번째 뉴런으로 다시 빨려 들어가 재활용된다. 이 과정은 재흡수reuptake로 알려져 있는데, 첫 번째 뉴런의 막에 있는 일명 시냅스의 진공청소기로 알려진 도파민 수송체dopamine trasporter에 의해 제어된다.

---

**2**　많은 경우 이 영예는 아르비드 칼손Arvid Carlsson에게 돌아간다. 칼손은 몬터규와 동시에 도파민 연구를 하고 있었고, 도파민을 발견한 공로로 2000년에 노벨 생리의학상을 수상했다. 그러나 도파민이 인간 뇌의 신경전달물질임을 확인한 그의 논문은 몬터규의 논문이 발표된 지 몇 달 후에 발표되었다. 슬프게도 몬터규는 1966년에 세상을 떠났으며, 노벨상은 살아 있는 과학자에게만 수여되기 때문에 칼손이 그 영예를 독차지했다.

**3**　이것은 라틴어로, 영어로는 'black stuff(검은 물질)'로 번역된다. 이것만으로도 뇌의 이 영역이 어떻게 생겼는지 능히 짐작할 수 있을 것이다.

코카인을 흡입하면,[4] 약물이 뇌로 들어가 도파민 수송체를 차단한다. 이는 도파민이 시냅스로 방출될 때 평소보다 더 오래, 그리고 더 높은 수준으로 떠돌아다닌다는 뜻이다. 그러면 코카인 복용자는 잠시 희열을 느끼는데, 코카인에 관한 모든 웹사이트에 나오는 내용은 여기까지다. 하지만 중독이 정말 그렇게 간단할까? 그리고 설사 그렇더라도, 도파민을 '쾌락 화학물질'로 선전하도록 만드는 것은 무엇일까? 이 이론은 아주 특별한 쥐 한 마리와 과학자 두 명이 저지른 실수에서 시작한다.

## 이상한 쥐의 등장, 도파민 발견

뇌의 특정 영역이 무슨 일을 하고 어떻게 의사소통하는지 이해하기 위해 뇌를 조사하는 일은 어렵지만, 적어도 동물을 상대로는 수년에 걸쳐 이러한 기술이 개발되고 개선되었다. 예컨대 뇌는 전기 신호를 사용하여 소통하므로 외부에서 전기를 공급하면 특정 영역을 활성화할 수 있다. 이를 수행하는 한 가지 방법은 외과적 수술로 시궁쥐의 뇌 영역에 작은 전극을 이식하는 것이다. 그런 다음 과학자들은 해당 영역을 자극해 쥐의 행동을 관찰함으로써 그 영역이 하는 일을 추론한다. 예를 들어 전극이 활성화될 때 시궁쥐의 다리가

---

4    이것은 어디까지나 설명이지 추천하는 게 아니다.

경련을 일으킨다면, 그곳이 운동 영역인 것이다.

이것은 피터 밀너Peter Milner와 제임스 올즈James Olds가 사용한 기술과 정확히 일치한다. 고참 대학원생 밀너가 캐나다 맥길 대학교의 심리학자 도널드 헵[5]의 연구실에서 일하던 1953년, 올즈라는 1년 차 대학원생이 연구팀에 합류했다. 올즈는 하버드 대학교의 사회관계학부에서 심리학을 전공했지만 동물을 다뤄본 적이 없었기 때문에 밀너의 지휘를 받게 되었다. 밀너는 원래 박사 과정을 밟고 있었는데 올즈가 연구하는 동기부여와 학습이라는 주제에 호기심이 생겨 그와 함께 일할 수 있도록 계획을 변경했다.

두 사람은 망상 각성 시스템reticular arousal system이라는 쥐의 뇌 영역에 전극을 이식했는데, 다른 과학자들이 일종의 '처벌 중추'라로 밝힌 부분이다. 시궁쥐는 이 영역에 대한 자극을 싫어하고, 전극의 활성화를 피하기 위해 노력하는 것으로 알려져 있었다. 그러고 나서 그들은 쥐가 마음대로 돌아다니도록 내버려두고 특정 장소에 머물 때만 뇌를 자극했다. 그러자 놀랍게도 쥐는 전기 자극을 받은 곳으로 돌아갔다. 결코 일어날 수 없는 일이 벌어진 것이다. 쥐가 그 감각을 싫어한다면, 왜 그것을 경험한 곳으로 돌아간단 말인가?

모든 훌륭한 과학자가 그러듯 두 사람은 다른 시궁쥐를 가지고 동일한 실험을 반복했다. 그러나 결과는 일치하지 않았다. 그래서 또 다른 쥐를 가지고 다시 시도했지만 여전히 실패했다. 여러 번 실

---

**5**   2장에서 만난 학습 연구자 헵과 동일인이다.

중독, 보상과 동기부여의 함정

험에 실패하자 두 사람은 최초의 쥐에 이식된 전극의 번지수가 틀렸는지 의심하기 시작했고, 엑스선 촬영 결과 사실로 판명되었다. 최초의 쥐가 전극을 이식받은 곳은 처벌 중추가 아니라 중격 영역 septal area이라고 하는 뇌심부 영역이었던 것이다. 그래서 그들은 이 새로운 관심 영역에 전극을 이식하고, 더 많은 쥐를 대상으로 실험을 반복했다.

1954년 이들은 신경과학계에 커다란 진전이 될 연구 결과를 발표했다. 연구자들은 본질적으로 보상을 제공하는 뇌 영역을 최초로 발견했다. 그들은 시궁쥐가 레버를 누름으로써 전기 자극을 스스로 제어하도록 허용하는 실험을 설계했다. 실험 결과, 쥐는 연구자가 허용하는 한 중격 영역의 전극에 연결된 레버를 계속 눌렀으며 결코 포만감을 느끼지 않는 것으로 밝혀졌다. 쥐가 전혀 만족하지 않았으므로, 그들은 동물이 단순히 배고픔을 달래려고 먹는 게 아니라 쾌감을 선사하는 중격 영역을 활성화하기 위해 먹도록 내몰리는 게 아닐까 하는 의심을 품기 시작했다.

그 후 몇 년간 밀너는 원래의 박사 과정으로 복귀했고, 올즈는 아내이자 동료 신경과학자인 메리앤 올즈 Marianne Olds와 함께 뇌의 보상 및 처벌 영역을 매핑(지도화)하고, 한 대학원생과 함께 먹이와 뇌 자극 간의 관계를 탐구하며 후속 연구를 진행했다. 그 결과 놀랍게도 보상 영역의 직접적인 활성화가 연구팀이 테스트한 어떤 자연적 보상보다도 강력한 것으로 나타났다. 한 연구에서 그들은 24시간 동안 먹이를 먹지 않은 쥐에 '뇌 자극을 위해 하나의 레버 누르기'나 '먹이를 위해 다른 레버 누르기'라는 옵션을 제공했다. 쥐들은 일편단심으로 뇌 자극을 선택했다. 집착이 얼마나 심했던지 연구자가 개입하지 않으면 굶어 죽을 판이었다. 어떤 실험에서 쥐들은 1시간에 무려 2,000번이나 레버를 눌렀다.[6]

또 다른 연구에서는 상자 양쪽 끝에 레버가 장착되어 있고 둘 사이의 바닥에 전기 격자electric grid가 깔려 있는 특별히 설계된 상자 속에 쥐를 넣었다. 이번에는 쥐가 뇌 자극을 받으려면 첫 번째 레버를 세 번까지 누를 수 있었지만, 그런 다음 두 번째 레버로 달려가야 했다. 같은 레버를 계속 누르는 것은 아무런 효과가 없었는데, 이는 다양한 강도의 전기 충격을 주도록 설정된 격자를 경유하여 두 레버 사이를 전력 질주해야 한다는 의미였다. 놀랍게도 쥐들은 발에 가해지는 불쾌한 충격을 용감하게 견뎌내며 뇌에 자극을 가하는 것으로 밝혀졌다. 연구자들은 비교를 위해 굶주린 쥐가 먹이에 접근하기 위해 얼마나 큰 충격을 견딜 수 있는지도 테스트했다. 그 결과 쥐는 먹이보다 뇌 자극을 위해서 더 큰 충격을 견뎌내는 것으로 드러났다. 두 연구에서 연구자들은 획기적인 사실을 발견했다. 보상 또는 쾌락의 감정을 담당하는 뇌 영역을 발견한 것이다.

이 선구적인 연구는 뇌의 보상 시스템에 대한 엄청난 관심을 불러일으켰고, 이제 과학자들은 그 작동 메커니즘과 관련된 뇌 영역을 이해하게 되었다. 밀너와 올즈가 관심을 가졌던 부위인 중

---

**6**　쉽게 말해 1시간 동안 쉬지 않고 2초에 한 번 이상 레버를 눌렀다는 것이다!

중독, 보상과 동기부여의 함정

격 영역은 오늘날 보상을 위한 가장 중요한 영역 중 하나인 측좌핵 nucleus accumbens, NAc 을 포함하는 것으로 알려져 있다. 오늘날에는 다른 영역도 중요하다고 밝혀졌으므로, 대부분의 신경과학자는 보상 영역보다는 '보상 회로'를 논의한다.

뇌 화학물질에 관한 한 보상 시스템에서 가장 중요한 것은 도파민이다. 도파민 뉴런은 복측피개 영역 ventral tegmental area, VTA 이라는 영역에 세포체를 가지고 있으며, NAc와 전전두피질 prefrontal cortex, PFX 로 확장된다. 요컨대 VTA, NAc, PFC는 협력하여 보상을 추구하도록 유도한다. 우리가 뭔가 즐거운 것을 경험할 때 NAc의 도파민 수치가 증가하므로, 도파민 증가는 쾌락 경험과 일맥상통한다고 가정하기 쉽다. 그러나 신중한 실험 결과는 이것이 사실이 아닐 수 있음을 시사하기 시작했다. 그 대신, 도파민은 쾌락보다는 보상의 다른 측면과 더 밀접하게 관련 있을지도 모른다는 설이 제기되었다.

## 원숭이 실험, 도파민의 재발견

○━○

1980년대와 1990년대에 볼프람 슐츠 Wolfram Schultz 는 도파민이 그 자체로는 보상을 제공하지 않지만 보상을 학습하는 데 중요하다는 점을 밝히는 일련의 실험을 수행했다. 우리가 어떤 보상을 경험할 때 그 달콤한 맛을 인식하는 것도 중요하지만, 사실은 보상을 예측

하는 법을 배우는 게 더 중요하다. 예컨대 아이스크림이 맛있다는 걸 아는 것은 물론 좋지만, '그린슬리브즈Greensleeves의 아련한 멜로디가 들릴 때, 모퉁이를 돌면 아이스크림 차가 대기하고 있다'는 사실을 알 수 있다면, 미래에 아이스크림을 다시 먹을 가능성이 훨씬 높다. 이런 종류의 학습은 파블로프의 실험으로 유명해진 고전적 조건화의 한 유형이다. 파블로프의 개들이 종소리가 먹이를 예고한다는 사실을 학습하고 침을 흘리는 것처럼, 우리는 아이스크림 차의 차임벨 소리를 들으면 돈을 들고 차에 다가가 콘을 주문해야 한다는 사실을 배울 수 있다.

슐츠는 원숭이와 함께 작업하며, 원숭이가 깨어 행동하는 동안 원숭이의 도파민 뉴런에 대해 구체적인 사항을 기록하는 기술을 개발했다. 이 기술을 이용하여 그는 원숭이가 과일 주스 같은 보상을 받았을 때 도파민 뉴런이 활성화되는 것을 발견했다. 우리가 쾌락이나 보상과 관련된 단서에 뭔가를 기대하듯 말이다. 슐츠는 더 나아가 원숭이에 다양한 패턴을 보여주고 특정 패턴에 반응할 때마다 주스를 기대하도록 훈련시켰다. 그리고 놀라운 사실을 알아냈다. 일단 패턴과 주스의 연관성을 알게 되면, 원숭이의 도파민 뉴런은 더 이상 주스 자체에 반응하지 않고 올바른 패턴에 활성화되었다. 그렇다면 원숭이는 단순히 보상을 예고하는 징후만으로도 쾌감을 느낀 것일까? 아니면 도파민이 실제로 뭔가 다른 것, 즉 예측을 코딩한 것일까?

진상을 파악하기 위해 슐츠는 몇 가지 변형을 더 시도했다. 원

중독, 보상과 동기부여의 함정

숭이가 기대하지 않을 때(즉, 이전에 보상을 예측한 적이 없는 패턴으로) 주스를 제공하면 원숭이의 도파민 뉴런은 다시 활성화되었다. 원숭이가 보상을 기대하고 있는데 아무것도 제공하지 않으면 도파민 수치가 실제로 감소했다. 이 실험과 연이은 많은 실험을 통해 슐츠는 자신이 도파민의 다른 역할을 발견했다고 믿었다. 그 내용인즉, 도파민의 역할은 보상 자체가 아니라 예측 오류와 관련된다는 것이다. 하루의 모든 순간에 우리는 과거의 경험을 바탕으로 다음에 무슨 일이 일어날지 예측한다. 우리는 세상을 있는 그대로가 아니라 사전적 기대를 바탕으로 경험한다. 여기서 도파민의 역할은 '기대치를 상회한다'고 알려주는 것이다. 왜냐하면 '예상치 못한 좋은 결과'는 기억할 가치가 있기 때문이다.

예를 들어, 약간 회의적으로 새로운 음식에 도전했을 때를 생각해보라. 음식이 실제로 맛있었다면, 도파민 뉴런이 매우 활성화되었을 것이다. 음식 맛이 예상을 뛰어넘었기 때문이다. 그 결과 초기 예측이 틀렸음을 깨닫게 되어 다음에는 그 음식을 주저하지 않 적극적으로 먹을 것이다. 다시 말하지만 도파민의 역할은 뇌에 실수를 지적해주는 것이다. 그러나 일단 음식의 참맛을 알고 나면 새로 배울 것이 없기 때문에 도파민은 그 음식에 시큰둥해질 것이다. 마약도 마찬가지다. 뇌는 도파민 분출을 경험하여 마약에 대해 매우 빨리 배우게 될 것이다.

이것은 또한 책 집필에 대한 내 경험을 설명해준다. 맨 처음 책을 써달라는 연락을 받았을 때, 이것은 미처 예상하지 못한 일이었기 때문에 도파민이 과량 분비되었다. 그런데 뒤이어 두 번째, 세 번째 연락을 받았을 때는 더 이상 예측 오류가 발생하지 않았다. 그것은 예상된 결과였으므로 내 보상 회로에서 비교적 소량의 도파민만 방출되었다.

이러한 발견에도 불구하고, 1990년대에는 도파민이 쾌락 화학 물질이라는 주장이 강한 설득력을 갖는 것처럼 보였다. 이는 상당 부분 로이 와이즈Roy Wise의 연구와 상관이 있었다. 와이즈는 수십 년간 캐나다 콘코디아 대학교에 재직하며 시궁쥐를 대상으로 배고픔과 동기를 조사했다. 한 연구에서 와이즈는 약물을 사용하여 쥐의 도파민을 차단한 다음 쥐의 반응을 관찰했다. 도파민을 경험하지 못한 배고픈 쥐는 시간이 경과함에 따라 마치 레버를 눌러봤자 아무런 먹이도 제공되지 않는다고 판단한 것처럼 지루해하며, 맛있는 먹이를 보상으로 제공하는 레버 누르기를 포기하는 듯한 행동을 보였다. 흥미롭게도 약물을 투여받은 쥐는 먹이를 처음 맛볼 때까지 정상적으로 행동했으므로, 와이즈는 1978년 발표한 논문에서 언급했듯이, 도파민 차단제가 정상적으로 보상을 제공하는 먹이에서 '좋은 점'을 앗아갔다는 결론에 도달했다.

때마침 그와 비슷한 시기에, 켄트 베리지Kent Berridge는 시궁쥐의 얼굴 표정에 대한 최고의 전문가가 되어, 쥐의 표정을 이용하여 쥐가 좋아하는 것과 싫어하는 것을 구별하느라 눈코 뜰 새 없이 바빴다. 베리지가 발견한 바에 따르면, 쥐는 우리와 마찬가지로 좋아하는 맛을 느끼면 입술을 핥고 싫어하는 쓴맛을 느끼면 입을 크게 벌리곤 했다. 그것이 단순한 반사작용이 아닌지 확인하기 위해 베리지는 쥐들에 '특정한 좋은 맛이 병들게 한다'는 사실을 학습시켰다. 그러자 쥐들은 그 맛이 불쾌한 것처럼 반응하기 시작해,[7] 쥐들이 괜한 표정을 짓는 게 아님을 확인시켜주었다.

베리지의 기술을 전해 들은 와이즈는, 1980년대 후반 베리지가 미시간 대학교 교수로 있을 때 그에게 공동 연구를 제안했다. 두 사람의 바람은 '도파민 없는 쥐는 맛있는 먹이를 먹어도 쾌감을 느끼지 못할 것'이라는 가정을 확고히 하는 것이었다. "우리는 도파민 시스템을 억제하면 애호 반응이 줄어들 거라고 예상했어요"라고 베리지는 나에게 말했다. 그러나 과학에서 흔히 그렇듯이 연구 결과는 두 사람의 예상을 완전히 빗나갔다. 도파민이 결핍된 쥐들은 식음을 전폐했지만, 그들의 입에 먹이를 넣자 여전히 쾌락 반응을 보였다. "도파민 없는 쥐는 자발적으로 먹지도 마시지도 않았고, 어떤 보상에도 반응하지 않았어요. 우리가 '여전히 특정한 맛을 좋아하느냐'고 물어봤더니, 쥐들은 그렇다고 대답했어요.[8] 쥐들은 지극히 정상이었어요. 그래서 이번에는 '다른 맛에 대해서도 여전히 호불호를 학습할 수 있냐'고 물어봤어요. 그랬더니 새로운 것을 배울 수

---

**7** 내가 아직까지 럼주와 콜라를 못 마시는 것과 같은 이유다.

**8** 분명히 말하지만, 이 말은 베리지가 실제로 쥐들과 대화했다는 것을 의미하지 않는다. 내가 아는 범위에서, 유전공학자들은 '말하는 쥐'를 아직 발명하지 못했다! 베리지는 자신의 기술을 써서 쥐의 표정을 읽을 수 있으며, 예컨대 맛있는 먹이를 먹을 때 쥐가 쾌락을 경험하는지 여부를 이해할 수 있을 뿐이다.

있다고 대답했어요."

　다른 많은 발견과 마찬가지로, 도파민이 없는 동물도 여전히 보상에 대해 배울 수 있다는 발견은 슐츠의 예측 오류 이론이 우리의 복잡한 뇌 작동 메커니즘을 완전히 설명할 수 없음을 증명했다. 다른 문제점도 있었다. 예를 들어, 동물이 보상을 얼마나 중요하게 여기는지에 영향을 미치는 것은 학습뿐만이 아니며, 내적 상태도 중요하다. 심하게 짠 물은 일반적으로 구역질을 유발하지만, 염분의 혈중 농도가 심각하게 낮은 쥐는 그런 물의 도착을 예고하는 뭔가(종종 '단서'라고 한다)의 매력이 갑자기 증가하므로, 보상과의 연관성을 굳이 재학습할 필요 없이 도파민 시스템이 활성화된다. 그리고 아마도 가장 납득할 만한 증거는, 쥐의 뇌에서 도파민을 증가시키더라도 쥐가 더 많이 또는 더 빨리 학습함으로써 반응하는 건 아니라는 것이다. 그 대신, 더 매혹적인 상황이 전개될 뿐이다.


## 쾌락의 핫스폿

　따라서 슐츠의 예측 오류 이론이 완벽하다고 할 수는 없지만, 도파민 쾌락 이론도 베리지의 연구 결과와 부합하지 않는 건 마찬가지였다. 자신의 발견을 반신반의하며 망연자실한 베리지는 새로운 아이디어를 떠올렸다. 아마도 도파민은 동물이 뭔가를 '얼마나 좋아하는지(애호)'가 아니라, '얼마나 원하는지(욕구)'에 관여할 것이다.

중독, 보상과 동기부여의 함정

이 아이디어의 진위를 확인하고자 그는 더 많은 실험을 수행했다. "당시만 해도 '욕구 vs 애호 가설'을 믿지 않았고, 단지 하나의 가능한 설명으로 제안했을 뿐이에요. 그러나 도파민 시스템을 작동시키고 강렬한 욕구를 자극했을 때, 더 많이 먹었고 더 많은 먹이를 얻으려고 노력했음에도 시궁쥐들의 애호도는 변하지 않았어요."

도파민 생성 뉴런의 99퍼센트를 파괴했을 때도 시궁쥐의 쾌락반응은 온전한 것으로 나타났다. 즉, 파킨슨병 말기에서 볼 수 있는 것과 매우 유사한 상태로 도파민 생성 뉴런이 거의 파괴됐는데도 쥐들은 새로운 연관성(이를테면, 질병과 연관된 맛)을 여전히 학습할 수 있었다. 참고로 파킨슨병 환자들 역시 도파민 수치가 심각하게 손상되었더라도 여전히 식도락을 즐기는 것으로 보고된다.

베리지는 고개를 갸우뚱했다. 쾌감을 유발하는 주범이 보상 시스템을 주도하는 도파민이 아니라면 도대체 무엇일까? 그는 모르텐 크링겔바흐Morten Kringelbach와 함께 이 문제를 조사했다. 베리지의 표현을 빌리면, 두 사람은 공동으로 시궁쥐의 뇌에서 '쾌락 핫스폿'을 발견했다. "도파민이 분비되는 측좌핵에는 '쾌락 핫스폿'이라는 작은 지점이 있는데, 이곳을 자극하면 강렬한 애호감을 촉발할 수 있어요." 그들은 쥐의 쾌락 핫스폿을 자극함으로써, 달콤한 먹이 섭취의 즐거움과 쾌락에 겨운 입술 핥기를 증가시킬 수 있음을 발견했다.

'욕구' 시스템과 달리, 쾌락 핫스폿은 도파민에 의존하지 않는다. 대신 두 가지 다른 신경전달물질을 사용하는데, 둘 다 흔한 약물의 천연 버전이다. 그중 하나인 엔케팔린enkephalin은 모르핀과 유사한 아편유사제opioid다. 다른 하나인 아난다마이드anandamide는 엔도카나비노이드endocannabinoid라고 부르는 화합물 종류 중 하나로, 대마초의 활성 성분과 동일하다. 우리가 즐거운 일을 할 때 이 두가지 화학물질이 쾌락 핫스폿에서 방출되어, 각각 서로의 방출을 촉진하는 것처럼 보이는 되먹임 고리를 형성한다. 우리가 뭔가를 좋아한다는 느낌을 갖는 것은 바로 이 때문이다.

다른 모든 뇌 영역과 마찬가지로 쾌락 핫스폿은 단독으로 작동하지 않는다. 그것은 뇌의 맨 앞부분(눈 바로 뒤)에 있는 '안와전두피질orbitofrontal cortex, OFC'이라는 영역과 연결되어 있는데, 이 영역은 의식적 쾌감을 생성하며 이러한 느낌을 조절하기도 한다. OFC 내의 작은 영역은 예컨대 과식을 했을 때 즐거운 맛을 '덜 즐겁게' 만드는 역할을 하는 것 같다.

그렇다면 약물 남용이 이 쾌락 시스템을 활성화하고, 사람들이 마약을 복용하는 것도 바로 이 때문이라고 할 수 있을까? 헤로인이나 모르핀, 옥시코돈과 같은 처방약은 (방금 언급한) 인체의 천연 아편유사제를 모방함으로써 쾌감을 선사한다. 천연 아편유사제는 우리가 외상을 입었을 때 통증을 완화하기 위해 방출되는 '인체의 진통제'이기도 한데, 마약은 천연 아편유사제보다 훨씬 더 고함량의 진통제로서 사용자에게 이전에 경험한 모든 것을 능가하는 강렬한 즐거움을 선사한다. 따라서 많은 마약 사용자는 처음에 이러한 경험을 반복하도록 내몰린다.

중독, 보상과 동기부여의 함정

어쩌면 약물중독은 이처럼 간단한 효과의 결과일 수 있다. 사람들은 강렬한 쾌감을 즐김으로써 중독에 이르는데, 이는 단순한 보상 메커니즘이다. 그러나 이것은 니코틴에 중독되는 이유를 설명하지 못한다. 니코틴은 희열은커녕 실질적인 쾌감조차 주지 않는다. 그리고 연구에 따르면 니코틴 중독자들은 눈에 띄는 효과가 없음에도 약물을 원하는 것 같다. R. J. 램R.J.Lamb과 동료들은 실험에서, 헤로인에 중독된 다섯 명을 레버가 있는 방에 배치했다. 레버를 충분히 누르면 모르핀과 위약 중 하나가 투여되었다. 실험 결과, 모든 참가자가 최고 용량의 모르핀에서 쾌감을 느꼈으며, 저용량을 투여받을 때는 느낌의 차이가 없다(약물로 인한 긍정적 느낌이 없다)고 보고했다. 그러나 아무런 차이가 없다고 보고했음에도 그들은 복용량에 따라 다르게 행동했다. 흥미롭게도 위약만 투여되고 있을 때 그들은 재빨리 레버 누르기를 멈추곤 했다. 그리고 설사 모르핀의 효과를 의식적으로 느낄 수 없었음에도 저용량의 모르핀을 투여받기 위해 계속해서 레버를 눌렀다. 그렇다면 약물중독에서는 뭔가 다른 과정이 진행되고 있음이 틀림없다.

즉, 처음에는 약물을 복용했을 때의 즐거움에 이끌려 유혹에 굴복하지만, 일단 약물을 몇 번 복용하고 나면 금단禁斷증상을 피하기 위해 계속 복용할 수도 있다. 이런 생각은 우리의 심리학 상식에 어느 정도 부합한다. 즉, 어떤 일이 즐거우면 우리는 그것을 찾아서 다시 즐기는 법을 배운다. 만약 그 일이 불쾌하면 우리는 그것을 피하려고 노력한다. 우리의 뇌가 약물에 신속히 의존하게 될 수 있기 때문에 많은 약물 관련 '몰락comedown'9은 심각하게 불쾌하다. 하지만 이것이 중독을 설명하기에 충분할까?

가장 큰 의존 반응을 가장 신속하게 일으키는 약물은 아편유사제다. 누군가 헤로인이나 관련 약물을 복용하면 그들의 시스템에 존재하는 아편유사제의 양은 자연적으로 생성되는 양보다 훨씬 많아진다. 뇌는 이처럼 엄청난 양의 아편유사제에 익숙하지 않기 때문에 반격을 시작한다. 이에 따라 아편유사제에 반응하는 뉴런은 그 효과에 대응하기 위해 덜 민감해지기 시작한다. 이것을 내성tolerance이라고 하며, 아편유사제가 체내에 존재할 때 뇌가 더 '정상적으로' 기능할 수 있음을 의미하지만, 두 가지 연쇄반응을 수반한다. 첫째, 동일한 쾌감을 느끼려면 더 많은 용량이 필요하다. 둘째, 약물을 사용하지 않을 때 자연적 보상(소량의 아편유사제 방출을 유발)은 거의 효과가 없을 가능성이 높다. 두 번째 반응의 경우, 음식과 섹스 같은 것들이 더 이상 예전 같은 쾌감을 제공하지 못함에 따라 사용자는 그 느낌을 되찾기 위해 다시 마약을 구할 가능성이 훨씬 더 높다.

아편유사제 수용체를 활성화하는 것 외에, 헤로인과 관련 약물은 다른 효과도 발휘한다. 그것들은 복측피개 영역에서 엄청난 양의 도파민 방출을 초래하고, 청반locus coeruleus,LC이라는 영역에서 노

---

9 약물 금단의 한 국면으로, 향정신성 의약품이 혈류에서 빠져나감에 따른 기분 및 에너지 저하가 수반된다(옮긴이 주).

중독, 보상과 동기부여의 함정

르아드레날린 방출을 억제한다. 노르아드레날린은 인체의 투쟁-도피 반사fight-or-flight reflex에 관여하는 호르몬으로, 위협에 대처할 수 있도록 준비시키기 위해 심박 수와 호흡을 가속화한다(4장 참조). 노르아드레날린은 또한 뇌에서 신경전달물질로 기능하는데, 우리가 경각심을 갖고 주의를 집중하는 데 도움을 주지만 불안감을 유발하기도 한다. 이 화학물질을 억제하면 졸음, 이완, 호흡완서呼吸緩徐 같은 일부 아편유사제 중독 증상이 나타난다. 아편유사제 뉴런과 마찬가지로 노르아드레날린 뉴런도 반격을 개시하여 더 많은 신경전달물질을 생성하므로(즉, 내성이 생기므로) 사용자가 약물을 복용해도 그 효과는 그다지 크지 않다. 그러나 물론, 이것은 약물이 시스템에서 빠져나가면 노르아드레날린의 효과를 약화시킬 것이 없어, 불안감, 근경련, 설사 같은 금단증상을 경험한다는 것을 의미한다.

카페인(5장 참조)과 알코올을 비롯한 다른 약물에서도 이와 비슷한 현상이 나타난다. 그러나 금단증상의 정점은 일반적으로 약물 복용을 중단한 지 며칠 후에 발생하며, 최대 2주 정도 지속된다. 이 시점이 지나면 뇌의 뉴런은 정상적인 설정점으로 되돌아가 정상적인 양의 신경전달물질을 방출한다. 따라서 '금단증상 회피'가 사람들이 계속해서 약물을 복용하는 유일한 이유라면, 이 시점에서 중독이 치료될 것이므로 해독 프로그램을 성공적으로 마친 사람은 아무도 재발하지 않을 것이다. 그러나 베리지가 내게 말했듯이, 이는 사실과 거리가 멀다. "사실을 말하자면, 사람들이 금단증상에서 벗어났는데도 중독은 사라지지 않는 것 같아요. 그들은 특히 도파민 시스템을 활성화하는 스트레스 순간에 여전히 매우 취약해요."

사실 많은 중독자가 마지막 치료를 마치고 몇 년 지나지 않아 재발한다. 그래서 그들은 평생 동안 자신을 '회복함'이 아니라 '회복 중'이라고 표현하는 경우가 많다. 따라서 중독은 금단의 불쾌한 영향을 피하려고 노력하는 것 이상임이 틀림없다. 암페타민처럼 금단증상을 전혀 일으키지 않는 약물도 있지만 사람들은 여전히 중독에 취약하다. 분명히 말하지만 중독과 약물 사용은 결코 단순한 과정이 아니므로, 무슨 일이 일어나고 있는지 이해하려면 뇌의 보상 및 동기부여 회로를 더 깊이 파고들 필요가 있다.

## 노력하게, 친구

1980년대와 1990년대에 코네티컷 대학교에는 도파민이 쾌락 화학물질이라는 주장을 납득하지 못한 또 한 명의 연구자가 있었다. 일련의 실험에서 존 살라몬John Salamone은 굶주린 쥐들에게 싱거운 '쥐 사료'와 맛있고 당분이 풍부한 사료 중 하나를 선택하게 했다. 예상대로 쥐들은 계속해서 달달한 먹이를 선택했다. 살라몬은 그 결정을 약간 어렵게 만들어봤다. 쥐들은 아무런 노동 없이 사료를 먹을 수는 있었지만 설탕을 먹으려면 장벽을 넘어야 했다. 이 실험으로, 살라몬은 '더 나은 보상을 얻기 위해 얼마나 많은 노력을 기울이는지'를 기반으로 설탕이 쥐에 얼마나 가치가 있는지를 정확히 알아낼 수 있었다.

살라몬은 영국에서 박사 학위 논문을 쓰던 중 처음으로 보상과 동기부여에 관심을 갖게 되었다. 당시는 도파민이 쾌락 화학물질로, 동물이 맛있는 먹이를 먹을 때처럼 즐거운 일을 할 때 뇌에서 분비된다는 것이 통념이었다. 그러나 그는 도파민의 역할이 목표에 도달한 직후의 쾌감보다는 '목표에 도달하기 위한 활력 및 동기'와 더 관련 있다는 생각을 품고 있었다. 그는 나에게 이렇게 설명했다. "화학에는 '활성화 에너지'라는 개념이 있는데, 그 내용인즉 반응을 일으키려면 시스템에 에너지를 투입해야 한다는 거예요. 일상생활에서도 마찬가지예요. 우리는 중요한 것을 획득하려고 노력하는데, 그러려면 에너지를 쏟아부어야 하잖아요. 도파민 시스템의 역할이 그와 비슷하다고 생각한 거죠."

몇 년 후 코네티컷 대학교의 교수가 된 살라몬은 자신의 생각이 맞는지 확인해보기로 했다. 살라몬은 달콤한 간식을 이용한 실험뿐만 아니라 다양한 유형의 보상('큰' 먹이와 '작은' 먹이)과 다양한 유형의 과제(특정 횟수만큼 레버 누르기)를 이용한 실험을 수행했다. 그런 다음 동물의 측좌핵에서 도파민의 양을 변화시키기 시작했다. 그리하여 그는 확고한 패턴을 발견했다. 즉 도파민 수치가 증가하면 동물은 선호하는 보상을 위해 더 열심히 일하는 경향이 있었다. 그에 반해 도파민 수치가 감소하면 수월한 옵션을 선택하는 경향이 있었다.

특히 성가신 과제(장벽)가 부과된 실험 결과는 다음과 같았다.

도파민이 고갈된 동물들은 여전히 좋은 보상을 선택했고 맛있는 먹이가 주어졌을 때 입맛을 다셨지만 장벽을 넘으려는 의지를 보이지는 않았다. 그러나 도파민 수치가 증가하자 태도가 돌변했다. 실제로 도파민은 그들이 큰 보상을 거머쥐기 위해 얼마나 많은 노력을 기울일지 또는 큰 보상을 얼마나 간절히 원할지를 바꿔놓았다.

> 도파민이 고갈된 동물들은 여전히 허기를 느끼고 먹이에 관심을 보였어요. 그러나 먹이를 얻으려고 노력하지 않는 경향이 있었죠. 설사 과제를 면제해줘도 태도를 바꾸지 않았어요. 역시 여전히 같은 양의 먹이를 먹었고 동일한 선호를 나타냈죠. 우리는 이것 역시 양방향적임을 증명했어요. 즉, 그들에게 도파민 전달을 증가시키는 약물을 투여함으로써, 노력이 많이 드는 옵션의 선택을 증가시킬 수 있었지요.

이러한 동물 연구는 매혹적이며, 동물이기 때문에 가능한 기본적 수준의 신경과학을 이해할 수 있게 해주지만, 항상 한 가지 큰 문제점이 도사리고 있다. 인간은 시궁쥐와 다르다는 점이다. 그렇다면 도파민이 시궁쥐뿐만 아니라 인간의 동기부여에도 중요하다는 것을 어떻게 알 수 있을까? 자신의 이론이 인간에게도 적용된다는 것을 증명하기 위해 살라몬은 임상심리학자이자 신경과학자인 마이클 트레드웨이Michael Treadway와 협력했다.

트레드웨이는 살라몬의 실험을 인간에게 적용할 수 있는 버전으로 각색했다. 인간도 쥐와 마찬가지로 대가를 바라고 일하는데

중독, 보상과 동기부여의 함정

차이가 있다면 쥐는 '먹이'를 받고 인간은 '돈'을 받는다는 것이다. 트레드웨이의 실험에서, 참가자에게 부과된 과제는 버튼을 반복적으로 눌러 컴퓨터 화면에 나타난 막대를 위로 올리는 것이었다. 그러나 그들에게는 선택권이 있었다. 우세 손의 엄지손가락으로 버튼을 30번 눌러 '작은 보상'을 받거나 열세 손의 새끼손가락으로 버튼을 100번 눌러[10] '큰 보상'을 받는 것이었다. 그들이 벌 수 있는 돈의 액수는 다양했고, 또 하나의 변수가 있었다. 즉, 참가자들은 과제를 완수하더라도 보상을 보장받지 못했고, 보상받을 가능성도 다를 수 있었다. 그래서 연구자들은 '쉬운 일에서 1달러를 벌 확률이 12퍼센트'이거나 '어려운 일에서 4달러를 벌 확률이 12퍼센트'인 옵션과 '각각의 금액을 벌 확률이 88퍼센트'인 옵션을 비교할 수 있었다.

이 실험을 이용한 첫 번째 연구에서, 트레드웨이와 동료들은 무쾌감증anhedonia(일을 덜 즐기는 성격으로, 우울증 환자들이 가장 많이 호소하는 증상 중 하나) 점수가 높은 학생일수록 큰 보상을 위해 일할 가능성이 적으며, 보상 획득의 불확실성이 높을 때 더욱 그렇다는 것을 발견했다. 선행 연구에서 무쾌감증과 '낮은 수준의 도파민' 간의 높은 상관관계가 보고되었다는 점을 감안할 때, 이것은 도파민이 시궁쥐뿐만 아니라 인간의 동기부여에도 중요하다는 것을 시사하는 징후였다.

우울증 환자들이 가장 많이 호소하는 증상 가운데 기분 증상

---

**10**　별로 어렵지 않은 것처럼 들리겠지만 의외로 어렵다. 한번 시도해보라!

mood symptom 말고도 무기력증이 있다. 우울증 환자들은 한때 자신에게 즐거움을 주었던 활동에 욕구를 잃고, 너무 피곤하다고 느끼며, 즐거운 일을 하고 보상을 받아봤자 헛수고라고 여긴다. 그래서 살라몬과 트레드웨이는 우울증 환자를 대상으로 실험을 해보기로 했다. "우울증 환자들도 우리의 동물 모델과 마찬가지로 노력 부족 편향을 가지고 있어요. 저는 이것을 동물 모델의 한 형태로 개발할지 여부를 고려하기 시작했죠." 살라몬은 현재 도파민 결핍 시궁쥐를 이용하여 우울증의 동기부여 증상을 시뮬레이션하는 연구를 수행하고 있다. 그러나 살라몬에 의하면 무기력증이 우울증만의 증상이라고 단언할 수는 없다. 조현병까지 들먹이지 않더라도 무쾌감증과 무기력증 같은 '부정적 증상'은 수많은 질환의 큰 부분을 차지하기 때문이다. 그리고 다른 많은 질환에서 무기력증은 '피로'라는 다른 이름으로 불리기도 한다.

임상적 의미에서 피로는 건강한 사람이 힘든 하루 일과를 마치거나 달리기를 한 후에 경험하는 피곤함과는 다르다. 그것은 모든 것을 아우르는 무기력증으로, 원하는 일을 할 수 없다는 느낌이다. 그리고 그것은 내가 잘 아는 느낌이다. 나는 10년 전 바이러스에 감염된 적이 있다. 갑자기 에너지가 완전히 소진되어, 일주일에 여섯 번씩 춤을 추던 내가 계단 한 칸을 오르내리느라 고군분투하게 되었다. 이 증상과 함께 진행된 일련의 인플루엔자 유사 증상이 2주 동안이나 호전될 기미가 보이지 않아 병원 신세를 졌다. 두 달후 나는 바이러스 감염 후 피로 증후군post-viral fatigue syndrome 진단을 받았고, 6개월 후에도 나아지지 않자 만성피로증후군(근육통성 뇌척수염myalgic encephalomyelitis, ME 또는 ME/CFS라고도 함)으로 업그레이드되었다. 지금은 초창기보다 많이 나아졌지만 여전히 날마다 피로와 싸우고 있기 때문에, 나는 이 분야 연구에 개인적으로 큰 관심을 갖고 있다.

피로는 또한 다발경화증multiple sclerosis, MS 같은 다른 질환의 증상이며, 헌팅턴병을 비롯한 많은 질병에 대한 화학요법 및 치료제의 부작용이기도 하다. 헌팅턴병은 뇌세포가 점진적으로 파괴되는 질환으로, 아직까지 치료가 불가능한 유전병이다. 헌팅턴병이 진행됨에 따라 사람들은 종종 '갑작스럽고 제어할 수 없는 움직임'으로 고통받으며, 이러한 증상을 줄이는 데 도움을 주는 테트라베나진tetrabenazine이라는 약물을 투여할 수 있다. 이 약물의 정확한 작용 메커니즘은 밝혀지지 않았지만, 뉴런의 시냅스로 방출될 수 있는 모노아민류monoamines, MAs(도파민도 여기에 속한다)라는 신경전달물질군의 양을 줄임으로써 작용하는 것으로 알려져 있다. 우울증과 함께 테트라베나진의 주요 부작용은 피로이므로, 살라몬은 이 약을 사용하여 피로의 메커니즘을 더 알아내고 치료법을 개발할 수 있을지 궁금해졌다. "우리는 테트라베나진이 노력과 관련된 선택을 매우 확고하게 변화시킨다는 것을 알아냈어요. 그런 다음 우리는 어떤 종류의 약물이 테트라베나진을 투여한 동물의 증상을 개선하는지를 살펴봤어요. 그중 하나가 세로토닌 재흡수 억제제Selective Serotonin Reuptake Inhibitors, SSRIs예요. SSRI는 항우울제이기 때문에 효과가 있을 줄 알았는데, 테트라베나진의 효과를 역전시키지는 않더 군요."

SSRI는 가장 일반적인 형태의 항우울제로, 시냅스에서 이용 가 능한 세로토닌의 양을 증가시킨다. 그러나 도파민에 영향을 미치지 않기 때문에, SSRI가 동기부여(피로 해소)에 도움이 되지 않았다는 것은 놀라운 일이 아니다. 살라몬의 연구 결과는 SSRI를 투여받은 많은 우울증 환자의 경험을 정확히 반영한다. 그들의 경험담은 대 개 '기분은 향상되지만 피로는 그대로'라는 것이다. 그러나 도파민 과 노르아드레날린 모두에 영향을 미치는 부프로피온bupropion이라 는 또 다른 약물은 시궁쥐의 행동을 변화시켰다.

살라몬에 의하면 시궁쥐에게 피로를 유발하는 두 번째 방법은 염증 촉진 사이토카인pro-inflammatory cytokine을 투여하는 것이다. 사 이토카인은 신체의 세포 사이에서 메시지를 전달하는 작은 단백질 이며, 인간의 경우 질병이나 부상에 대한 반응으로 염증 촉진 사이 토카인이 생성된다. 염증 촉진 사이토카인은 단기적으로 질병과 부 상의 치유에 도움이 되지만 살라몬은 그것을 건강한 사람들에게 투 여함으로써 새로운 효과를 발견했다. "인간의 경우, 그것은 기분 장 애mood dysfunction보다는 피로나 무기력감을 훨씬 더 쉽게 유발해 요." 그가 발견한 효과 중 하나는 우리가 병원체에 감염됐을 때 느 끼는 일반적인 권태감, 즉 브레인 포그brain fog,[11] 피곤함, (대낮에 소 파에 누워 TV를 보는 것 외에는 아무것도 할 수 없는) 욕구 부족을 초래하는 것이다. 살라몬은 권태감이 사실은 적응 반응일 수 있다고 믿는다.

중독, 보상과 동기부여의 함정

"권태감을 느끼면 에너지 자원이 절약되지만 사회적 상호작용도 감소하므로 감염원을 퍼뜨릴 가능성이 감소해요. 말초 염증 반응으로 인한 권태감은 이러한 행동 패턴 변화를 수반하므로, 진화적 가치를 지닌다고 볼 수 있지요."

그러나 어떤 경우에는 이 시스템이 잘못되어 장기간 염증을 유발할 수 있으며, 이로 인해 ME/CFS에서 우울증에 이르기까지 다양한 질병을 초래할 수 있다. 사이토카인이 뇌에 영향을 미치는 메커니즘은 불분명하지만, 사이토카인이 도파민 합성을 감소시킨다는 몇 가지 증거가 있는데 이는 살라몬의 연구 결과와 일치한다. 살라몬의 다음 목표는 자신의 연구가 이러한 질병 중 일부를 치료하는 약물 개발로 이어지는 것이다. 그는 이미 시궁쥐 실험에서 적절한 약물을 투여함으로써 사이토카인의 이러한 효과가 역전될 수 있음을 발견했다. 즉, 도파민 수치를 높이거나 도파민 시스템을 완전히 우회하여 다른 신경전달물질을 통해 측좌핵의 뉴런에 영향을 미칠 수 있다는 것이다. 만약 이 발견을 인간에게 적용한다면, 우울증과 조현병을 비롯하여 피로가 주요 증상인 수많은 질병을 앓고 있는 사람들의 삶을 개선할 수 있다. 그러나 물론 이것은 인간의 뇌에서 일어나는 일이므로 상황이 그렇게 간단하지는 않다. 뇌에서 도파민을 증가시킬 경우 문제가 발생할 수 있는 것으로 밝혀졌기 때

---

**11**    머리에 안개가 낀 것처럼 머리가 멍해지면서 기억력, 인지능력, 집중력, 주의력 등이 저하되는 상태(옮긴이 주).

문이다.

## 도파민 상승의 문제점

◦━◦

도파민 상승제는 현재 파킨슨병 환자에게 가장 일반적으로 처방되는 약으로, 도파민 수치를 높이고 증상을 완화하는 것으로 알려져 있다. 그러나 대부분의 약물과 마찬가지로 부작용도 고려해야 한다. 그중에서 가장 놀라운 것 중 하나는 '충동조절장애impulse control disorder'다. 어떤 환자들은 갑자기 도박을 시작하거나 폭식을 하고, 또 다른 환자들은 성욕 과다가 되거나 강박적 쇼핑 습관을 갖게 된다. 이러한 문제들을 하나의 범주로 묶는 것은 제어하기 힘든 강렬한 갈망에 의해 추동되기 때문이다. 이것은 지금까지 살펴본 도파민의 역할과 잘 들어맞는다. 뇌 속의 도파민 수준이 상승함으로써 이들은 더욱 보상 지향적이 되고, 경주마가 됐든 새 신발이 됐든 최고의 선택을 추구하려는 동기가 더욱 강해진다. 어떤 경우에는 약물에 중독된 나머지, 증상 조절에 필요한 것보다 많은 용량을 복용하기도 한다. 다행히도 파킨슨병 환자 중에는 이런 사람이 드물지만, 그것은 도파민 상승제를 이용한 그 밖의 질병 치료에 우려를 갖게 한다. 또한 도파민은 우리가 보상을 추구하도록 동기를 부여할 수 있지만 장기적으로 해를 끼칠 수 있다는 생각을 뒷받침한다.

　약물 사용과 관련하여 뇌 내 도파민이 증가하면 보상 동기가 증가한다는 발견은 중요한 퍼즐 조각이다. 중독성 약물은 다양한 화학물질을 포함하고 있으며 무수한 방식으로 뇌에 작용하지만, 이런 많은 약물에는 한 가지 공통점이 있다. 복측피개 영역에서 다량의 도파민을 방출하게 한다는 것이다.

베리지의 연구실로 다시 눈을 돌리면, 그들은 수년 동안 도파민 효과를 연구해왔다. 앞서 보았듯이, 그들은 도파민 시스템이 동물이 '보상'을 추구하는 정도를 증가시킨다는 사실을 발견했다. 그러나 베리지에게 직접 들은 바에 의하면 그것은 매우 특별한 종류의 추구다. "이런 종류의 추구(욕구)에는 고유한 심리적 특징이 있어요. 여느 욕구와 달리 그것은 실제로 단서와 연결되어 있지요. 뭔가가 당신을 사로잡아 눈을 뗄 수 없을 때, 당신은 그것을 원하게 돼요. 이게 도파민 시스템의 핵심이에요." 우리 모두 그런 경험을 해봤을 것이다. 특별히 배가 고프지도 않은데 빵집 앞을 지나칠 때 갓 구운 빵 냄새가 콧구멍을 파고들면 즉시 허기를 느껴 맛있고 신선한 롤이나 패스트리를 거부할 수 없었을 것이다. 이게 바로 도파민의 힘이다. 도파민은 당신이 처한 환경에 따라 즉각적이고 강한 욕망을 만들어낸다. 베리지는 이렇게 설명한다. "맛있는 음식에 대한 열망은 세계 평화에 대한 열망하고는 근본적으로 달라요."

약물을 복용하면 뇌에서 여러 가지 일이 일어난다. 앞서 살펴본 것처럼 약물의 효과에 내성이 생겨 의존성으로 이어질 수 있다. 그러나 놀랍게도 어떤 상황에서는 도파민 시스템이 내성을 발달시키지 않는 것 같고, 그 대신 감작感作이라고도 부르는 민감화 현상이 나타난다. 2장에서 보았듯이, 민감화는 군소가 이전에는 별다른 반응을 이끌어내지 못했던 것에 더 많이 반응하도록 만들 수 있다. 에릭 캔들의 연구는 궁극적으로 장기 기억에 대한 이해의 기초를 넓혀갔지만 약물중독과도 밀접한 관련이 있다.

동물에 암페타민이나 코카인 같은 약물을 투여하면 안절부절 못하게 되므로, 움직임을 측정하면 약물이 동물에 얼마나 영향을 미쳤는지 알 수 있다. 이것은 도파민 방출과 직접 관련이 있다. 도파민이 너무 적으면 파킨슨병에서 볼 수 있는 경직과 운동장애를 초래하듯이, 너무 많으면 정반대 효과가 나타날 수 있다. 쥐와 인간을 대상으로 한 연구에서, 어떤 경우에는 두 번째, 세 번째, 심지어 다섯 번째로 약물을 투여했을 때 더 많은 도파민이 방출되었다. 놀랍게도 이런 현상은 사용자가 1년 이상 약물을 사용하지 않은 경우에도 여전히 발생했다.

한 연구에서 코카인을 중단한 지 30일 후에 코카인을 투여받은 시궁쥐는 움직임의 증가를 보였는데, 이는 도파민 시스템의 민감화를 시사한다. 이것은 중독 연구에서 중요한 발견일 수 있으며, 베리지가 말했듯이 일부 중독자가 해독 프로그램을 이수한 후 재발 가능성이 더 높아지는 이유를 설명할 수도 있다. "어떤 사람들은 이런 민감화에 정말로 취약해요. 도파민 시스템이 항상 과잉 반응하는 것은 아니지만 약물을 복용하지 않아도 수년간 과잉 반응이 지속될 수 있으니 사실상 영구적이라고 할 수 있지요. 그것은 약물뿐만 아니라 '약물과 짝을 이루는 단서'에도 반응해요." 민감화된 보상 시

중독, 보상과 동기부여의 함정

스템은 사소한 도발에도 무너질 준비가 된 위태로운 설거지 더미와 같다.[12] 이와 같이 설정된 도파민 시스템이 있으면, 이전에 남용한 약물을 아주 조금만 상기시켜도 참기 힘든 갈망을 불러일으킨다.

이 연구는 매혹적이긴 하지만 '민감화가 중독에 중요하다'는 주장을 하기 전에 인간에서 재현될 수 있는지를 확인하는 것이 필요하다. 캐나다 맥길 대학교의 마르코 레이턴Marco Leyton의 연구 과제가 바로 이것이다.

흥미롭게도 인간을 대상으로 한 연구에서 민감화 효과를 재현하려는 초기 시도는 상당수가 성공하지 못했다. 사실, 가장 오랫동안 약물을 복용한 사람들은 실험실에서 약물을 투여했을 때 도파민 방출량이 감소한 것으로 보였다(이는 내성과 부합하지만, 민감화와는 동떨어진다). 숱한 연구를 꼼꼼히 들여다본 결과, 레이턴은 투여 약물의 용량이 모든 것을 바꿨다는 사실을 깨달았다. 충분히 많은 양을 투여하자 참가자들은 시궁쥐와 정확히 같은 반응을 보였다. 인간을 연구하는 것이 동물을 연구하는 것보다 유리한 점 중 하나는, 구체적으로 '느낌이 어떠냐'고 물어볼 수 있다는 것이다. 아니나 다를까, 레이턴은 질문의 중요성을 실감했다. 예컨대 암페타민을 연구할 때 가장 확실하게 민감화된 것으로 보이는 느낌은 활력감이었다.

토론토 소재 중독 및 정신건강 센터 산하 중독 영상화 연구팀

---

**12** 우리 집을 예로 들면, 타파웨어 주방용품이 아무렇게나 쌓인 찬장에서 냄비를 꺼내면 플라스틱 그릇이 산사태를 일으킨다.

의 책임자 이자벨 부알로Isabelle Boileau와 함께 레이턴은 독자적인 연구에 착수했다. 연구팀은 암페타민(또는 그 밖의 모든 흥분제)을 복용한 적이 없는 학생들에게 암페타민을 투여한 후 뇌 영상을 촬영하여 선조체(측좌핵을 포함하는 뇌 영역)에서 얼마나 많은 도파민이 방출되는지 확인했다. 그런 다음 며칠 동안 암페타민을 두 번 더 투여하고 학생들을 귀가시켰다. 2주 후 돌아온 학생들에게 네 번째 용량을 투여하자, 학생들의 선조체에서는 첫 번째 용량을 투여했을 때보다 훨씬 더 많은 도파민이 방출되었고, 학생들은 정신이 더 말똥말똥하고 활력이 넘친다고 보고했다. 놀랍게도 1년 후 다섯 번째로 테스트했을 때는 훨씬 더 큰 효과가 나타났다.

레이턴의 연구 결과가 마약 사용자에 대해 시사하는 점은 무엇일까? 실험실 환경에서만 마약을 복용한 사람들뿐만 아니라 오랫동안 마약을 복용해온 사람들 중에서도 민감화 효과가 나타나는지 확인하기 위해, 레이턴은 코카인 사용자 그룹과 암페타민 사용자 그룹을 연구했다. 연구 결과, 평생 동안 코카인을 더 많이 복용한 사람일수록 예상했던 대로 민감화 효과가 더 많이 나타났다. 그러나 암페타민 사용자들은 사정이 달랐다. 이들은 실제로 정반대 효과를 보였으며, 가장 상습적인 사용자들의 도파민 방출량이 가장 적었다.

레이턴은 뭔가 다른 것을 발견했음을 깨달았다. 즉, 민감화가 작동하려면 약물 단서가 필요해 보였다. 그가 연구한 코카인 그룹은 거울과 흰색 가루를 지급받아 평소처럼 약물을 준비하고 복용했다. 따라서 그들의 뇌는 약물을 복용하기 전에 평소와 다름없이 많은 단서를 경험했다. 그러나 암페타민 그룹은 별 특징 없는 알약을 지급받았다.

이 점을 감안하여 레이턴은 마약 사용자의 도파민 시스템은 두 가지 방식으로 작동한다는 의견을 내놓았다. 먼저, 주위에 마약과 관련된 단서가 없으면 도파민이 너무 적게 방출되므로, 음식이나 사회적 상호작용 등 다른 보상에 대한 관심이 유지될 수 없다. 그러나 환경에 존재하는 단서가 약물을 상기시킬 때마다 도파민 시스템의 고삐가 풀려, 마약 중독자들은 결국 약물을 다시 복용하고 싶은 욕망에 사로잡히게 되고 그것을 찾아 헤매게 될 것이다. 이러한 욕망은 마약을 끊었을 때도 계속되며, 삶의 다른 모든 욕망과 욕구를 압도할 수 있다.

다시 베리지가 있는 미시간으로 눈을 돌려보자. 베리지의 현재 관심사는 어떤 욕구가 다른 것에 우선하여 가장 큰 욕구로 부상하는 과정을 살펴보는 일이다. 우리 대부분에게 이는 '배고픔에서 갈증으로의 전환'일 수 있지만, 약물중독자에게는 '약물이 다른 모든 것을 제치고 맨 앞자리를 차지하는 과정'이다.

중독 신경과학 분야의 한 가지 큰 의문은 우리가 하나를 다른 것들보다 훨씬 더 원하는 이유는 무엇이고, 우리로 하여금 원하는 것에 집중하도록 만드는 요인은 무엇일까 하는 거예요. 당신이나 나는 배가 고프면 음식을 원하지만 목이 마르면 음식을 원하지 않으며, 하루 종일 배고픔과 갈증 사이를 왔다 갔다 하죠. 그러나 중독자는 초지일관 중독된 약물에 집착해요.

베리지의 연구실에서 일하는 셸리 윌로Shelley Warlow와 동료들은 광유전학optogenetics이라는 기술을 이용하여 쥐의 뇌에 있는 특정 뉴런을 고통 없이 활성화한다. 그들은 빛을 이용하여 도파민 시스템의 스위치를 켜고, 그것이 동물의 행동에 영향을 미치는 메커니즘을 분석한다. 그들은 이를 통해 시궁쥐의 욕구를 바꿀 수 있으며, 쥐가 특정한 당분 간식이나 코카인 제제製劑를 선호하게 할 수 있다는 사실을 발견했다. 이런 식으로 뇌를 자극할 경우, 쥐들은 만지면 고통스러운 충격을 주는 전기 막대에 반복적으로 접근하여 유심히 살펴본다. 일반적인 쥐는 한두 번의 탐색적 접촉 후에 멀리 달아나는 법을 배우고, 심지어 그 불쾌한 물건을 땅에 묻으려고 하는 것이 보통이다. 그러나 도파민 시스템이 켜져 있는, 베리지의 실험용 쥐들은 더 많은 자극을 받기 위해 지치지 않고 돌아올 것이다. 매번 맞닥뜨리는 전기 충격이 고통스러울 텐데도 시궁쥐들은 그의 말마따나 막대에 매료된다. "쥐들은 막대 위를 맴돌며, 열심히 냄새를 맡고 발로 만져요. 충격을 받으면 움찔하며 뒤로 물러서지만, 이내 다시 돌아와 훨씬 더 흥분하고 관심을 기울이죠. 그들은 막대의 '단서로서의 매력'에 저항할 수 없어요. 한시도 막대에서 멀리 떨어져 있을 수 없는 것 같아요."

중독, 보상과 동기부여의 함정

# 쥐 공원에 모신 것을 환영합니다

o—o

그러나 중독자들이 마약에서 손을 떼기가 어려운 것은 마약 단서에 대한 민감화 때문만은 아니다. 스트레스도 한몫한다. 연구에 따르면 민감화된 사람들의 경우 스트레스가 약물 단서와 마찬가지로 도파민 방출을 촉발할 수 있는데, 이는 긍정적이든 부정적이든 정서적인 삶의 사건이 종종 재발의 원인이 되는 이유를 설명한다. 유전자도 중요하다. 약물 남용의 가족력이 있는 사용자는 주변에 약물이 없을 때 선조체에서 적은 양의 도파민을 방출하지만, 약물에 노출되면 많은 양의 도파민을 방출하는 것으로 밝혀졌다. TCI 검사[13]에서 '자극 추구novelty-seeking' 성격 특성 항목에서 높은 점수를 받은 사람들도 민감화될 가능성이 높다.

이러한 발견에도 불구하고, 누군가가 중독될지와 습관을 버리는 게 가능한지 여부를 좌우하는 것은 뇌의 화학작용만이 아니다. 환경도 일익을 담당한다. 시궁쥐들이 반복적으로 자가 투약을 한다고 보고한 초기 연구에서 연구자들은 실험용 쥐들을 조그만 개별 우리에 각각 수용했다. 쥐들은 약물을 복용하는 것 외에는 할 일이 별로 없었을 텐데, 쥐처럼 지능적이고 사회적인 종이 그런 상황에서 마약 복용에 의지한 것이 과연 이상한 일일까?

'쥐 공원Rat Park'으로 알려진 일련의 실험에서, 캐나다 사이먼

---

**13** 기질 및 성격 검사Temperament and Character Inventory (옮긴이 주).

프레이저 대학교의 브루스 알렉산더Bruce Alexander와 동료들은 쥐를 그룹으로 묶어 달릴 수 있는 쳇바퀴, 기어오를 수 있는 플랫폼, 숨을 수 있는 장소가 많은 널찍한 우리에 수용했다. 그런 다음 모르핀을 제공하자 단체로 수용된 쥐들은 개별 수용된 쥐들보다 훨씬 더 적은 양의 모르핀을 소비했다.

이런 원리가 인간에게도 적용된다는 증거는 역사에서 찾을 수 있다. 전 세계적으로 유럽인이 새로운 땅을 식민지화했을 때 원주민은 끔찍한 상황에 내몰렸다. 강제로 집에서 쫓겨나 '보호 구역'으로 이주했고, 식민지 개척자의 문화에 맞춰 자신의 문화를 포기해야 했다. 심지어는 자녀를 빼앗기기도 했다. 이러한 실향민 집단에 마약은 빠르게 자리 잡았다. 심지어 오늘날에도 오스트레일리아 원주민은 여전히 약물 남용 문제를 겪을 가능성이 비교적 높다. 2018년 통계에 따르면 오스트레일리아 인구의 2.8퍼센트에 불과한 이들은 알코올 및 기타 약물 치료 서비스 고객의 16.1퍼센트를 차지했다.

그러나 우리는 쥐 공원 실험 결과를 과장하지 말아야 한다. 모든 실험이 그렇듯, 이 실험도 완벽하지 않으며 어떤 식으로든 편향이 개입됐을 개연성이 높기 때문이다. 잇따른 후속 연구와 재현 시도들은 엇갈린 결과를 내놓았으며, 쥐 공원 거주자 중에서 차이가 없거나 더 많은 약물 복용 사례를 발견했다고 보고한 연구도 있다. 그렇다고 쥐 공원 실험 결과를 폐기해야 한다는 건 아니지만, 일부 저술가들이 생각하는 것만큼 확고하지 않음을 암시한다. 환경이 약물중독에 크게 기여하는 것은 분명하지만 유일한 요인은 아니기 때문이다. 인간은 믿을 수 없을 정도로 복잡하고, 우리의 행동은 유전학, 뇌의 구조 및 화학, 현재 및 과거의 환경을 비롯한 여러 다양한 요인에서 비롯되며, 이 모든 요인이 서로 영향을 미치기도 한다.

오늘날 가장 큰 문제는 '중독의 뇌화학적 기초에 대한 이해 증진'이 이 파괴적 장애의 치료를 개선하는 데 도움이 되는가다. 그러나 슬프게도, 돌이켜 보면 그리 놀랄 일도 아니지만 지금은 구식이 된 '도파민 = 보상 화학물질'이라는 개념은 성공적인 치료법으로 이어지지 않았다. '약물 갈망을 추동하는 도파민'이라는 새로운 개념 역시 적어도 지금까지는 사정이 마찬가지다. 이유가 뭘까? 내가 생각하는 한 가지 이유는 과도한 단순화의 오류에 빠졌기 때문이다. 이 분야 연구는 대부분 선조체에서 도파민 방출을 유도하는 흥분제를 사용하여 수행된다. 그러나 임페리얼 칼리지 런던의 신경정신약리학 교수이자 마약과 관련해 영국 정부에서 고문으로 활동했던 데이비드 넛David Nutt은 총설 논문에서, 헤로인과 같은 다른 마약들은 도파민 방출을 초래하지 않는다고 주장한다. 그에 더하여, 가장 흔한 두 가지 중독성 물질인 알코올과 니코틴은 인체에 다른 영향을 미칠 수 있다. 현재 이 모든 약물에 대한 연구가 엇갈린 결론을 내놓고 있지만, 넛은 논문에서 이 문제를 다음과 같이 멋지게 요약했다.

중독은 약물과 사용자에 따라 달라지는 행동과 태도의 복잡한 혼합물이므로, 단일 신경전달물질이 중독의 모든 측면을 설명할 수는 없을 것 같다. 통합이론은 본질적으로 매력적이지만, 다른 이론과 마찬가지로 어쩌면 그보다 훨씬 더 면밀하게 조사해야 한다. 그도 그럴 것이 궁극적으로 이 분야를 결실을 거두지 못할 방향으로 이끌 수 있기 때문이다.

중독에 관여하는 요인이 그토록 복잡하므로 우리의 일상적 충동과 욕망이 불가사의하게 보일 수 있는 것도 당연한 듯하다. 기분과 배고픔 수준(두 가지 모두 뒤에서 다룰 것이다) 같은 수많은 요인이 동기부여에 영향을 미칠 수 있다. 그러나 보상 시스템의 기본을 이해하면 인간의 보다 기본적인 본능을 제어하는 데 도움이 된다. 전두엽이 개입하는 것은 바로 이 지점이다.

심리학과 신경과학에 공통된 문제가 하나 있는데, 대체로 언어 문제라고 할 수 있다. 나는 종종 "'우리'가 '우리'의 보다 기본적인 본능을 제어한다"고 언급하는데, 여기서 두 개의 '우리'는 모두 '뇌'를 지칭한다. 우리가 뇌이고 뇌가 우리라니, 정말 종잡기 어렵다. 그러나 우리의 의식에서 가장 제어력이 뛰어난 영역은 이마 뒤에 있는 전두엽이라고 할 수 있다. 인간의 전두엽은 다른 동물에 비해 과도하게 발달했는데, 이 영역에 우리의 이성과 '집행 기능executive function'으로 알려진 것이 자리 잡고 있다.

전두엽은 주의력 제어 능력과 미래 계획 능력, 그리고 (중독과 관련하여 가장 중요한) 부적절한 행동 억제 능력을 관장한다. 또한 이십 대 후반까지 성숙을 마치지 않고 발달하는 뇌의 마지막 영역이기도 하다. 충동을 제어하고, 감정을 가라앉히고, 우리의 동기를 올바른 방향으로 이끄는 것은 바로 이 영역이다. 약물중독자는 전두엽이 손상되어 약물의 유혹에 저항하기가 더 어려워질 수 있다. 그러나 어떤 경우에는 중독에서 회복하기도 한다.

중독에서 회복 중인 사람들은 보상 및 동기부여 회로, 전두엽, 그 밖의 영역에 영향을 미치는 무수한 뇌 변화에 맞서 싸우는 중이다. 이러한 변화는, 그들에게 불리한 요인들이 누적되어 승산이 없음을 의미한다. 그럼에도 이 사람들이 올바른 환경에서 올바른 뒷받침에 힘입어 두뇌를 바꾸기도 한다.

약물중독과 같은 심각한 문제가 있는 사람에게 이것이 가능하다면, 나머지 사람들에게 이것이 무엇을 의미할지 생각해보라. 내재된 충동에 대해 더 많이 알고, 한 걸음씩 앞으로 나아가며 그다음 보상을 목표로 삼을수록 충동을 제어하는 연습을 더 많이 할 수 있다. 마치 직장에서 승진을 위해 노력하는 것처럼, 우리는 어떤 동기가 우리에게 유익할 때 그것을 이용할 수 있고 그렇지 않을 때 그것을 제어할 수 있다. 이것은 적어도 원칙적으로는 가능하지만 결코 쉬운 일은 아니다. 그리고 우리 뇌의 잘 짜인 계획에 딴죽을 걸 수 있는 한 가지 중요한 요인이 있다. 바로 기분과 감정인데, 내용이 복잡하므로 장을 바꿔 검토해보기로 하자.

# 우울증,

## 뇌의 조심스러운 균형

몇 년 전 나는 운 좋게도 갈라파고스제도를 여행할 기회가 있었다. 이 섬들의 집합체는 아름답고 (상대적으로) 훼손되지 않았을 뿐만 아니라, 지구상 어디에서도 볼 수 없는 야생생물의 서식지이기도 하다. 1835년 이곳을 여행하면서 젊은 찰스 다윈은 여러 섬에서 핀치 종을 수집했다. 다윈은 핀치의 부리 모양이 다르다는 것을 알아차렸지만, 10년이 지나서야 발견의 중요성을 깨달았다. 하나의 공통 조상에서 갈라져 나온 각각의 새는 진화를 거쳐, 특정한 고향 섬 고유의 먹이에 특화되었다. 이것은 다윈의 자연선택에 의한 진화 이론theory of evolution by natural selection에 영감을 주었고, 엄청난 괴짜인 나는 다윈의 발자취를 따라가며 그가 직접 기술한 동물을 보게 되어 감개무량했다.

우울증, 뇌의 조심스러운 균형

여행은 나를 실망시키지 않았다. 우리 배는 날마다 다른 섬에 정박했고,[1] 우리는 소그룹을 이루어 소형 보트에 몸을 싣고 짧은 거리를 이동하여 해안에 상륙했다. 일부 섬에는 완벽한 백사장이 있는 반면, 어떤 섬들은 울퉁불퉁하고 벌거벗은 화산암이거나 초록빛 도는 붉은 관목과 키 큰 선인장으로 덮여 있었다. 내가 가장 좋아하는 동물은 바다이구아나였는데, 자신을 숭배하는 인간 따위는 아랑곳하지 않는 것 같아서 우리는 그들이 널브러져 일광욕하는 오솔길을 기어올라야 했다. 그 과정에서 나는 한두 번 거의 녀석들을 밟을 뻔했다! 나는 푸른발부비새도 무척 좋아하는데, 연푸른색 발을 가진 우스꽝스러운 녀석들로, 가장 멋진 구애 의식을 행한다.[2]

우리가 밝은 색깔의 열대어와 믿을 수 없을 정도로 장난기 많은 바다사자들 사이에서 스노클링을 하며 시간을 보내는 동안, 그들은 거품을 뿜어낸 후 물방울을 쫓아 수면으로 올라오곤 했다. 그런데 스노클링을 하던 중, 나는 나 자신에 대해 예상치 못한 사실을 알게 되었다. 우리는 맹그로브숲으로 둘러싸인 얕은 만에서 수영을 하고 있었다. 이곳은 물이 다른 곳보다 탁해서 가시거리가 몇 미터

---

1  갈라파고스제도는 대부분 무인도이기 때문에, 대부분의 섬을 볼 수 있는 유일한 방법은 유람선에 머무르는 것이다.

2  남편이 나에게 청혼할 때 푸른발부비새의 의식 중 일부를 실제로 사용했다. 수컷 푸른발부비새는 암컷에게 자신이 발견한 멋진 막대기를 선물하는데, 이것은 그들이 둥지를 짓던 시절의 진화적 유물로 간주된다. 이제는 모래 속에 알을 낳기 때문에 순전히 상징적이지만, 암컷을 돌보겠다는 굳은 약속으로 남아 있다(나는 이렇게 생각하고 싶다). 제이미는 막대기를 찾을 수 없었지만, 대신 맹그로브 꼬투리를 사용했다. 제이미가 푸른발부비새와 같은 마음으로 꼬투리를 잘랐을 거라고 나는 확신한다!

밖에 되지 않았지만, 나는 내 아래에 있는 물고기와 다른 생물들을 즐거이 관찰했다. 그러는 동안 나는 더 흥미로운 대상, 즉 상어를 주시하고 있었다. 맹그로브 늪은 종종 아기 상어를 위한 보육원 노릇을 하는데, 물고기를 비롯한 작은 먹잇감이 풍부한 반면 아기 상어를 잡아먹을 수 있는 큰 동물들이 뿌리에 가로막혀 접근할 수 없기 때문이다. 나는 상어를 가까이에서 볼 수 있다는 가능성에 신이 나서 헤엄쳐 갔을 뿐,[3] 상어를 맞닥뜨릴 생각은 추호도 없었다. 그러므로 어둠 속에서 상어가 모습을 드러내기 시작했을 때 갑자기 엄습한 두려움에 대처할 준비가 되어 있을 리 만무했다.

나는 주로 통계에 기반하여, 상어를 두려워한 적이 없다. 예컨대 미국에서는 상어에 물려 죽는 것보다 번개에 맞아 죽을 확률이 서른 배 더 높다. 게다가 나와 맞닥뜨린 것은 고작해야 내 팔만 한 아기 상어들이었다. 설사 나를 한 입 베어 물기로 작정했다 치더라도 큰 해를 입지는 않을 터였다. 내 뇌의 이성적인 부분은 이 모든 것을 알고 있었지만 마음 깊은 곳에서 솟아나는 원초적 본능을 잠재우기에는 역부족이었다. 그러나 내가 본능에 지배당하는 것을 저지하기에는 충분했다. 덕분에 나는 노는 아기 상어들을 충분이 즐길 만큼 두려움을 누그러뜨릴 수 있었다. 이 시점에서 아기 상어는 세 마리, 아니 어쩌면 네 마리였는데, 탁한 물속에서 나타났다 사라지기를 반복하는 통에 당최 분간하기 어려웠다. 어느 순간 나는 상

---

**3** 두두두두두…. 유감이지만, 나는 호기심을 억누를 수 없었다!

우울증, 뇌의 조심스러운 균형

어를 피하기 위해 톡톡 튀거나 쏜살같이 움직이는 작은 은빛 물고기 떼 한가운데에 있는 자신을 발견했다. 다시 한번 내 감정과 몸이 '당장 이곳에서 나가!'라고 소리치는 동안, 내 이성은 '몇 센티미터밖에 안 되는 물고기 몇 마리 때문에 순진하기 짝이 없는 아기 상어를 두려워할 필요는 없어'라며 나를 안심시키려고 노력했다.

그러나 그 순간 내가 느낀 가장 큰 두려움은 아마도 가장 비합리적인 요소였을 것이다. 내 안에는 '조만간 더 큰 뭔가가 시야에 들어올 거야'라고 계속 기대하는 작은 부분이 있었는데, 그건 바로 아기 상어의 부모였다. 나는 이게 거의 불가능하다는 것을 이성적으로 알고 있었다. 그도 그럴 것이, 상어 부모는 새끼들과 함께 지내지 않으며, 해안에 그렇게 가까이 접근하지 않는 경향이 있기 때문이다. 하지만 나는 두려움의 신체 감각을 떨쳐버릴 수 없었고, 그 생각을 하면 아직도 등골이 오싹하다. 이 경험은 '왜 이런 일이 일어나는 거지?'라고 나를 궁금해하게 만들었다. 우리의 감정이 어떻게 그렇게 강해져서, 뇌의 논리적이고 이성적인 부분을 압도하게 되었을까? 이 의문을 해결하려면 밑바닥에서부터 시작해야 한다. 감정은 무엇이고, 우리는 왜 감정을 갖게 되었을까?

## 투쟁-도피 반응

o—o

확실히 밝혀지지는 않았지만 감정은 보상을 향해 나아가고 위험에서 멀어지게 하기 위해 진화했다. 가장 명확한 예는, 내가 상어를 봤을 때 느낀 감정인 두려움이다. 위협에 직면한 우리 조상에게는 두 가지 주요 선택권이 있었다. 두려움으로부터 도망치거나 맞서 싸우기. 공포 반응은 우리가 이 두 가지 중 하나를 수행하도록 돕기 위해 진화했다. 위험할 수도 있는 것을 보면 신호가 눈에서 감정 처리에 관여하는 뇌 영역인 편도체로 직접 전달된다. 이것은 투쟁-도피 반응으로 알려진 두려움의 신체 감각을 작동시킨다.[4]

그와 동시에 정보는 우리 눈에서 (뇌의 보다 합리적인 부분이 정보를 분석하도록) 피질cortex까지 더 긴 경로를 여행한다. 정보가 이 영역에 도달했을 때 우리는 비로소 위협을 의식하게 된다. 넓은 풀밭에서 코일 모양의 물체를 보고 오싹한 공포감을 느꼈는데, 거의 즉시 그게 단지 정원용 호스임을 깨달은 적이 있는가? 오싹한 느낌은 편도체에 의해 촉발된 투쟁-도피 반응이었고, 뒤이어 피질에 의해 즉시 진압되었다. 일단 정보가 대뇌피질에 도착하면 위협이 진짜인지 아니면 무해한 호스 조각일 뿐인지 분석한다. 그러나 만약을 대비하여 공포감이 먼저 들이닥치는 것이다.

투쟁-도피 반응을 시작하기 위해 편도체는 시상하부hypothalamus를 활성화한다. 시상하부는 소화와 호흡 같은 과정을 제어하는 자율신경으로 신호를 보낸다. 자율신경 중 하나인 '교감신경계

---

**4** 또는 때때로 투쟁-도피-동결 반응을 작동시킨다. 왜냐하면 일부 동물은 위협에 직면하면 동작을 중단하기 때문이다.

우울증, 뇌의 조심스러운 균형

sympathetic nervous system '는 투쟁-도피 반응을 활성화함으로써, 부신
adrenal gland 으로 하여금 두 가지 관련 호르몬인 아드레날린과 노르
아드레날린5을 혈류로 방출하게 한다. 이것들은 몸 전체로 이동하
여 많은 변화를 일으킨다. 심박 수가 증가하고, 호흡이 빨라지고, 달
리기가 필요할 경우를 대비하여 근육으로 가는 혈류가 증가하여 가
능한 한 많은 산소를 근육에 공급한다. 여분의 산소가 뇌로 이동하
여 경각심을 느끼게 하고 감각을 고조시킨다. 근육에 연료를 공급
하기 위해 간肝에서 포도당을 방출함에 따라 혈당 수치가 치솟는다.

몇 초 후 시상하부는 화학 메신저를 방출하는데, 이 메신저는
연쇄반응을 일으켜 무엇보다 신장 위에 있는 부신에서 코르티솔 호
르몬(2장에서 만났다)의 방출을 촉발한다. 종종 스트레스 호르몬이라
고도 부르는 코르티솔은 신체를 '높은 경계' 상태로 유지하며 혈압
과 혈당 수치를 높인다. 몇 분 이상 지속되는 스트레스 상황에 대처
할 수 있게 해주는 것도 코르티솔이다.

한편, 소중한 에너지를 낭비할 수 있는 불요불급한 프로세스는
모두 꺼진다. 즉, 소화가 느려지거나 중단되고, 눈물과 타액 생성이
감소하고(입이 바싹 마르는 친숙한 느낌을 생성한다), 귀중한 혈액이 피부
에서 멀어져 창백해 보인다. 면역계가 억제되고, 극단적인 경우 방
광근이 이완된다. 몸에 지닌 소변이 배출되면 체중이 감소하므로,

---

**5**　이 두 가지 화학물질은 종종 함께 작용하지만, 아드레날린은 대부분 몸에서 발견되는 반
　　면 노르아드레날린은 대부분 뇌에서 발견된다.

삶과 죽음의 차이를 만드는 달리기 속도가 향상될 수 있다![6] 이상의 두 가지 경로(하나는 빠르지만 단기간 지속되고 신경을 통해 이동하며, 다른 하나는 느리지만 오래 지속되고 혈액 내 화학물질에 의해 전달된다)가 의미하는 것은, 위험에서 벗어나는 데 필요한 기간 동안 반응이 지속될 수 있다는 것이다.

그러나 이것은 문제를 야기할 수 있다. 오늘날 대부분의 사람은 조상들이 견뎌낸 즉각적인 위협에 직면하는 경우가 거의 없다. 대신 우리의 투쟁-도피 반사는 직장에서의 중요한 프레젠테이션이나 돈 걱정으로 촉발되는 경우가 많다.[7] 이러한 스트레스 유발 요인은 오래 지속되는 경향이 있으며 벗어날 수 있는 것이 아니므로, 아드레날린, 노르아드레날린, 코르티솔 수치가 필요한 것보다 훨씬 더 오랫동안 상승된 상태로 유지된다. 이것은 만성 스트레스로 알려져 있으며, 비만에 기여하는 것에서부터 심장마비와 뇌졸중의 위험을 높이는 것에 이르기까지 건강에 막대한 영향을 미친다.

내가 이 책을 쓰는 동안 수많은 사람이 코로나19 팬데믹으로 이전에 결코 견뎌본 적 없는 수준의 만성 스트레스를 경험하고 있었다. 우리는 자신이 병에 걸리는 것을 두려워하는 만큼, 사랑하는 사람, 특히 더 취약한 사람들을 걱정했다. 이것은 실제 위협이므로, 우리의 스트레스 반응이 촉발된 것은 놀라운 일이 아니다. 그러나

---

**6**   적어도 인체는 이렇게 생각한다.

**7**   어느 쪽이 됐든 소변보는 것은 전혀 도움이 되지 않는다!

그것은 우리의 투쟁-도피 메커니즘이 도저히 대처할 수 없는 종류의 위협이다. 바이러스로부터 도망치는 것은 불가능하며(공원에서 사람들을 피하기 위해 여분의 에너지를 사용하고, 항상 모든 사람으로부터 2미터 거리를 유지하지 않는 한!), 바이러스를 물리적으로 공격할 수도 없다. 사실, 스트레스 호르몬 수치가 증가하면 면역계의 효율성이 감소할 수 있는데, 이는 바이러스에 대한 걱정이 실제로 바이러스에 더 취약하게 만들 수 있음을 의미한다. 즉, 누구나 한마디씩 거들지만 스트레스 반응을 차단하는 것은 결코 쉬운 일이 아니다. 스트레스 반응은 그 나름의 이유 때문에 진화했다. 호흡법을 사용하거나 운동을 하거나 모든 감사할 일에 집중하는 것과 같이 반응성을 줄이는 방법이 있기는 하지만, 우리는 자신에 대해 인내심을 갖고 우리가 이 이상한 역사적 시점에서 불안을 느끼는 것이 놀라운 일이 아니라는 점을 깨달아야 한다.

우리가 공포 반응을 보이는 이유에 대한 이 같은 설명은 많은 의미가 있다. 만약 한 고대인이 상어와 코를 비비기 위해 상어에 접근하는 동안 다른 고대인은 항상 상어로부터 (아마도 헤엄쳐) 도망쳤다면, 누가 살아남아서 우리의 조상이 될 가능성이 더 높겠는가? 능히 짐작할 수 있을 것이다. 그러므로 우리가 위험에 대응하여 취하는 행동(도망치기)은 우리 자신을 보호하기 위해 진화했다고 볼 수 있다.

그러나 이 설명은 우리가 실제로 두려움을 느끼는 이유를 말해주지 않는다. 행동을 이끄는 것이 우리의 감정인 것처럼 보일 수도 있지만, 적어도 이론적으로는 우리가 두려움과 연관시키는 감정 없이도 위협에 대응하여 신체적 변화와 행동을 일으키는 동물(또는 로봇)이 존재할 수 있다. 우리는 이 대목에서 또 다른 '언어의 문제'에 부딪힌다. 일반적으로 우리는 '감정'이라는 단어를 '신체 감각'과 '감정 그 자체'를 의미하는 데 두루 사용하지만, 엄밀히 말해 이 둘은 같지 않다. 사실, 둘 중 하나 없이 다른 하나를 갖는 것이 완벽하게 가능하다. 우리 모두는 이른바 '감정 없는 사람', 즉 자신이나 다른 사람들에게 자기가 화가 났거나 속상하다는 것을 인정하지 않는 사람을 알고 있다. 이 문제를 해결하기 위해, 연구자이자 《데카르트의 오류Descartes' Error》의 저자인 안토니오 다마지오Antonio Damasio는 "특정한 행동 패턴을 지칭하기 위해 '느낌'이라는 단어를 사용하고, 일반적으로 그것에 수반되는 정신 상태를 지칭하기 위해 '감정'이라는 단어를 사용하자"고 제안한다. 나는 이 장을 통틀어 그의 구분을 고수하려고 노력할 것이다.

우리에게는 감정, 즉 정신 상태가 느낌에 우선한다는 것이 분명해 보일 수 있다. 우리가 두근거리는 가슴을 안고 달아나는 것은 두려운 감정 때문이라는 것이다. 그러나 우리의 직관은 틀릴 수 있으며, 이러한 믿음을 검증함으로써 도움을 주는 것이야말로 과학의 역할이다. 1880년대 중반에 미국의 철학자이자 심리학자인 윌리엄 제임스William James는 이 문제에 관심을 갖고, "우리는 실제로 거꾸로 된 과정을 가지고 있다"고 주장했다. 그의 이론에 따르면, 우리는 두려움을 느껴서 달아나는 게 아니라 달리기 때문에 두려워진

우울증, 뇌의 조심스러운 균형

다. 내 경우를 예로 들면, 내 몸은 상어를 보자마자 투쟁-도피 반사로 반응했고, 나는 그 감각들을 두려움으로 해석했다. 비슷한 시기에 덴마크의 생리학자 칼 랑게Carl Lange도 유사한 아이디어를 내놓으며, 이것은 제임스-랑게 감정 이론James-Lange theory of emotion으로 알려졌다.

그러나 이 이론에는 문제가 있다. 만약 느낌의 감정이 전적으로 신체 반응으로 만들어진다면, 각각의 다른 감정에 대해 뚜렷한 신체 감각이 있어야 한다. 그러면 우리는 단지 심박 수, 피부 온도, 또는 땀과 같은 것을 측정하여 누군가의 감정을 정확히 알아낼 수 있을 것이다. 그러나 그건 불가능하다. 사실 많은 느낌이 동일한(또는 매우 유사한) 신체적 변화를 일으킨다. 그리고 우리는 단순히 아드레날린을 투여함으로써 누군가를 두려워하게 만들 수 있어야 한다. 그러나 곧 알게 되겠지만, 그것도 불가능하다. 원래 이론이 지금보다 더 미묘한 차이가 있었는지 여부와 관계없이, 제임스-랑게 이론은 느낌의 복잡성을 설명하기에 충분하지 않은 것 같다.

## 감정과 느낌

o━o

1962년에 스탠리 샥터Stanley Schachter와 제롬 싱어Jerome Singer는 제임스-랑게 이론의 변형을 제시했다. 그들은 감정이 신체 감각과 환경의 조합으로 만들어진다고 생각했다. 이 이론을 검증하고자, 두 사람은 지원자 절반에게 아드레날린을 주사하고 나머지 절반에게는 위약을 주사하면서, 모두에게 비타민이 시력에 영향을 미치는지 확인하기 위해 테스트하는 중이라고 말했다. 그런 다음, 참가자들을 (재미있고 유쾌하게 연기하거나, 매우 짜증스럽게 연기하는) 배우와 함께 방에 배치했다. 두 상황 모두에서 아드레날린을 투여받은 참가자들은 위약을 투여받은 참가자들보다 많은 감정적 반응을 보였는데, 이는 그들이 아드레날린으로 인한 두근거리는 심장과 떨리는 손을 감정에 귀속시켰기 때문일 것이다.

그러나 두 사람이 참가자들에게 두근거림과 손 떨림은 주사의 부작용일 거라고 말하자 그런 증상이 감정에 미치는 영향이 사라졌다. 샥터와 싱어는 이러한 실험 결과가 다음과 같은 자신들의 아이디어를 뒷받침한다고 주장했다. 참가자들은 아드레날린이 초래한 신체적 변화를 감지하지만 주변 환경에 따라 해석하며, 이러한 신체 감각과 환경의 조합이 감정을 만들어낸다. 그러나 신체적 변화가 한낱 주사 때문이었음을 알고 나면 그들은 감정을 무시할 수 있다.

다른 연구에서는 하나의 감정과 관련된 신체 감각이 다른 감정과 연관된 것으로 잘못 해석될 수 있는지 확인하기 위해 보다 '자연스러운' 설정에서 이 아이디어를 테스트했다. 1974년에 실시한 유명한 연구에서, 도널드 더턴Donald Dutton과 아서 애런Arthur Aron은 인도교[8] 끝에 매력적인 여성 연구원을 배치했다. 그들은 여성 연구원에게 방금 다리를 건넌 젊은 남성들(18~35세)을 불러세워달라고 요청했다. 여성 연구원은 남성들에게 설문지를 작성하고 다리 사진을

우울증, 뇌의 조심스러운 균형

배경으로 짧은 이야기를 써달라고 요청했다. 마지막으로 남성들에게 추후, 연구에 대해 더 알고 싶으면 전화를 걸 수 있도록 자신의 전화번호를 주었다.

여성 연구원과 남성들은 까맣게 모르고 있었지만, 더턴과 애런은 그들 자신이 말했듯이 실제로 풍경이 창의성에 미치는 영향 따위에는 관심이 없었다. 그들의 유일한 관심사는 남성들 중 몇 명이 전화를 걸어올 것인가였다. 결론적으로 말해서, 남성들이 전화를 걸 것인지 여부는 그들이 건넌 다리의 종류에 달려 있었다. 즉, 여성 연구원이 바람에 위태롭게 흔들리는 높고 위태로운 현수교[9] 옆에 서 있을 때, 낮고 안정된 다리 옆에 서 있을 때보다 더 많은 남성들이 그녀의 전화번호를 받아갔고 나중에 전화를 걸었다. 그에 더하여 무서운 다리를 건넌 남성들의 이야기에는 로맨틱하고 성적인 내용이 더 많이 담겨 있었다. 이러한 발견을 확인하기 위해 남성 연구원을 기용하여 실험을 반복한 결과(참가자들은 여전히 남성이었는데, 더턴과 애런은 참가자 중 일부가 게이인지를 고려하거나 걱정하지 않은 것 같다), 다리의 종류와 전화 걸기(그리고 이야기의 내용) 간의 상관관계가 사라진 것으로 나타났다.

---

**8**   사용 목적이 보행자(경우에 따라서는 자전거 등의 경차량 등도 포함)의 통행에 한정되는 다리. 보도 다리라고도 한다(옮긴이 주).

**9**   내 남편을 포함한 현학자와 엔지니어 들을 위해 사족을 붙이면, 이것은 엄밀히 말해서 단순한 현수교가 아니다. 실험에 사용된 실제 다리는 캐나다의 캐필라노강을 가로지르는데, 사진에서 보면 무시무시해 보인다.

이러한 결과는 더턴과 애런의 아이디어를 뒷받침한다. 흥분으로 알려진 신체 감각은 다양한 감정과 연관될 수 있다. 우리는 일반적으로 '흥분'을 성적인 것으로 생각하지만, 심리학에서는 단지 활동적이거나 '격렬한' 것을 의미한다. 두근거리는 심장, 땀에 젖은 손바닥, 가쁜 호흡을 생각해보라. 이런 것들은 성적 매력으로 발생할 수 있지만 두려움이나 분노로 야기될 수도 있다. 따라서 우리는 감각을 초래한 원인을 파악하기 위해 주변을 둘러보고 추측을 한다. 이 실험의 경우, 흔들리는 다리 위의 남성들은 두려움으로 인한 신체 감각을 호감으로 오인하고(이를 오귀속誤歸屬이라고 한다), 그들에게 그런 감정을 품게 한 것이 상황이 아니라 여성이라고 믿었다.

다음으로, 더턴과 애런은 실험 장소를 연구실로 옮겼다. 두 사람은 남성 지원자들에게 매력적인 여성 참가자도 실험에 참여할 거라고 귀띔했다. 그리고 동전을 던져 누가 끔찍하고 강렬한 전기 충격을 받고, 누가 거의 눈에 띄지 않는 경미한 충격을 받을지 결정하라고 했다. 더턴과 애런은 실험을 '준비'하는 동안 남성들에게 설문지를 배포하고 전기 충격에 대한 불안과 여성 참가자에게 얼마나 매력을 느끼는지를 평가하게 했다. 그랬더니 아니나 다를까, 고통스러운 충격을 받을 거라는 말을 들은 남성들은 경미한 충격을 받게 될 남성들보다 더 불안해하고, 여성 참가자의 매력을 더 높이 평가했다.

더턴과 애런의 실험 결과는 충분히 납득할 만하다. 감정에는 감각 되먹임을 통해 감정의 강도를 알려주는 '신체 반응'과 주변에서 일어나는 일에 따라 감정의 유형을 식별하는 '인지 요소'가 포함된다. 오늘날 이 이론의 많은 변형판이 존재하지만, 대부분은 1960년대에 마그다 아널드Magda Arnold가 만든 '평가appraisal'라는 용어를 사용한다. 나는 수영을 하는 동안 심장이 쿵쾅거리는 것을 느꼈고 그 느낌을 다가오는 상어의 그림자 탓으로 돌렸지만, 상황이 조금만 달랐더라면 매력적인 스노클링 파트너가 영향을 미쳤다고 해석(평가)했을지 모른다. 어쩌면 무서운 영화가 데이트의 단골 메뉴인 것도 이 때문일 것이다. 소심한 파트너는 겁에 질려 당신의 손을 잡을 수 있을 뿐만 아니라, 살점을 먹는 좀비가 아니라 파트너의 매력과 아름다움 때문에 긴장하고 상기한 것이라고 생각할 수 있다.

과학자들은 '신체적 단서를 고려하는 데 평가가 정확히 어떻게 작동하는지'와 '평가가 일어나는 시점(감정이 형성되기 전이나 후 또는 동시)'에 여전히 동의하지 않는다. 그러나 새로운 연구 기법은 감정을 이해하는 데 도움이 된다. 예를 들어, 과학자들은 자신의 신체에 대해 더 잘 알고 있는 사람(맥박에 의존하지 말고 심장 박동을 감지해보라고 요청함으로써 감별할 수 있다)이 더 강렬한 감정을 경험한다는 사실을 발견했다. 또한 뇌 스캔 연구는 신체의 메시지를 감지하고 처리하는 데 관여하는 뇌 영역인 뇌섬엽insula의 중요성을 보여주었다. 뇌섬엽 없이도 감정을 느낄 수는 있지만, 건강한 사람들이 감정을 경험하는 동안 뇌섬엽이 활성화되는 것은 우리의 감정이 신체에 뿌리를 두고 '체화'된다는 생각에 무게를 더한다.[10]

여기서부터 약간의 철학이 개입하기 시작한다. 왜냐하면 '마음'

이 뇌나 신체와 별개의 것(데카르트의 이름을 따서 데카르트 이원론Cartesian dualism으로 알려진 이론의 골자다)이라고 믿지 않는 한, 감정이 생리학에 뿌리를 두고 있는 것은 당연하기 때문이다! 단언하건대 나는 마음이 별개의 실체라고 생각하지 않는다. 그러나 마음이 별개임을 암시하지 않고 감정과 의식을 논하는 것은 거의 불가능하다. 내가 "'나'는 '내' 뇌의 특정 영역이 활성화될 때 감정을 느낀다"라고 쓸 때, 감정을 느끼는 '나'라는 존재는 정확히 무엇일까? 물론 이것은 다루기 어려운 큰 주제이고 많은 책의 주제이기도 하므로 여기서 몇 줄로 정의할 수는 없지만, 의식의 수수께끼는 감정을 이해하기 위한 한 부분이기 때문에 완전히 배제할 수는 없다.

다마지오의 주장에 따르면, 우리보다 단순한 뇌를 가진 동물도 유사한 '감정 프로그램'이 있을 수 있다. 위협을 받거나 맛있는 먹이를 획득할 때, 동물들은 특정한 방식으로 반응할 수 있다는 것이다. 하지만 그렇다고 해서 동물들이 우리와 똑같은 감정을 가지고 있다는 뜻은 아니다. 우리와 똑같은 방식으로 감정을 경험하려면 의식과 기억이 있어야 하는데, 일부 동물은 의식의 요소가 있을 수 있겠지만(이것은 또 다른 큰 주제다), 단순한 동물은 아마도 그렇지 않을 것이다.[11]

그렇다면 동물은 진정한 감정이나 기분을 경험할 수 없단 말인

---

**10** 이것은 또한 우리의 언어에 반영된 강한 직관과 일치한다. '가슴이 두근거린다'나 '가슴이 아프다' 같은 문구는 감정이 몸에서 어떻게 생겨나는지를 단적으로 보여준다.

우울증, 뇌의 조심스러운 균형

가? 반려동물 주인으로서 나는 경험적으로 '있다'에 한 표를 던지고 싶다. 어렸을 때 우리 집은 에미Emmy라는 암컷 얼룩 고양이를 길렀다. 나는 에마를 좋아했고, 에미도 나한테 관심이 있는 것 같았다. 심지어 내가 에미의 베이지색 발 하나를 만지도록 허용하기도 했지만, 무슨 이유에선지 다른 사람들이 다리를 만지면 쉿쉿 하며 휘두르는 반응을 보이곤 했다! 에미는 특별히 변덕스러운 고양이는 아니었지만 앙탈을 부림으로써 우리를 애먹이는 경우가 딱 하나 있었다. 휴가를 보내는 며칠 동안 에미를 이웃집에 맡겼는데, 우리의 귀환은 늘 같은 방식으로 진행되었다. 처음에는 다시 만나 반가운 듯, 가까이 다가와 우리들 다리에 몸을 비비며 가르랑거린다. 그러나 몇 분 만에 태도가 돌변한다. 우리가 영원히 집에 있는 것에 만족했으니, 이제 교훈을 줄 시간이라고 판단한 듯 기고만장했다. 다음 날부터 에미는 우리를 완전히 무시하고(물론 먹이를 줄 때를 제외하고), 내가 쓰다듬거나 놀아주려고 하면 냉랭한 태도로 털북숭이 어깨를 내줄 뿐이었다. 하지만 그것은 오래가지 않았고, 에미는 곧 본래의 애교스럽고 사랑스러운 모습으로 돌아왔다.

당시 에미가 어떤 감정을 느꼈는지는 알 수 없지만 반응은 감정적인 것처럼 보였고, 어쩌면 우리가 사랑하는 사람이 자신이 바라는 대로 행동하지 않을 때 경험하는 감정이나 기분과 비슷한 것

---

**11** 이 또한 우리가 의식을 가질 정도로 진보된 인공지능AI을 개발할 수 있는가, 그리고 AI가 의식이 있는지 여부를 어떻게 알 수 있는가 같은 의문을 제기한다. 그러나 다시 말하지만, 이것은 완전히 다른 책의 주제다!

일 수도 있다. 그 밖에도, 특정 동물이 우리가 감정과 연관시키는 방식으로 행동한다는 과학적 증거는 수두룩하다. 코끼리는 무리 중 한 마리가 죽으면 애도하고 서로 위로하는 것처럼 보인다. 쥐는 간질일 때 웃음과 아주 흡사한 소리를 내며, 연구자의 손이 멈추면 계속하라고 재촉한다. 마카크원숭이는 먹이를 얻기 위해 사슬을 당기는 것이 다른 원숭이에 전기 충격을 줄 경우 실험을 거부한다. 하지만 그럼에도 그들이 정말로 우리와 같은 감정을 느끼는지 알 방법은 없다.

## 기분, 근육 그리고 혼합

●─○

이쯤 되면 독자들은 감정이 무엇인지, 감정을 유발하기 위해 체내에서 무슨 일이 일어나는지 어느 정도 감을 잡았을 것이다. 다음으로, 우리는 뇌를 살펴보려고 한다. 감정에 대한 뇌 연구는 두 가지 주요 영역에 초점을 맞추고 있다. 첫 번째 영역은 변연계limbic system와 해마인데, 변연계는 편도체를 포함하고 감정적 자극(특히 당신이 두려워하는 모든 것)에 반응하며, 해마는 기억(정서적 기억 포함)의 저장과 처리에 관여한다. 두 번째 영역은 이마 뒤에 있는 전전두피질이다.

편도체와 변연계는 반응적reactive이고 모든 감정적인 것에 빠르게 반응하지만, (통상적으로) 보다 합리적인 전전두피질의 견제를 받는다. 대체로 두 영역은 서로 균형을 이루므로, 감정은 비교적 평

우울증, 뇌의 조심스러운 균형

온하게 유지된다. 만약 위협에 직면하면 전전두피질은 편도체에 주도권을 넘기고 공포 반응을 시작하도록 허용하지만, 이것은 위협이 실제인 경우에만 가능한 일이다. 따라서 어떤 위험이 감당할 만한지 아니면 제어할 수 없는지를 결정하는 건 전전두피질의 몫이다. 문제를 일으키는 것은 제어할 수 없는 만성 스트레스다.

기분은 분명하게 정의하기가 어렵다. 기분과 감정은 우리가 많이 쓰는 단어이고 종종 서로 바꿔 쓰기도 하지만 엄연히 다르다. 감정은 수명이 짧고 일반적으로 환경에 의해 유발된다. 예를 들어, 당신은 친구로부터 초대를 받아서 기분이 좋아질 수도 있고, 트위터에서 누군가가 잘난 체하면 화가 날 수도 있다. 기분은 다르다. 기분은 감정보다 더 오래 지속되며, 주변 환경의 영향을 받을 수 있지만 그 효과는 덜 직접적이다. 그리고 기분은 연구하기가 훨씬 더 어렵다. 연구실에서 누군가에게 사진을 보여주거나 음악을 듣도록 요청하여 잠시 행복하거나 슬프게 만드는 것은 꽤 쉽지만, 누군가의 기분에 영향을 미치는 것은 어렵다. 따라서 기분에 대한 연구 중 상당수는 우울증 같은 기분장애가 있는 사람들에게 초점을 맞추고 있다.

우울증에서도 두 시스템(변연계와 전전두피질)이 중요한 것 같다. 전전두피질이 손상되면 기분 제어를 포함하여 온갖 종류의 문제가 발생한다. 우울증과 관련된 기분장애의 경우, 다양한 부분이 과도하거나 과소하게 활성화된 것으로 밝혀졌다. 요컨대, 만약 두 시스템이 제대로 작동하지 않으면 감정이 당신을 압도하기 시작할 것이며, 이는 저조한 기분, 나아가 우울증으로 이어지기도 한다. 이것은 과도하게 활성화된 변연계, 또는 지나치게 비활성화된 전전두피질 때문에 발생할 수 있다. 어느 쪽이 됐든 섬세한 균형을 깨뜨리고 장기간 스트레스 호르몬 방출을 유발할 것이다. 그런 다음, 그것은 전전두피질과 변연계를 손상시키기 시작하여 복구하기 어려운 악순환의 고리를 형성할 수 있다.

그러나 이것은 여전히 우리에게 몇 가지 큰 의문을 남긴다. 이 영역들 간 균형이 깨지는 이유는 무엇일까? 그리고 우리의 뇌 화학물질은 어떻게 관련되어 있을까? 궁금증을 해결하려면, 그러한 화학물질에서부터 시작하여 좀 더 깊이 파고들 필요가 있다. 그런데 다른 어떤 화학물질보다도 우울증과 동의어로 사용되는 것이 하나 있으니, 바로 세로토닌이다. 그러므로 그것은 좋은 출발점이 되겠다.

세로토닌의 발견은 19세기 말과 20세기 초, 과학자들이 혈청의 흥미로운 효과를 찾아내면서 시작되었다. 혈청은 혈액이 응고할 때 남는 물질로, 혈관을 좁게 만드는 것으로 밝혀졌다. 이는 그다지 놀라운 일이 아니었다. 혈액에 아드레날린이 포함되어 있다는 사실은 이미 드러났고, 아드레날린이 혈관수축으로 알려진 이 효과를 나타낼 수도 있었으니 말이다. 그러나 놀라운 것은 혈청이 동물의 창자도 수축시키는 반면, 아드레날린만으로는 정반대 효과가 나타난다는 사실이었다. 이것은 혈관수축을 일으키는 것이 혈청 내 아드레날린이 아닐 수 있음을 의미했다. 그것은 또 다른 물질, 즉 대부분의 경우 아드레날린처럼 작용하지만, 장腸에서는 다른 작용을 하는 물질임이 틀림없었다. 과학자들은 혈청에서 아드레날린 모방 물질을 발견했다.

　다음으로 큰 발전은 1930년대에 이탈리아의 약리학자 겸 생리학자인 비토리오 에르스파메르Vittorio Erspamer에 의해 이루어졌다. 에르스파메르는 시궁쥐에게 투여할 경우 창자, 근육, 자궁의 수축을 일으키는 물질을 토끼의 소화계에서 분리했다. 그는 이 물질을 엔테라민enteramine이라고 불렀다.

　그로부터 몇 년 후인 1945년, 어바인 페이지Irvine Page는 오하이오주의 클리블랜드 클리닉에서 심혈관계를 연구하고 있었다. 페이지는 고혈압의 원인이라고 생각하는 특정 혈관수축 물질을 혈액에서 찾아내려고 노력 중이었다. 그러나 혈액이 응고하기 시작할 때마다 혈관을 수축시키는 또 다른 물질이 생성되어 연구를 방해했다. 그래서 페이지는 생화학자 아다 그린Arda Green, 유기화학자 모리스 래포트Maurice Rapport와 함께 수십 년 전에 발견된 것과 동일한 '아드레날린 모방 물질'인 골치 아픈 물질을 분리·제거하는 작업에 착수했다.

　생화학 경력을 살린 그린은 토끼 귀의 동맥을 이용하여 혈액에서 분리된 물질을 테스트하는 방법을 고안해내었고, 이 물질이 혈관 수축을 일으키는지 확인하는 방법을 개발할 수 있었다. 래포트는 클리블랜드 도살장에서 수집한 혈액 수백 리터에서 화합물을 분리하며 나날을 보냈다. 먼저, 혈청을 생산하기 위해 래포트는 치즈클로스cheesecloth[12]를 이용하여 응고 중인 혈액을 걸러야 했다. 그런 다음, 래포트는 다단계 과정을 개발하여, 궁극적으로 문제의 혈관

수축 물질(900리터의 혈청에서 추출한 불과 몇 밀리그램의 옅은 노란색 결정)을 분리할 수 있었다. 1948년 그들은 연구 결과를 발표하고, 이 귀중한 결정체를 '세로토닌'이라고 불렀다. 1년 후, 뉴욕의 컬럼비아 대학교로 자리를 옮긴 래포트는 세로토닌의 화학 구조가 5-하이드록시트립타민5-hydroxytryptamine, 5-HT임을 확인했다.

한편, 하버드 대학교의 베티 트와로그Betty Twarog는 무척추동물 신경생물학 전문가인 존 웰시John Welsh의 박사 과정 학생이었다. 두 사람은 홍합이 바위에 단단히 달라붙도록 도와주는 신경전달물질을 발견했지만 물질의 정체를 확인하지 못한 상태였다. 때마침 발표된 클리블랜드 클리닉팀의 논문을 읽고, 트와로그는 세로토닌이 그 신경전달물질이라고 확신하게 되었다. 이윽고 실험을 통해 그녀가 옳은 것으로 판명되었다. 트와로그는 무척추동물의 신경전달물질로서 세로토닌의 역할을 설명하는 논문을 작성했다. 이 논문은 2년 후인 1954년까지 출판되지 않았는데, 《세포 및 비교생리학 저널Journal of Cellular and Comparative Physiology》의 편집진이 '듣보잡' 저자의 괴상망측한 신경전달물질에 관한 논문을 검토하지 않았기 때문이다.

트와로그는 1952년 클리블랜드 클리닉으로 옮겨 페이지와 함께 일했다. 세로토닌이 척추동물의 뇌에서도 발견될 것이라고 확신한 트와로그는 반신반의하는 페이지를 설득하여 이 분야에 대한 자신의 연구를 지원하게 했다. 아나나 다를까, 1953년 트와로그는 포

---

**12**   면을 얇고 성기게 엮어 만든 천. 원래 치즈를 포장하는 데 사용해 붙은 이름이다(옮긴이 주).

유류의 뇌에서 세로토닌을 발견했다. 오늘날 우리는 뇌의 세로토닌이 수면에서 사랑에 이르기까지 모든 범위의 기능에 필수적이라는 것을 알고 있다. 무엇보다 가장 일반적으로 기분에 관여한다. 즉, 세로토닌이 너무 적으면 기분이 저하되고, 수치를 상승시키면 행복감이 돌아온다고 알려져 있다. 그러나 이 진술은 그럴듯하게 들리지만 기분과 세로토닌 수치 사이의 명확한 일대일 관계가 입증되지 않아 논란의 여지가 많다.

## 행복 호르몬?

∘—∘

그렇다면 세로토닌과 우울증이 연관되어 있다는 생각은 애초에 어디서 나온 것일까? 음, 과학계의 많은 획기적인 발전과 마찬가지로, 이 이론은 일련의 우연한 발견으로 촉발되었다. 그중 첫 번째는 인도에서 나왔다. 과학자들은 전통의학에서 사용하는 말린 인도사목 印度蛇木, Rauvolfia serpentina의 뿌리가 혈압을 낮출 수 있음을 발견했다. 정신질환에 어느 정도 효과적일 거라는 단서도 있었다. 이것은 서양 정신과 의사들의 관심을 불러일으켜, 인도사목에서 분리한 물질을 사용하여 조현병 환자를 대상으로 임상시험을 실시하게 만들었다. 안타깝게도 그들은 레세르핀reserpine이라고 부르는 이 약물이 조현병에 직접 영향을 미치지는 않는다는 것을 발견했지만, 약물을 복용한 환자들이 더 차분해졌다는 점에 주목했다. 또한 레세르핀이 불안, 강박, 동기부여 감소에 효과가 있다는 일화적인 보고도 있었다.

그러나 레세르핀은 부정적 보고가 잇따라, 초창기 사용이 급증한 이후인 1950년대 후반에 더욱 안전한 옵션으로 대체되었다. 레세르핀이 퇴장한 가장 큰 이유는 일부 사람들에게 우울증을 유발할 수 있다는 우려였다. 레세르핀이 뇌에서 세로토닌을 비롯한 도파민, 노르아드레날린 같은 신경전달물질을 고갈시킨다는 사실이 밝혀지자 과학자들은 이것이 부작용의 원인인지 궁금해하기 시작했다.

비슷한 시기에 결핵약이 환자의 기분에도 영향을 미친다는 사실이 밝혀졌다. 치료받은 사람들은 식욕을 되찾았고, 더 행복하고 덜 냉담했으며, 때로는 희열을 경험하기도 했다. 물론 끔찍한 질병에 걸렸다가 갑자기 회복하기 시작한다면 기분이 좋아지는 건 놀랄 일은 아닐 것이다. 그러나 졸음이나 입 마름 같은 다른 부작용은 결핵약이 신경계에 영향을 미칠 수 있음을 시사했다. 그래서 정신과 환자들을 대상으로 임상시험을 실시했고, 얼마 지나지 않아 이프로니아지드iproniazid라는 결핵약이 우울증 치료에 효과적일 수 있다는 증거가 나타나기 시작했다.

레세르핀과 마찬가지로 이프로니아지드도 부작용 때문에 인기가 급락했지만, 그 작용 메커니즘은 우울증을 이해하는 중요한 요소로 작용했다. 1952년 과학자들은 이프로니아지드가 모노아민류MAs(도파민, 노르아드레날린, 아드레날린, 세로토닌을 포함하는 신경전달물질군)를 분해하는 효소를 차단함으로써 시냅스로 방출할 준비가 된 뉴런에서 이러한 화학물질의 수준을 증가시킨다는 사실을 발견했다.

종합해보면, 이 두 약물의 효과와 작용 메커니즘은 간단한 가설을 제시했다. 즉, 뇌의 MA 수치를 낮추면 우울증이 생기고, 높이면 기분이 좋아진다. 항우울증제의 효능을 뒷받침하는 가설은 이렇게 탄생했다. 그 후 몇 년 동안 새로운 항우울제가 개발됨에 따라 이 개념은 힘을 얻었고, 그 작용 메커니즘은 적합한 것처럼 보였다.

예를 들어 삼환계 항우울제tricyclic antidepressants, TCAs는 더 나은 항정신병 약물을 찾다가 발견되었다. TCA는 작용 메커니즘이 복잡하지만, 세로토닌과 노르아드레날린 수치 모두에 영향을 미치므로 이론을 뒷받침할 수는 있다.

1960년대에는 특히 세로토닌이 우울증과 관련되어 있다는 연구가 득세했다. 예컨대 자살로 생을 마감한 우울증 환자는 뇌의 일부에서 세로토닌의 농도가 낮은 것으로 나타났다. 제약회사 일라이 릴리Eli Lilly는 다른 신경전달물질에 영향을 미치지 않으면서 뇌의 세로토닌을 증가시키는 방법을 모색하기 시작했다. 1974년에 일라이 릴리는 마침내 성공하여 최초의 선택적 세로토닌 재흡수 억제제SSRI인 플루옥세틴fluoxetine에 대한 보고서를 발표했다. 1988년, 플루옥세틴은 FDA의 승인을 받았으며 푸로작®이라는 상품명으로 출시되었다.

SSRI는 오늘날 가장 일반적인 항우울제다. 이 계열의 약물들은 첫 번째 'S(선택적selective)' 때문에 기분장애 치료에 혁명을 일으켰다. 이것은 세로토닌 하나만을 겨냥하므로, 여러 가지 신경전달물질에 영향을 미치는 약물보다 부작용이 적다는 것을 의미한다.

SSRI의 메커니즘은 적어도 표면적으로는 비교적 간단하게 들린다. 코카인이 도파민에 작용하는 것처럼(3장 참조), SSRI는 세로토닌 수송체serotonin transporter를 차단한다. 이렇게 되면 과도한 세로토닌이 그것을 방출한 뉴런으로 다시 빨려 들어가지 못하는데, 이것은 세로토닌이 방출된 후 훨씬 더 오랫동안 시냅스에 머문다는 의미다. 이것은 이론적으로 항우울 효과를 나타낸다.

SSRI의 성공은 세로토닌이 행복과 연결되어 있고 세로토닌을 증가시키면 우울증을 극복할 수 있다는 생각을 굳건히 했다. 그리하여 세로토닌을 '행복 화학물질'로 간주하는 이론이 탄생했다. 그런데 문득 한 가지 궁금증이 뇌리를 스친다. 만약 세로토닌의 수치를 높임으로써 우울증 증상이 개선된다면, 우울증이 너무 적게 생성된 세로토닌 때문에 발생했음을 의미할까?

모든 증거가 이 이론을 지지하는 것은 아니다. 우울증이 있는 사람들의 뇌에서 세로토닌 수치가 낮아졌다는 직접적 증거는 찾기 어렵다. 일부 연구에서는 우울증 환자의 혈액 및 뇌척수액에서 낮은 수준의 세로토닌 및 관련 화학물질이 발견됐지만, 그렇지 않은 연구도 있다. 그리고 혈액 및 뇌척수액의 수치가 뇌 수치와 반드시 일치하는 것은 아니기 때문에 이러한 결과는 신중하게 해석해야 한다.

이론을 검증하기 위해 연구자들은 뇌의 MA를 고갈시키는 실험에 눈을 돌렸다. 수년에 걸친 많은 연구에서, 건강한 피험자의 MA 수치가 감소해도 우울증이나 기분 저하가 발생하지 않는 것으

우울증, 뇌의 조심스러운 균형

로 밝혀졌다. 사실, MA 고갈이 우울증 환자들의 증상을 반드시 악화시키는 것도 아니다.[13] 따라서 낮은 세로토닌이 기분 저하를 의미한다는 생각은 옳지 않으며, 뭔가 다른 일이 벌어지고 있는 게 틀림없다.

임상 사례를 검토해보면, 일부 우울증 환자들은 세로토닌을 상승시키는 항우울제에 반응하지만 그렇지 않은 환자들도 있다. 그리고 호전되는 사람들의 경우에도 이론과 어긋나는 현상이 발생한다. 왜 그럴까? SSRI를 복용하면 거의 즉시 수송체가 차단되므로 세로토닌 수치가 매우 빠르게 상승해야 한다. 그러나 기분 개선은 일어나더라도 종종 6주 이상 지연된다. 세로토닌을 증가시키면 행복해지고 SSRI가 세로토닌을 그렇게 빨리 증가시킨다면, 왜 사람들은 즉시 기분이 나아지지 않는 걸까? 최신 이론에서는 세로토닌이 우울증에 영향을 미치기는 하지만, 세로토닌 수준과 기분 간의 관련성이 초기 이론에서 가정했던 바와 달리 직접적인 것은 아니라고 주장한다. 세로토닌의 작용 메커니즘을 제대로 이해하려면 세로토닌 뉴런의 해부학을 좀 더 자세히 살펴볼 필요가 있다.

---

**13**  그러나 일부 연구에서는, MA 고갈이 최근 우울증에서 회복한 후 SSRI 약물을 계속 복용하는 사람에게 재발을 초래할 수 있는 것으로 밝혀졌다.

# 오프 스위치

○━○

많은 신경전달물질과 마찬가지로 세로토닌은 뇌에서 방출되는 위치와 수신되는 뉴런에 따라 다른 효과를 나타낼 수 있다. 그 부분적 이유는, 세로토닌 수용체의 종류가 여러 가지이고 저마다 각각 다른 효과를 내기 때문이다. 즉, 세로토닌 수용체는 크게 두 가지로 나뉜다. 첫 번째 수용체는 연결된 뉴런의 뒤쪽에 자리 잡은 뉴런에서 발견되는데, 앞쪽 뉴런으로부터 세로토닌을 받아들일 준비가 되어 있다. 두 번째 수용체는 세로토닌을 방출하는 앞쪽 뉴런에서 발견되며, '자가수용체autoreceptor'라고 부른다. 자가수용체는 세포체, 수상돌기, 축삭 또는 심지어 시냅스의 첫 번째 면에 있기도 하는데, 마지막 것을 '시냅스 전 수용체presynaptic receptor'라고 한다. 자가수용체는 중요한 역할을 수행하며, 그것은 음성 되먹임 고리negative feedback loop를 사용하여 세로토닌 수치가 위험할 정도로 높아지지 않도록 하는 것이다(모든 신경전달물질과 마찬가지로 너무 많은 세로토닌은 정신병 같은 고약한 부작용을 일으킬 수 있다).

이 과정을 따라가보기로 하자. 첫 번째 뉴런에서 전기 신호가 발생한 후 뉴런을 따라 시냅스에 도착하면, 여기서 세로토닌이 방출된다. 방출된 세로토닌 중 상당수는 시냅스를 가로질러 시냅스 후 수용체로 이동하고, 일부는 수송체에 의해 빨려 들어가고, 약간의 세로토닌은 자가수용체로 이동하지만 그것을 활성화시키기에는 불충분하다. 두 번째 뉴런은 신호를 수신하며, 그 메시지를 세 번째

우울증, 뇌의 조심스러운 균형

뉴런으로 송신할 수 있다.

이제 시냅스 전 뉴런의 반복적 활성화 또는 시스템에 발생한 모종의 이상으로 과도한 세로토닌이 방출된다고 상상해보자. 방금 전과 마찬가지로 세로토닌은 시냅스를 가로질러 이동하여 시냅스 후 뉴런을 활성화할 것이다. 그러나 그중 일부는 시냅스 전 뉴런으로 되돌아갈 텐데, 이번에는 양이 많기 때문에 시냅스 전 뉴런의 자가수용체를 활성화할 것이다. 이는 해당 뉴런의 활성을 감소시켜 발화를 억제할 것이므로, 더 이상의 세로토닌이 방출될 수 없다. 세로토닌 수치가 감소하기 시작하면(수송체가 세로토닌을 빨아들여 더 이상 방출되지 않음), 자가수용체가 억제를 멈추고 뉴런은 다시 활성화된다. 이것은 뇌가 세로토닌 수치가 특정 문턱값 이상으로 올라가지 않게 하는 우아한 방법이다.

첨단 스마트 욕조 시스템을 상상해도 좋다. 가상 욕조에는 단순 넘침 방지 배수구가 아니라 너무 높아진 수위를 자동으로 감지하여 수도꼭지를 잠그는 센서가 있다. 이 센서는 욕조가 넘치지 않게 함으로써 물이 낭비되거나 범람하는 것을 방지한다. 만약 욕조의 마개가 뽑혀 수위가 떨어지기 시작하면 수도꼭지가 다시 작동하여 완벽한 수위를 보장할 것이다. 스마트 욕조의 센서는 세로토닌이 너무 많아지면 방출을 중단하고, 수치가 떨어지면 다시 방출되게 하는 자가수용체와 비슷한 역할을 수행한다.

하지만 이 자가수용체에 문제가 생기면 어떻게 될까? 컬럼비아 대학교의 J. 존 만J. John Mann은 이것이 우울증의 문제일 수 있다는 증거를 축적해왔다. 의사들은 여전히 우울증 환자의 뇌는 세로 토닌 수치가 낮고, SSRI가 이를 바로잡는다고 주장하지만, 만은 세로토닌 수준과 우울증 간의 정확한 관계를 밝히고 싶어 했다. 그래서 1980년대에 만은 자살로 생을 마감한 우울증 환자의 뇌를 살펴보기 시작했고, 이를 우울증 없이 사망한 사람들의 뇌와 비교했다. 그 결과 만은 놀라운 사실을 발견했다. 그가 내게 말했다. "그들은 세로토닌 뉴런이 부족하지 않아요. 세로토닌을 만드는 효소가 부족한 것도 아니에요. 실제로 정반대예요. 뉴런과 효소를 더 많이 가지고 있어요. 심지어 뉴런 바로 안쪽의 세로토닌 수준을 측정했을 때도, 세포체에 세로토닌이 넘쳐났어요."

그곳에서 무슨 일이 벌어지는지 알아보기 위해, 만은 세로토닌 수용체를 살펴보기 시작했다. 우울증을 앓은 사람들의 사후 뇌에서 세로토닌 자가수용체가 더 많다는 사실을 발견한 만은 살아 있는 환자의 뇌 영상 연구를 추적하여 이를 재확인했다. 흥미롭게도 환자들이 우울증에서 회복된 후에도 높은 수준의 자가수용체가 유지되었다. 사실 만의 팀은 자가수용체 수가 우울증의 지표일 수 있음을 밝혔다. 만은 우울증 환자의 자녀들을 연구했는데, 당시에는 모두 건강했지만 우울증에 걸릴 위험이 높았고, 자가수용체가 가장 많은 자녀들이 나중에 우울증에 걸릴 가능성이 가장 높은 것으로 나타났다. 이것은 우울증의 유전 가능성을 설명하는 메커니즘처럼 보일 수 있다. 많은 자가수용체를 가지고 태어난 사람일수록 더 큰 위험에 처하게 된다. 그러나 평생 동안 더 많은 자가수용체가 생겨

우울증, 뇌의 조심스러운 균형

날 수도 있으므로, 대부분의 사람에게 우울증을 유발하는 것은 유전자와 환경의 조합일 가능성이 높다.

그러나 이 모든 것이 자가수용체의 수가 많을수록 우울증에 걸릴 위험이 증가하는 이유를 설명할 수는 없었기 때문에, 만은 그 메커니즘을 제대로 이해하기 위해 생쥐를 이용한 연구로 눈을 돌렸다. 만과 동료들은 다량의 자가수용체를 가진 GM 생쥐(유전자조작 생쥐)를 만든 다음, 무슨 일이 일어나는지 관찰했다. 그 결과 GM 생쥐에서 소량의 세로토닌이 방출되더라도 자가수용체가 활성화되어, 그 결과로 뉴런이 차단되고 더 이상의 세로토닌 방출은 억제되었다.

그건 마치 스마트 욕조 전체에 수많은 자동 차단 센서가 설치돼 있는 것과 같다. 이때 탱크 안에 얼마나 많은 온수가 대기하고 있는지는 중요하지 않다. 욕조를 작동하려고 할 때마다 센서가 즉시 수도꼭지를 잠가서 욕조는 절대 가득 차지 않을 것이기 때문이다.

만의 GM 생쥐는 세로토닌 뉴런의 발화율firing rate이 낮고 신경전달물질의 방출량이 감소한 것으로 밝혀졌다. 또한 생쥐 버전의 우울증에 비교적 취약한 것으로 나타났다.[14] 만의 설명에 따르면, 뇌는 이러한 방출 부족을 보상하기 위해 세포 내부의 세로토닌을

---

**14** 생쥐가 우울증에 걸렸는지 여부를 테스트하는 방법은 다양하다. 이전에 충격과 연관됐던 소리를 들으면 우울증에 걸린 생쥐는 더 오랫동안 얼어붙을 수 있다. 물속에 넣으면 탈출하려 하지 않고 그냥 떠다니며 구조되기를 기다릴 수 있다. 달콤한 맛, 심지어 보상 관련 뇌 자극에 대한 선호를 잃기도 한다. 생쥐의 불안증을 측정할 수도 있는데, 미로의 폐쇄된 영역과 개방된 영역 중 하나를 선택하게 하면 불안한 생쥐는 평범한 생쥐만큼 탐색하지 않으며 폐쇄된 영역에서 더 많은 시간을 보낼 것이다.

증가시키지만, 아무 소용이 없다. "요컨대, 자가수용체가 계속 발화를 차단하기 때문에, 세포 속에 세로토닌이 아무리 많아도 시냅스 간극으로 방출될 수 없어요. 그러니 사실상 세로토닌 결핍이 발생하는 거죠."

이 이론이 흥미로운 이유는, 우울증 치료의 큰 미스터리인 SSRI가 작동하는 데 걸리는 시간이 왜 그렇게 긴지를 설명하기 때문이다. 시궁쥐를 대상으로 한 연구에서 SSRI는 처음에 세로토닌 뉴런의 발화를 감소시키는 것으로 나타났는데, 이는 만의 발견과 부합한다. SSRI는 세로토닌의 재흡수를 차단하므로 시냅스에 더 많은 세로토닌이 존재하게 될 텐데, 이것들이 시냅스 전 뉴런으로 되돌아가 자가수용체를 활성화함으로써 뉴런을 더 빨리 차단할 것이다. 그러나 고농도의 약물에 반격을 가하는 약물 사용자의 뇌와 마찬가지로(3장 참조), 우울증 환자의 뇌도 고농도의 세로토닌에 반격을 가한다. SSRI를 몇 주 동안 복용하면 자가수용체는 덜 민감해지고, 심지어 개수가 감소한다. 이로써 뉴런이 다시 발화하기 시작하고 세로토닌 방출이 증가한다. 2013년 인간을 대상으로 한 연구에서, SSRI로 7주간 치료받는 동안 환자의 자가수용체가 18퍼센트 감소한 것으로 나타났다.

결국 세로토닌 가설이 옳았을까? 우울증 환자들은 세로토닌 수준이 감소했지만, 세로토닌 재흡수 차단만으로는 충분하지 않았다. 그에 더하여, 세로토닌 수치가 상승하고 기분이 개선되려면 자가수용체의 둔감화 및 개수 감소라는 느린 메커니즘이 필요했다. 자가

우울증, 뇌의 조심스러운 균형

수용체는 확실히 퍼즐의 한 조각인 것 같다. 그것은 또한 건강한 사람들의 기분에 중요하게 작용할 수 있다. 연구에 따르면 자가수용체를 변화시키는 유전자를 가진 사람은 신경증이 증가하고 자존감이 떨어지는 경향이 있으며, 사회적으로 더 내향적이고 친구가 적다. 또한 우울증에 걸릴 위험이 더 높다. 어쩌면 세로토닌은 정말로 '행복 호르몬'일지도 모른다.

## 항상 인생의 밝은 면을 보라

신경과학자와 약리학자가 SSRI가 뇌의 세로토닌 수치를 어떻게 변화시키는지를 연구하는 동안, 심리학자와 정신과 의사도 SSRI가 증상을 개선하는지 여부에 주로 초점을 맞춰왔다. 이것은 퍼즐에 하나의 누락된 연결고리를 남겼다. SSRI가 일부 사람들의 기분 향상에 도움이 되는 이유는 무엇일까? 이것은 심리학과 신경과학 연구의 가장 큰 쟁점 중 하나이며 내가 이 책을 쓰면서 반복적으로 마주쳤던 장벽을 단적으로 드러낸다. 사실, 분자의 변화를 행동으로 번역하는 것과 하나의 요소가 다른 요소를 초래하는 과정을 이해하는 것은 까다롭다. 그러나 옥스퍼드 대학교 부설 정신약리학 및 감정 연구소PERL의 책임자인 캐서린 하머Catherine Harmer는 그런 장벽에 굴복하지 않았다. 그녀는 내게 다음과 같이 말했다.

제가 연구를 시작할 때만 해도 대부분의 연구가 다른 분야를 넘나들지 않았어요. 분야가 다른 사람들 간에 제대로 된 소통이 부족했지요. 그래서 저는 이런 다양한 요소가 서로 어떻게 관련되어 있는지, 그리고 SSRI, 보다 일반적으로는 항우울제가 실제로 어떻게 우울증 증상을 개선하는지 알고 싶어졌지요. 그들의 설명에는 누락된 부분이 있는 것 같았으니까요. 왜, 뇌의 세로토닌 수치가 상승할 때 사람들은 기분이 좋아질까요?

이 문제를 해결하기 위해, 하머는 SSRI가 건강한 지원자와 우울증 환자에게 미치는 영향을 조사함으로써 SSRI가 세상을 바라보는 시각을 바꾸는 메커니즘을 알아냈다. 그녀가 참가자에게 사람들의 얼굴 사진을 보여줬더니, 건강한 참가자는 주로 행복한 표정을 짓는 사람들에게 초점을 맞추는 반면, 우울증을 앓는 사람은 차도가 있을 때조차도 슬픈 표정의 얼굴에 더 많은 시간을 할애했다. 그들은 또한 얼굴을 다르게 해석했다. 모호한 표정을 보여주자, 건강한 대조군은 그것을 행복하다고 여기는 경향이 있었고, 우울증 환자들은 슬프다고 생각할 가능성이 상당히 높았다. 다른 영역에서도 마찬가지였다. 예컨대 우울증 환자들은 단어 목록에서 부정적 단어를 기억할 가능성이 더 높았지만, 대조군은 긍정적 단어를 기억할 가능성이 더 높았다.

하머의 발견이 보여준 것은 우울증 환자들이 부정적 편향negative biad을 가지고 있다는 사실이다. 우울증을 앓는 사람은 자신이 경험하는 것 중에서 좋은 것보다는 나쁜 것을 알아차리고 기억할 가능성이 더 높다. 이는 그들의 기분 저하의 원인이거나, 적어도 그것을 유지하는 데 기여할 것이다. 또한 다른 사람들과의 상호작용이 대부분 부정적으로 인식되면 반복될 가능성이 낮아지므로, 모임을 회피하려는 심리가 조장될 수도 있다. 고립이 증가하면 우울증이 악화되므로 이러한 심리는 문제를 강화하기도 한다.

다음으로 하머는 임상 연구원인 베아타 고들레프스카Beata Godlewska와 함께 우울증 환자에게 SSRI를 투여하여 뇌 속 세로토닌 수치를 높인 다음 동일한 과제를 다시 부여했다. 그리고 그녀는 즉각적인 차이를 발견했다. SSRI를 투여받은 우울증 환자들은 행복한 표정을 더 잘 인식하고, 긍정적 단어를 더 쉽게 기억했다. 그들의 부정적 편향이 바뀐 것이다. 하머의 결과에서 특히 흥미로운 점은 신속한 변화다. 단언컨대 인식 변화는 개인이 항우울제의 효과를 알아차리기 훨씬 전에 나타났고, 어떤 경우에는 한 번 치료받은 후에 나타났다(환자들의 기분이 좋아질 때까지 걸리는 시간이 종종 6주 정도라는 것을 기억하라). 이것은 인식 변화가 증상 호전의 징후일 수 있음을 의미한다. 하머는 다음과 같이 설명한다.

세로토닌 수치를 높이면 우울증 환자의 기분이 즉시 나아지는 것은 아니지만, 주변 환경에서 더욱 긍정적인 방식으로 정보를 수집하게 되죠. 그들은 주관적인 수준에서 그것을 알아차리지 못하기 때문에 긍정적 느낌을 보고하지 않지만 여전히 긍정적 정보를 수집하고 있어요. 그리하여 시간이 지남에 따라 삶에서 일어나는 일들을 경험하고 그와 상호작용함으로써, 삶의 편린들이 자신의 기분을 좋게 해줄 거라고 기대할 거예요. 요컨대 세로토닌은 기분에 직접적으로 영향을 미치지 않고, 감정 처리 방식을 바꿈으로써 기분에 간접적으로 영향을 미치죠. 변화의 결과물로부터 배우려면 시간이 필요하니까요.

편도체 활성화가 중요한 것은 바로 이 부분이다. 편도체는 생존에 긴요할 수 있는 모든 환경 요인에 반응한다. 이러한 요인들은 긍정적일 수도 있지만 종종 부정적이다. 예컨대 (상상 속의) 대형 상어처럼 공포감을 자아내는 것이다. 또한 하머와 고들레프스카는 참가자들의 뇌를 영상화하여, 7일간 SSRI를 투여받은 우울증 환자들에서 무서운 얼굴에 대응한 편도체의 활성화가 감소했음을 발견했다. 세로토닌 상승제를 사용하면 편도체가 부정적 사건에 덜 민감해져 우울증 환자가 긍정적 일에 더 집중할 수 있게 되는 것 같다. 이는 반응적 변연계와 (감정적 반응을 억제할 수 있는) 보다 합리적인 전전두 영역 사이의 불균형이 기분장애를 초래한다는 생각과 일치한다.

따라서 변연계에 의해 제어되는 감정이 장기간에 걸쳐 기분에 영향을 미치는 것 같다. 삶의 긍정적인 면에 집중하면 행복감을 느끼지만, 우리의 뇌가 부정적인 면에 집중할 수밖에 없는 상태라면 기분장애가 발생할 수 있다. 이것은 우리의 기분이 기대와 경험의 조합에 기반한다는 이론과 들어맞는다. 좋은 일이 일어났고 좋은 일을 더 많이 기대할수록 우리는 기분이 좋아질 것이다. 반대로,

우울증, 뇌의 조심스러운 균형

나쁜 경험을 많이 하고 나쁜 일을 기대할수록 기분은 더 나빠질 것이다. 이것은 건강한 사람들의 기분뿐만 아니라 우울증도 설명하기 때문에 흥미로운 아이디어다. 나쁜 일이 많이 일어날수록 우울증에 걸릴 위험이 더 커진다고 할 수 있다. 그러나 개인마다 미래를 어떻게 바라보는가에 따라 다르게 반응할 수 있기 때문에 천편일률적인 답은 없다.

흥미롭게도 기분이 좋을 때 사건을 더 긍정적으로 경험한다는 점을 감안하면 자기강화self-reinforcing라는 요인이 작용하는 것 같다. 이것은 우울증을 극복하기가 왜 그렇게 어려운지를 설명해준다. 하머의 연구에서처럼 일단 기분이 저하되면 중립적 사건을 부정적인 일로 경험할 가능성이 높으며, 이로 인해 기분이 더 나빠질 것이다. 우리 대부분은 스스로 두려움에서 벗어날 수 있지만 우울증에 걸릴 위험이 있는 사람들의 경우 뇌에 있는 뭔가가 이를 더 어렵게 만드는 것 같다.

SSRI는 사람들이 이러한 악순환에서 벗어나도록 돕는 방법일 수 있지만, 주지하는 바와 같이 모두에게 효과가 있는 것은 아니다. 하머가 발견한 바에 따르면, 누구나 항우울제를 한두 번 복용한 후 감정 처리 과정에서 이런 변화를 겪는 것은 아니며, 장기적으로 약물에 반응하지 않는 사람도 있다. 이것은 임상적으로 매우 중요한 발견이다. 현재 의사들은 환자의 약 3분의 1만이 처음 시도하는 항우울제에 반응한다는 것을 알고 있지만, 6주 동안 약을 복용하기 전에는 누가 반응하고 누가 반응하지 않을지 분간할 방법이 없다.

첫 번째 항우울제가 작동하지 않으면 의사들은 두 번째 항우울제를 투여하고 6주를 더 기다린다. 이러한 사이클은 잘 작동하는 항우울제를 찾아내거나 더는 선택의 여지가 없을 때까지 계속된다. 이는 효과적인 치료제가 발견될 때까지 종종 수개월까지 시행착오를 겪을 수 있음을 의미하는데, 심각한 우울증 환자에게 수개월은 너무 긴 시간이다. 하머의 연구 결과는 솔깃한 대안을 제시한다. 그 내용인즉, 우울증 환자에게 항우울제를 한두 번 투여한 후 그녀의 연구에 쓰인 검사 방법을 사용하여 약효가 있는지 여부를 즉시 감별할 수 있다는 것이다. 그렇게 되면 의사들은 올바른 치료제를 훨씬 더 빨리 찾아낼 수 있고, 환자들은 훨씬 더 신속히 회복할 수 있다. 그리고 이는 환자의 삶의 질을 크게 변화시킬 것이다.

일부 우울증 환자들이 SSRI 치료에 반응하지 않는 이유는 아직도 오리무중이지만, 하머는 몇 가지 납득할 만한 설명이 가능하다고 생각한다. 첫째, 그녀는 환경을 중요한 회복 요인으로 간주한다. "우울하면 매우 고립되죠. 설사 다른 사람으로부터 긍정적 메시지를 받을 수 있는 상태에 있더라도 그들을 만나지 않는다면 받을 수가 없어요. 또는 극도로 유독하고 부정적인 환경에서는 긍정적 메시지를 전혀 받지 못할 수도 있어요."

SSRI를 복용하는 사람은 사회적 만남에서 이전에 보았던 부정적인 면보다 긍정적인 면을 더 잘 포착할 수 있다. 시간이 경과하면서 이것은 반복적 만남을 독려함으로써 우울증의 소용돌이에서 벗어나도록 돕는다. 그러나 그들에게 허용된 유일한 사회적 상호작용이 극도로 부정적이라면(예컨대 학대적 관계나 유독한 작업 환경에 처해 있을 때) 긍정적인 면이 전혀 감지되지 않을 텐데, 그런 상황에서는 세상의 어떤 SSRI도 좋은 것을 찾도록 도와줄 수 없을 것이다. 우울증 치료가 다단계 과정이며, 환경 변화가 약물요법만큼 중요한 것은 바로 이 때문이다. 인지행동요법cognitive behavioural therapy도 사람들이 자신의 사고방식에 도전하고 변화하도록 돕는 역할을 할 수 있으며, 이는 약물요법과 인지행동요법을 병행하는 것이 단일요법보다 성공적인 이유다.

일부 우울증 환자가 세로토닌 상승제에 반응하지 않는 현상에 대한 또 다른 설명은 간단하다. 세로토닌 수치가 낮지 않은 환자들도 있을 수 있다는 것이다. 하머는 우울증이 여러 가지 이유로 발생할 수 있으며 각각 다른 생물학적 기반을 가질 수 있다고 믿는다. 따라서 SSRI로 모든 우울증 환자를 치료하는 일은 콧물을 흘리는 사람에게 똑같이 항알레르기제를 처방하는 것과 같다. 콧물의 원인이 꽃가루 알레르기라면 항알레르기제가 도움이 되겠지만 감기 바이러스라면 아무 소용이 없다. 근본 원인을 찾으면 더욱 맞춤화된 치료가 가능하며, 의사들이 더욱 효율적인 방식으로 환자를 치료할 수 있을 것이다.

# 지평선 위의 희망

○─○

물론 SSRI가 왜 그렇게 더디게 작동하는지를 설명하는 다른 이론도 있다. 그중 하나는 세로토닌이 신경전달물질이 아니라 새로운 뉴런의 발생(이것을 신경발생neurogenesis이라고 한다)을 촉진하는 성장인자로 작용한다는 것이다.

우리가 알기로, 생쥐의 만성 스트레스는 해마의 한 영역의 뉴런 손실로 이어지고, SSRI가 이러한 손실을 방지할 수 있다. 그리고 인간의 경우 치료받지 않은 우울증 환자는 해마의 동일한 영역이 위축되지만, 항우울제 복용 환자들은 그렇지 않다. 이것은 항우울제가 뉴런의 사멸을 막거나 심지어 발생량을 증가시킨다는 의미다.

해마는 감정과 기억을 연결하는 데 관여하므로 이 영역이 위축되면 정서적 문제가 생길 수 있다. 세로토닌 상승제의 효능이 지연되는 현상은 신경발생을 촉진하거나 해마의 기능을 복구하는 역할에 기인할 수 있다. 또는 어쩌면 둘의 조합일 수 있다. 뇌라는 믿을 수 없을 정도로 복잡한 시스템에서 충분히 가능성이 있는 이야기다.

신경발생과 관련된 다른 뇌 화학물질도 우울증에 연루되어 있다. 그중 하나는 뉴런의 성장을 촉진하는 단백질인 뇌유래신경영양인자Brain Derived Neurotrophic Factor, BDNF인데, 우울증 환자는 BDNF 수치가 비교적 낮은 것으로 밝혀졌다. SSRI로 치료하면 BDNF 수치가 정상으로 회복되고, 운동도 BDNF 수치를 높일 수 있어 항우울제의 효과를 설명할 수 있다.

우울증, 뇌의 조심스러운 균형

이것은 또 다른 질문으로 이어진다. 우울증 환자들의 신경발생을 직접 겨냥함으로써 더 빨리 회복하도록 도울 수 있을까? 이것은 케타민ketamine을 사용한 치료의 목표인 것처럼 보이는데, 정말 흥미로운 연구 분야다. 수의사들이 사용하는 마취제나 파티 약물로 더 잘 알려진 케타민은 글루탐산염 수용체에 작용하며 (과도한 글루탐산염의 독성 효과와 관련된 것으로 보이는) 뇌의 특정 수용체를 차단한다. 그와 동시에 케타민은 더 많은 글루탐산염의 방출을 촉진하는데, 차단된 수용체에 결합할 수 없는 과량의 흥분성 신경전달물질은 다른 수용체에 결합하여 해마의 신경발생을 촉진한다. 놀랍게도 케타민은 심각한 우울증 환자의 기분을 단 2시간 만에 개선할 수 있다. 그러나 기억력 감퇴를 포함한 부작용이 있을 수 있으며, 고용량을 투여한 일부 사람들은 남용하기도 한다. 또한 중독 가능성이 있으므로(3장 참조), 임상에서 사용할 때 효과적일 뿐만 아니라 안전하고 중독성이 없음을 증명하려면 더 많은 연구가 필요하다.

GABA(2장에서 만난 감마아미노부티르산)도 우울증에 영향을 미친다. 이 뇌 화학물질은 신경 활동을 감소시키는데, 글루탐산염 수준에 비해 너무 적으면 불안을 유발할 수 있다. 케타민은 (우울증에 도움이 되는) 항경련제antiepileptic drug와 마찬가지로 GABA의 수치를 높인다. 그리고 건강한 사람의 경우 요가가 시상thalamus에서 GABA 수치를 증가시키는 것으로 밝혀졌는데, 이는 스트레스 감소 및 기분 개선과 관련 있다.

우울증에 영향을 미치는 것으로 보이는 또 다른 요인은 염증이다. 3장에서 살펴본 바와 같이, 염증 촉진 사이토카인이라는 메신저 분자의 혈중 농도가 증가하면 혈액과 혈뇌장벽을 통과하여 '질병 행동sickness behaviour'을 유발할 가능성이 있다. 이것은 부상이나 감염이 있는 경우에는 이치에 맞지만, 장기간 지속되면 더 이상 유익하지 않다. 우울증의 경우 높은 수준의 사이토카인이 지속되어, 환자가 이러한 질병 행동에서 헤어나지 못할 수 있다. 환자들은 계속해서 잠을 많이 자고, 정상적인 사회적 상호작용을 회피하고, 이전에 좋아했던 활동을 즐기지 않는데, 이 모든 것은 급성 및 만성 우울증의 증상이다.

연구에 따르면 우울증 환자의 혈액과 뇌척수액, 그리고 자살로 사망한 사람의 뇌에서 비교적 높은 수준의 염증 표지자inflammatory marker가 검출되었다. 이러한 높은 수준의 사이토카인은 우울증을 앓는 건강한 사람의 약 4분의 1에서 발견되지만, 흥미롭게도 SSRI를 비롯한 항우울제에 반응하지 않는 사람들에게 더 흔하다. 더 직접적인 증거도 있다. 사람들에게 염증을 증가시키는 약물을 투여하면 우울증에 걸릴 위험이 더 높아지며, 자가면역질환(광범위한 염증과 관련된다) 환자에게서 사이토카인을 억제하면 우울증 증상을 줄일 수 있다.

생화학적 관점에서 볼 때, 높은 수준의 염증은 신체가 세로토닌을 만드는 데 필요한 트립토판tryptophan이라는 분자의 분해를 촉진한다는 증거가 있다. 이것으로 SSRI가 이 집단에서 작동하지 않는 이유를 설명할 수 있다. 세로토닌이 부족할 경우, 그것의 재흡수를 차단해봤자 큰 효과가 없기 때문이다. 존 살라몬이 조사한 바와 같이 도파민과의 연관성도 있으므로(3장 참조), 염증이 있는 우울증 환자들은 세로토닌 수치가 아니라 도파민 수치를 높이는 게 중요하다.

## 삶의 균형 잡기

내가 보기에 우울증을 질병으로 생각하고 단일 원인을 찾는 것이 문제의 원인인 듯하다. 이런 사고방식은 디프테리아 같은 질병에는 적당하다. 세균이 디프테리아를 초래한다는 사실을 알아낸 과학자들은 치료용 항생제와 예방용 백신을 개발했다. 그러나 우울증은 질병이라기보다는 증상이며, 이를테면 통증에 더 가까울지도 모른다. 다리 통증 때문에 병원을 방문하면 의사는 증상을 치료하기 위해 진통제를 처방한다. 그리고 진통제는 효과를 발휘할 것이다. 하지만 그렇다고 해서 모르핀 결핍이 통증의 원인이라고 할 수는 없다. 다리가 부러졌거나 근육이 손상됐을 수도 있다. 아니면 정강이에 커다란 유리 파편이 박혀 있을지도 모른다.

그와 마찬가지로 우울증은 세 가지 뚜렷한 유형으로 나뉘는데, 첫 번째는 세로토닌 분비량 부족, 두 번째는 염증, 세 번째는 과도한 스트레스 반응에 의해 매개된다. 개별 환자가 셋 중 어디에 해당하는지 감별할 수 있을 때까지, 증상만 가라앉히는 게 아니라 원인을 해결하는 치료법을 개발하는 것은 어려울 것이다. 과학자들은 환자를 감별하는 데 총력을 기울이고 있으며, 초기 결과는 가능성을 보여준다. 예를 들어, 킹스 칼리지 런던의 안나마리아 카타네오Annamaria Cattaneo는 최근 연구에서 혈액 검사를 통해 염증 수준을 측정함으로써, 환자가 전통적 항우울제에 반응할 확률을 계산할 수 있다고 보고했다. 그러나 이러한 발견을 임상에 적용하려면 아직 갈 길이 멀다.

뇌에 대해 더 많이 알수록 우리는 뇌가 얼마나 상호 연결되어 있는지, 그리고 한 곳의 변화가 어떻게 다른 곳에 연쇄적으로 영향을 미칠 수 있는지를 깨닫게 된다. 그래서 또 다른 생각은, 세 가지 설명이 모두 타당하고 이들의 어떤 조합도 우울증을 유발하기에 충분하다는 것이다. 그러나 세 요인이 모두 상호 연관되어 있을 가능성이 농후하다. 예를 들어, 우리는 스트레스를 받을 때 방출되는 코르티솔이 염증을 촉진한다는 것을 알고 있다. 또한 이것은 코르티솔의 직접적인 신경 독성과 함께 신경발생에 연쇄적으로 영향을 미칠 수 있다. 염증 자체가 더 많은 스트레스를 유발함으로써 강력한 되먹임 고리를 형성할 수도 있다.

우울증의 복잡성을 다면적 상태multifaceted condition로 바라볼 때, 심리학적 미스터리 몇 가지를 설명하는 힌트를 얻을 수 있다. 우울증은 종종 삶의 사건에 의해 유발되지만 A에게 문제를 일으킨 사건을 B는 아무런 문제 없이 처리한다. 이러한 차이는 삶의 모든 지점에서의 변화에 기인할 수 있다. 어쩌면 A는 세상을 매우 부정적인 시각으로 보기 때문에 뭔가를 더 위협적으로 인식할 수도 있고,

어린 시절의 트라우마로 과도한 스트레스 반응을 나타낼 수도 있다. 둘 중 하나(또는 둘 다)는 더 많은 코르티솔을 생성할 수 있고, 이는 연쇄반응을 통해 우울증으로 귀결될 수 있다. B는 운 좋게도 세로토닌 자가수용체 수가 적음을 의미하는 유전적 변이를 가지고 태어나, 세로토닌의 방출량 변화에 휘둘리지 않을 수 있다. 아니면 A가 생활 습관이나 질병으로 초래된 만성 염증에 시달리고 있을 수도 있다. 이유 또는 이유의 조합이 무엇이든 결과는 동일하다. 바로 우울증이다.

그러나 이러한 장애에 대해 배우면 일반 대중의 기분을 더 잘 이해할 수 있을까? 정신질환을 척도의 한쪽 끝으로 간주하는 경향이 점점 더 보편화되고 있다. 예컨대 자폐증을 생각해보자. 한때는 별개의 질병으로 생각됐지만, 지금은 모든 사람이 자폐증 관련 특성traits associated with autism의 스펙트럼상 어딘가에 속한다고 본다. 만약 스펙트럼상에서 일상생활에 지장을 줄 정도의 수준에 도달했다면 장애로 진단받는다. 조현병도 마찬가지다. 보통 사람들 중에는 특이한 신념을 갖고 있어서 조현병 측정에서 비교적 높은 점수를 받지만, 이런 신념이 문제가 될 때까지는 진단이 내려지지 않는다. 우울증도 비슷할 수 있을까? 우리 모두는 우울증 척도의 어딘가에 있으며, 우울증의 기저에 있는 메커니즘이 건강한 인구 내에서 인생관의 차이를 뒷받침할 수 있을까? 이것은 확실히 매력적인 아이디어다. 우리 모두는 오뚝이처럼 즉시 일어나는 사람들과 아주 작은 걸림돌에도 넘어져 일어나지 못하는 사람들을 알고 있다. 나는 하머에게 이것이 사실일 수 있는지 물었다.

우울증은 종종 스펙트럼상의 한 점으로 여겨져요. 얼마간의 증상이 있는 것은 정상이지만, 증상이 더 심각한 수준에 도달해 삶에 부정적 영향을 미칠 때만 장애의 '기준'에 해당하는 것으로 간주하죠. 우리 모두가 우울증에 대한 다양한 수준의 취약성을 가진 것도 사실이지만, 인생에서 일어나는 다른 일들, 아마도 삶의 스트레스, 염증, 또는 질병과 관련될 때만 우울증으로 발전하겠죠.

그녀는 또한 우울증 환자에 대한 자신의 연구가 일반 대중에게 적용될 수 있다고 믿는다. "인지 처리가 우울증의 취약성을 발현시킨다고 저는 판단해요. 우리 모두는 다양한 수준의 긍정적·부정적 편향을 갖고 있는데, 이것이 스트레스 등과 결합할 경우 과장되거나 부정적 결과를 초래할 수 있어요." 하머의 연구가 이렇다면, 이 장에서 논의한 나머지 연구도 마찬가지라고 생각하는 것이 합리적이지 않을까? 우울증 네트워크의 어느 지점에서든, 각종 변화는 우리 중 일부가 평정심을 회복하고 다른 일부는 (비록 임상적으로 우울하지 않더라도) 기분이 저하되는 데 기여할 수 있다. '상호작용하는 특성들' 간의 이처럼 복잡한 조합은 우리의 기분이 날씨에서부터 얼마나 잘 잤는지에 이르기까지 모든 종류의 요인에 쉽게 좌우되는 이유를 설명해준다. 우리 뇌는 조심스럽게 균형을 잡고 있으며, 작은 변화가 어떤 사람들에게는 큰 결과를 가져오기도 한다.

이 장에서 우리가 배운 것을 돌이켜 생각해보니, 문득 '내 뇌와 몸이 어떻게 반응하는지 알게 된 지금, 상어와 함께 두려움 없이 헤엄칠 수 있을까?'라는 궁금증이 생긴다. 그리고 아마도 더 중요한 건 이런 것이다. 감정을 더 잘 제어하고 더 행복하고 건강한 삶을 영위하기 위해 우리 모두가 사용할 수 있는 과학적 기법이 존재할까? 내가 스트레스에 대해 글을 쓰면서 발견한 몇 가지 기법이 있는데, 많은 경우 일상생활에서 스트레스를 관리하는 것이 장기적인 행복에 연쇄적인 영향을 미친다는 것이다.

첫째, 충분한 수면이 중요하다. 5장에서 살펴보겠지만, 수면 부족은 정서적 반응성을 증가시킴으로써 인지 기능뿐만 아니라 기분에도 부정적 영향을 미친다. 이완 기법은 수면과 기분을 개선하는 데 매우 유용하다. 심호흡은 코르티솔 수치와 심박 수를 감소시키는 것으로 나타났으며, 호흡과 현재의 순간에 집중하는 경향이 있는 명상, 요가, 태극권도 스트레스를 줄이고 기분을 개선하는 데 효과적일 수 있다.

오랫동안 알려진 기분 향상법 중 하나는 운동이다. 정확한 메커니즘은 알 수 없지만, 동물 연구에서 운동은 뇌를 건강하게 유지하는 데 도움이 되는 BDNF와 같은 성장인자를 증가시키는 것으로 나타났다. 운동은 또한 세로토닌과 도파민을 비롯한 여러 가지 뇌 화학물질의 수치를 변경함으로써 기분 향상에 기여한다.[15]

또 다른 유용한 기법은 감사다. 일기를 쓰든, 애정 어린 선행을 실천하든, 명상을 하든, 긴 하루를 마치고 하루 동안 받은 축복을 반추하든 삶의 긍정적인 면에 초점을 맞추는 것이 건강 및 기분 향상에 도움이 된다는 증거가 늘어나고 있다. 그러나 여기서 핵심 단어를 하나 고른다면 실천이다. 내가 방금 언급한 단어 중 상당수는 즉시 작동하지 않는다. 그러나 꾸준히 실천한다면 긍정적인 면에 집중하고 스트레스에 더 탄력적으로 대처하도록 뇌를 훈련할 수 있다.

---

**15** 흥미롭게도, 뇌 엔도르핀 증가가 '러너스 하이'를 유발한다는 아이디어는 널리 퍼져 있음에도 증거가 제한적이다. 엔도르핀이 모종의 역할을 한다는 설은 납득할 만하지만, 이 아편유사제가 많은 사람이 운동 후 좋은 기분을 느끼도록 만든다는 직접적인 연구는 충분하지 않다.

CHAPTER

5

# 수면,

## 뇌를 둘러싼 최대의 미스터리

BRAIN CHEMISTRY

인간이 제 기능을 발휘하려면 필요한 것들이 있다. 음식과 물, 쉼터, 난방 그리고 아마도 가장 중요한 것은 강력한 와이파이 연결일 것이다. 그러나 마찬가지로 기본적이지만 종종 간과되는 욕구가 하나 있으니, 바로 수면이다. 수면 박탈sleep deprivation이 수백 년 동안 고문의 한 형태로 이용된 것만 봐도 수면이 얼마나 중요한지 능히 짐작할 수 있다.[1] 하지만 우리 중 많은 이가 그것이 우리 몸에 어떤 피해를 주는지 깨닫지 못한 채 평생 수면 부족을 겪는다.

급성 수면 부족의 영향은 상당히 명백하다. 만약 다음 날 마감

---

[1] 이것은 단지 역사적인 방법이 아니다. 수면 박탈은 미군이 관타나모 수용소 등의 수감자들에게 사용한 '강화된 심문 기술'의 하나였다.

인 에세이를 완성하기 위해 밤을 새웠거나, 우는 아기와 함께 몇 시간 동안 깨어 있었거나, 아침에 일이 있는데 파티에 너무 오래 머물렀다면, 당신은 그 효과를 제대로 느꼈을 것이다. 다음 날은 아마도 흐릿하고 몽롱했을 터다. 당신은 투덜대거나 눈물을 흘렸을 수도 있고, 간단한 작업을 끝내지 못하고 쩔쩔매거나 웬만하면 쉽게 기억할 수 있는 정보를 기억하려고 애썼을 수도 있다. 어쩌면 평소보다 더 배가 고파, 기운을 차리기 위해 달달한 과자와 카페인에 손을 뻗었을지도 모른다. 그리고 장담하건대, 눈꺼풀이 처지고 평소보다 하품을 자주 하는 등 피곤함을 느꼈을 것이다. 이 모든 효과는 충분한 수면을 취하지 않았을 때 발생하는 뇌의 화학적 변화에 기인한다.

장기적 수면 부족은 어떨까? 평균적인 성인은 하루에 7~9시간 자야 한다. 지속적으로 이보다 적게 자는 것을 '수면 부채' 상태에 있다고 한다. 몇 주나 몇 달 동안 상환하지 않는다면 아무리 적은 빚이라도 누적되어 일상생활에 영향을 미치기 시작할 것이다. 사실, 습관적으로 충분한 수면을 취하지 않으면 면역계가 약화되어 질병에 걸릴 위험이 더 높아진다.

그렇다면 하루에 4~6시간씩만 자도 끄떡없다고 주장하는 사람들은 어떨까? 십중팔구 그들은 자신을 속이고 있는 것이다. 캘리포니아 대학교의 푸잉후이傅英惠가 이끄는 연구팀은 최근, 사람들이 잠을 거의 자지 않아도 잘 기능할 수 있게 해주는 몇 가지 유전적 변이(속칭 엘리트 수면 유전자)를 발견했다. 불행하게도 그것들은 매우 희귀하므로, 실제로 그런 유전자 중 하나를 갖는 것보다 번개에 맞을 확률이 더 높다.

　지금까지 말한 것은 어디까지나 원칙론이며, 모든 사람이 원하는 시간에 원하는 만큼 수면을 취할 수 있는 것은 아니다. 나로 말하자면, 특별히 잠을 잘 잔 적이 없다. 아기였을 때 낮잠을 좋아하지 않았고, 부모님은 종종 나를 재우기 위해 몇 시간 동안 차를 몰고 다녀야 했다. 어린 시절에는 조건만 맞으면 잘 잤다. 조용한 침실에서, 암막 커튼과 나만의 침대가 있으면 아무 문제 없이 잠들 수 있었으니 말이다. 하지만 슬립오버sleepover[2]는 차원이 다른 이야기였다. 친구들과 어울려 누워 있는 동안, 친구들은 종종 가장 이상한 자세로 내 주위에서 나뒹굴었다. 설상가상으로 똑딱거리는 시계 소리, 친구의 거친 숨소리, 불편하기 짝이 없는 얇은 매트… 어느 것 하나라도 숙면을 방해하기에 충분했다.

　이것은 오늘날에도 여전히 내가 겪고 있는 문제이므로, 나는 우리의 장기적 건강에 매우 중요한 것이 어떤 사람들에게는 그렇게 쉽게 다가갈 수 있고 다른 사람들에게는 끝없는 싸움이 될 수 있다는 사실에 항상 매료되었다. 그래서 나는 어떤 사람들이 쉽게 잠드는 동안, 그들의 뇌에서 무슨 일이 일어나는지 알아보고 싶다. 나는 책에 나오는 온갖 트릭을 곁들여 제발 의식을 놓아달라고 뇌에게 통사정하곤 한다. 나의 첫 번째 과제는 우리가 (대부분) 밤에 잠드는 이유를 살펴보는 것인데, 이것은 체내에 내장된 생체시계를 탐구한

---

**2**　아이들이나 청소년들이 한 집에 모여, 함께 자며 노는 일(옮긴이 주).

다는 의미다.

## 시간 엄수 시스템

o—o

우리는 전신에 생체시계 또는 일주기 리듬circadian rhythm을 가지고 있는데, 이것은 간에서 소화 효소가 방출되는 과정이나 세포의 미토콘드리아에서 에너지가 생산되는 주기 등의 타이밍을 제어하는 역할을 한다. 그러나 이것들은 모두 시상하부의 일부인 시교차상핵suprachiasmatic nucleus, SCN에서 발견되는 뇌의 주시계master clock에 의해 일정대로 유지된다. 뇌가 신체의 나머지 부분을 동기화synchronisation하는 정확한 메커니즘은 이해되지 않았지만, 최근 연구에 따르면 중요한 것은 SCN의 뉴런만이 아니다. 뇌세포의 일종으로 이전에는 뉴런을 지원하고 건강하게 유지하기 위해 존재하는 것으로 생각되었던 별아교세포astrocyte는 실제로 뉴런이 없을 때에도 일주기 리듬을 제어한다. 이는 별아교세포가 이전에 생각했던 것보다 중요한 역할을 할 수 있음을 시사한다.

흥미롭게도 우리의 내적 시간 엄수 시스템은 하루의 길이와 완벽하게 동기화되지 않는다. 오로지 생체시계에 의존하도록 방치할 경우 동물은 종종 24시간 주기를 정확히 고수하지 않을 것이다.[3] 이 현상은 자유러닝freerunning[4]으로 알려져 있으며, 동물에 현재 시간에 대한 단서를 제공할 수 있는 모든 것을 제거함으로써 달성된다. 즉, 조명, 온도, 먹이 가용성이 일정하게 유지되어야 하며, 동물은 이러한 조건에서 며칠 동안 사육된다. 인간을 대상으로는 이렇게 하는 게 어렵지만, 지금껏 수행된 연구들은 우리에게도 같은 일이 일어날 수 있음을 말해준다. 참가자들은 외부 시간으로부터 멀어지고 있는 자신을 금세 발견하고, 며칠 만에 몇 시간 동안 동기화하지 못할 수 있다. 사실, 연구에 따르면 대부분의 사람이 평소의 24시간보다 30분 정도 짧거나 길게 생체시계가 바뀔 수 있다.

하지만 다행히도 우리는 대부분의 경우 내적 시간 엄수 시스템에만 의존할 필요가 없다. 우리의 생체시계는 빛에 의해 제어되는 재설정 스위치를 가지고 있다. 낮에는 우리 눈에 있는 특별한 세포가 밝은 빛을 감지하여 SCN에 신호를 보낸다. 이 신호에 의해 우리는 깨어 있고 경각심을 느끼게 하는 일련의 변화를 시작한다. 나중에 빛이 어두워지기 시작하면 이 정보도 SCN으로 전달되어 다시 변화를 시작하는데, 이번에는 우리를 졸리게 만든다. 우리가 활동하는 주기의 타이밍은 밝음과 어두움의 타이밍에 맞춰 변경될 수 있다. 이 광 동조화light entrainment는 우리가 여행할 때 (최소한 점진적으로) 다른 시간대에 적응하게 해주기 때문에 유용하다. 그러나 현대에서는 문제를 야기할 수 있다. 현대인은 인공광에 둘러싸여 있

---

**3**   정확히 24시간이 아니라는 사실은, 실제로 일주기성이라는 용어의 유래와 정확히 일치한다. 이는 라틴어 'circa(대략)'와 'diem(하루)'의 합성어이기 때문이다.

**4**   외부의 어떤 영향도 받지 않고 자체 내에서 생기는 리듬(옮긴이 주).

수면, 뇌를 둘러싼 최대의 미스터리

는데, 이것이 섬세한 일주기 리듬을 파괴할 수 있어서다. 그 이유를 이해하려면 태양이 유일한 광원인 세상에서 재설정이 어떻게 작동하는지 살펴볼 필요가 있다.

그런 세상에서 당신은 새벽에 일어난다. 이윽고 해가 하늘 높이 떠올라 빛을 한껏 뿜어낸다. 이 빛은 SCN에 신호를 보내고 우리는 깨어 있음을 느낀다. 저녁에는 태양이 지평선을 향해 가라앉으며 빛이 어두워진다. 밝은 빛을 처음 본 이후 경과한 시간과 함께, 이것은 SCN에 멜라토닌melatonin이라는 호르몬을 방출하라는 신호를 보내 졸음을 느끼게 한다. 그런데 이 과정에서 빛의 색깔이 또 하나의 요소로 개입한다. 아침 햇살에는 청색광이 많은데,[5] 짧은 파장의 청색광은 멜라토닌 방출을 지연시킴으로써 일주기 리듬을 재설정하는 데 탁월한 솜씨를 발휘한다.

그러나 인간은 항상 새로운 것을 발명하고 있는데, 여기서 문제가 발생한다. 우리는 더 이상 빛의 전부 또는 대부분이 태양으로부터 오는 세상에 살지 않는다. 사실, 오늘날 우리가 사용하는 빛의 상당 부분은 '푸른빛 도는 햇빛'을 재현하도록 설계된 LED다. 우리의 휴대폰, 노트북, 태블릿도 파란색을 띤 밝은 빛을 많이 발산한다. 그렇다면 우리가 '페북질'을 하거나 유튜브를 시청하며 저녁 시간을 보낼 때, 우리의 눈이 이 빛을 감지하고 SCN에 신호를 보낸다는 이야기가 된다. 그리하여 우리의 불쌍하고 혼란스러운 SCN은 '지

---

5   이것은 기온, 공기 중 먼지의 양, 그리고 태양의 고도 때문이다.

금은 아침이다'라고 믿고 멜라토닌의 방출을 지연한다. 최종적으로 우리는 잠자리에 들지만 멜라토닌이 적어서 잠을 이루지 못하게 되는데, 가끔 휴대폰을 확인함으로써 문제를 악화시키기도 한다.

그럼 우리가 할 수 있는 일은 무엇일까? 만약 밤잠을 이루는 데 애를 먹고 있다면, 아침에 일어나자마자 이를테면 산책을 하면서 햇빛을 쬐는 것이 도움이 될 수 있다(심지어 흐린 날에도, 실외에 있으면 실내의 창가에 앉아 있는 것보다 훨씬 많은 양의 햇빛을 쬘 수 있다). 그게 가능하지 않다면, SAD 램프에 투자하는 것이 도움이 될 수 있다. 이것은 계절성 우울증(계절성 정동장애Seasonal Affective Disorder, SAD라고도 한다)을 앓는 사람들을 돕고, 밝은 햇빛과 유사한 빛을 제공함으로써 일주기 리듬을 설정하는 데 보탬이 되도록 설계되었다. 또 한 가지 방법은 저녁에 빛, 특히 청색광 노출을 줄이는 것이다. 컴퓨터를 끄는 게 옵션이 아니라면, 해 질 녘에 작동하도록 설정된 청색광 필터를 장착하거나 동일한 기능을 수행하는 앱을 다운로드할 수 있다. 그리고 화면을 최대한 어둡게 하는 것도 좋은 방법이다.

우리 뇌가 빛에 어떻게 반응하는지 이해하는 것은 시차증jet lag에도 도움이 된다. 나는 작년에 영국에서 싱가포르로 여행할 때 심한 시차증을 겪었는데, 호텔의 커다란 침대에 누워 시계를 흘끗 본 기억이 난다. 빨간 불빛이 비웃듯이 번쩍이는 가운데 시계는 새벽 4시 16분을 가리켰다. 나는 한숨을 쉬며 어두운 천장을 응시했고 마음은 윙윙거렸다. 나는 모든 것을 제대로 했다. 비행기에 오르자마자 시계를 싱가포르 시간으로 맞추고, 오후 7시에 가벼운 저녁을 먹고,

수면, 뇌를 둘러싼 최대의 미스터리

편안하게 목욕을 한 다음, 밤 10시쯤 조명을 어둡게 하고 잠자리에 들었다. 하지만 최선을 다했음에도 시차증이 승리했다. 싱가포르는 새벽 4시인데 내 몸은 여전히 '전날 저녁 8시'라는 영국 시간에 맞춰져 있었고, 잠이 아니라 초콜릿과 〈마스터셰프MasterChef〉[6] 에피소드를 요구했다. 아무리 노력해도 내 몸의 요구를 무시할 수 없었다.

이것은 우리 중 대부분이 인생의 어느 시점에 겪게 될 경험이며, 종종 시차증과 싸우는 것이 지는 게임처럼 느껴진다. 오죽하면 최근 영국에 출장 온 일본인 친구가 우리 집에 묵을 때, 영국에 있는 2주 동안 일본 시간에 맞춰 생활하기로 결정했을까![7]

운 좋게도 생체시계의 과학이 개입하여 도움을 줄 수 있다. 과학자들이 누군가의 생체시계를 추적하는 한 가지 방법은, 하루 중 시간에 따라 최대 섭씨 0.5도까지 달라지는 심부체온core body temperature을 측정하는 것인데, 이 경우 최저체온minimum temperature (Tmin으로 알려져 있다)은 정상적으로 일어나기 몇 시간 전에 발생한다. 싱가포르에 도착했을 때 내 생체시계는 여전히 영국 시간에 맞춰져 있었다. 몸은 영국에서 오후 10시에 잠자리에 들기 원했으므로, 만약 심부체온을 측정했다면[8] 나의 Tmin은 영국 시간으로 오전 4시경에 발생했을 것이다. 하지만 나는 싱가포르 시간으로 오전

---

**6**  영국의 BBC에서 처음 제작된 비전문 요리사들의 요리 경연 프로그램(옮긴이 주).

**7**  새벽 3시, 그녀가 샤워하는 소리에 잠을 깼을 때 얼마나 짜증이 나던지!

**8**  물론 나는 그렇게 하지 않았다. 일정한 간격으로 체온을 재는 것은 시차증으로 인한 수면 문제를 극복하는 데 도움이 되지 않을 것 같아서였다!

6시(영국 시간으로 오후 10시)까지 눈이 말똥말똥했고 주변의 모든 것이 활기를 띠고 있었다.

우리는 적시에 빛을 제공함으로써 몸이 시차증과 싸우도록 도울 수 있다. 나는 최근 싱가포르 여행에서 이 방법을 시도해보았다. 내 생체시계를 싱가포르 시간에 맞춰 앞당기려면 Tmin이 발생한 이후에만 빛에 노출되어야 했다. 연구에 따르면, 빛이 우리의 일주기 리듬을 가장 효과적으로 변화시키는 민감기sensitive period[9]는 Tmin이 발생한 이후 몇 시간 동안이다. 내가 도착한 날, 나의 Tmin은 싱가포르의 정오(영국 시간으로 오전 4시)에 발생했을 것이다. 나는 아침에 어두운 방에 머무르며, 커튼을 닫고, 선글라스를 낀 채 아침을 먹었다.[10] 정오가 되자마자 커튼을 열어젖히고 밖에서 시간을 보내며 최대한 밝은 빛을 쬐었다. 이 기술을 사용하면 생체시계가 하루에 약 1시간 이동하는 것으로 알려져 있다.[11] 그래서 두 번째 날에는 오전 11시, 세 번째 날에는 오전 10시에 커튼을 젖혔다. 다시 동기화될 때까지 계속. 참가자가 한 사람이고 단 한 번의 실험이었기 때문에 특별히 과학적인 것은 아니지만, 나는 이 방법이 효과가 있었다고 생각한다. 확실히 이전 여행만큼 심한 불면증으로 고통받

---

**9**  2장에 나오는 민감기(동물이 특정한 것을 학습하는 경향이 있는 시기)와 혼동하지 말기 바란다(옮긴이 주).

**10**  내가 과학을 위해 하는 일들! 다른 호텔 투숙객들이 내가 일종의 록스타 지망생이라고 생각했을지, 아니면 그냥 숙취라고 생각했을지 궁금하다.

**11**  도처에서 인용하고 있지만, 이 수치를 뒷받침할 과학적 증거는 별로 없다.

수면, 뇌를 둘러싼 최대의 미스터리

지 않았으므로 도움이 되었으니 다음번 여행에도 꼭 다시 시도할 예정이다.

　반대 방향으로 여행하면 우리 몸은 다른 문제에 봉착한다. 싱가포르에서 영국으로 돌아왔을 때, 나는 오후 10시(싱가포르 시간으로 오전 6시)가 되기 훨씬 전에 감기는 눈을 부릅뜨려고 노력해야 했다. 영국에 있지만 내 불쌍한 몸은 오전 6시라고 생각하고 몇 시간 전에 자고 싶어 했기 때문이다. 이러한 타이밍을 맞추려면 생체시계를 늦춰야 했고, 이를 위해서는 Tmin이 발생하기 전, 즉 초저녁에 빛이 필요했다. 운 좋게도, 이 방향(동→서)으로 여행하면 자연광이 생체시계를 변경해야 하는 타이밍에 맞는 경향이 있으므로 특별히 할 일이 없었다. 즉, Tmin이 발생하기 전에 햇빛을 경험하다 보니 자연스럽게 생체시계가 바뀌는 데 도움이 되었다. 이것이 서쪽 여행이 동쪽 여행보다 적응하기 쉬운 이유다. 또 다른 이유는, 몸이 정말로 원하지 않을 때 억지로 잠을 청하는 것보다 사람들과 수다를 떨거나 TV를 보거나 커피를 마시면서 자연스레 깨어 있는 게 더 쉽다는 것이다.


## 생체시계 맞추기

◦━◦

그러나 생체시계를 맞추는 데 필요한 규칙적인 명암 리듬이 없는 세상에서는 어떨까? 예컨대 북극권 북쪽(또는 남극권 남쪽)에 사는 사람들은 1년 중 다른 시기에 각각 지속적인 어둠과 빛을 경험한다. 이로 인해 생체시계가 엉망이 될 수 있으며, 자연광이 없는 계절에 는 수면위상지연delayed sleep 또는 '한겨울 불면증'이 비교적 흔하다. 밝은 아침 햇살이 없으면 SCN이 수면 신호를 보낼 때까지 얼마나 기다려야 하는지 알기가 어려워지고 이로 인해 입면장애disorder of initiating sleep[12]가 발생할 수 있다.

하지만 그럼에도 대부분의 사람은 여전히 정상적인 수면 습관 을 유지하고 있다. 햇빛에 의존하여 SCN을 설정할 수 없을 때 중요 한 것은 다른 규칙적인 신호를 보내는 것이다. 이것은 먹고, 일하고, 사교하는 시간일 수 있다. 이런 것들을 일정하게 유지함으로써, 일 반적으로 의존하는 빛 신호 없이도 언제 잠자리에 들어야 하는지를 알 수 있는 최상의 기회를 몸에 제공한다.

이 경험에 매우 익숙한 사람은 물리학자이자 방송인인 헬렌 체 르스키Helen Czerski인데, 그녀는 연구 때문에 북극권 북쪽을 밥 먹듯 드나들었다. '24시간 햇빛'을 처음으로 경험하는 동안 빙하 옆에서 야영을 했는데, 체르스키가 빛으로부터 휴식을 취하는 유일한 수 단은 암막 안대였다. 최근에는 오덴호Oden라는 극지 연구 선박에서 일했는데, 그곳에서는 빛을 더 잘 제어할 수 있었다. 저녁에는 조명 이 어두워지고 밤에는 암막 블라인드가 드리워져, 탑승자들이 완전 한 어둠 속에서 잠을 청할 수 있었다고 그녀는 내게 말했다. 두 가지

---

**12**　잠드는 데 어려움을 겪는 질환(옮긴이 주).

경우 모두에서, 체르스키는 밤잠을 이루는 데 아무런 문제가 없었고 매일 아침 일어났을 때 충분한 휴식을 취한 느낌을 받았다. 체르스키에 의하면 이것은 그녀와 다른 과학자들이 두 번의 탐사 동안 유지한 엄격한 일정 덕분이다. "그런 환경에 처한 인간은 24시간 주기를 유지하기 위해 매우 열심히 노력하기 마련이에요. 사람들에게 음식을 제공한 후 가장 먼저 해야 할 일은, 규칙적으로 관리되는 일정을 유지하는 거예요." 그녀의 탐사대에서 일하는 모든 과학자는 동일한 작업 일정, 여가 활동 규칙, 식사 시간을 준수했다고 한다. "모든 사람의 스케줄을 일률적으로 통제하는 가장 좋은 방법은, 식사 시간을 매우 엄격하게 관리하는 거예요. 제가 탔던 모든 배에서는 24시간 주기를 유지하는 데 필요한 거라면 뭐든 한다는 원칙하에, 정해진 식사 시간에 나타나지 않는 사람들에게는 밥을 주지 않았어요."

이런 엄격한 일정은 과학자들의 뇌에 규칙적인 신호를 보내, 동일한 24시간 주기를 유지하게 했다. 체르스키의 경우에도 그런 메커니즘이 잘 작동하여, 수면과 그 밖의 일상적 리듬이 정상 궤도를 벗어나지 않았다고 한다. "솔직히 말해서, 저녁 식사와 아침 식사 사이에 배가 고프지는 않았어요. 그러나 일정이 너무 '빡셌기' 때문에, 배가 고프지 않아도 아침을 먹어야 했지요. 일정을 준수하는 핵심 요령은 신체에 선택권을 주지 않는 거예요."

흥미롭게도 체르스키는 평소처럼 햇빛이 변화하지 않는데도 여전히 시간이 흐르는 느낌이 든다고 말했다. 사실 24시간 햇빛이 있는 대부분의 장소에서, 태양은 당신이 북극에 있지 않는 한 하늘을 가로질러 움직이며 고도도 달라진다. 빙하 위에서, 그녀는 이러한 단서를 사용하여 하루 중 시간을 웬만큼 파악할 수 있음을 발견했다. 그러나 선박은 며칠마다 위치를 바꿈으로써 또 다른 문제를 야기했다. 즉, 태양이 하늘을 가로지르는 경로가 변경되는 것처럼 보인 것이다. 그럼에도 그녀의 뇌는 여전히 다음과 같은 단서에 집착했다. '빙원ice floe[13]이 이동하는 바람에 태양의 경로가 매일 바뀌는 것처럼 보일지라도 그 위에 있는 사람은 시간의 흐름을 느낀다.'

그러나 북극 빙원에서 표류하며 몇 주를 보낼 때 주의해야 하는 것은 24시간 주기만이 아니다. 그보다 더 긴 기간 개념도 흐려질 수 있다. 오덴호의 연구진도 이를 인지하고, 토요일 밤마다 특별 만찬을 열어 이를 완화하려 했다. 연구원들은 구내식당의 평범한 식탁이 아닌 흰색 식탁보가 깔린 우아한 테이블에 앉아, 정장 차림으로 저녁 식사를 하면서 즐거운 시간을 보내려고 노력했다. "매 순간을 기념하고, 시간이 흐르고 있음을 느끼기 위한 행사들… 북극권의 북쪽에서 장기간 머물 때 그런 것들은 매우 중요해요. 그 과정에서, 우리는 적어도 토요일 밤이 다시 돌아왔음을 알게 돼요."

이것은 나에게 이상하리만큼 친숙하게 들린다. 내가 이 글을 쓰는 순간, 전 세계 수백만 명이 코로나19의 확산을 막기 위해 봉쇄 lockdown 생활을 하고 있다. 오랫동안 재택근무를 해온 나로서는 일

---

**13**　지표의 전면全面이 두꺼운 얼음으로 덮여 있는 극지방의 벌판(옮긴이 주).

상이 크게 달라지지 않았다. 그러나 나는 하루하루가 서로 뒤엉켜 흐릿해지기 시작하는 것을 알아차렸다. 이를 방지하기 위한 방편으로 남편과 나는 주말을 평일과 다르게 보내보고자 토요일 밤마다 테이크아웃 음식을 사 먹기 시작했다.[14] 이렇게 함으로써, 우리는 이 이상한 기간 동안의 몇 주를 더 쉽게 떠올릴 수 있게 되었다.

시차증에 대한 내 경험과 우리가 밝혀낸 과학은 우리가 언제 잠을 자야 하는지를 아는 데 생체시계가 필수적인 요소임을 분명히 해준다. 그런데 생체시계는 왜 필요할까? 우리의 뇌가 잠을 잘지 말지를 결정할 때 빛의 양, 또는 단순히 얼마나 오랫동안 깨어 있었는지에 기초하지 않는 이유는 뭘까? 이를 이해하기 위해서는 동물계의 다소 놀라운 구성원인 멕시코 알비노 동굴어albino cavefish로부터 시작해야 한다.

## 동굴 속에 사는 눈먼 물고기

o─o

멕시코의 깊은 지하 동굴에는 매우 특별한 물고기가 살고 있다. 강에 사는 어종 중 화려함으로 손꼽히진 않더라도, 멕시코 눈먼 동굴어Astyanax mexicanus는 정말 흥미로운 물고기임이 틀림없다. 왜냐하면 하나 이상의 유형이 병존하기 때문이다. 이 유형들은 같은 종이

---

**14**  솔직히 고백하건대, 우리는 흰색 식탁보까지 마련하지는 않았다.

182

CHAPTER 5

며 원하면 서로 교배할 수 있지만, 매우 다른 삶을 산다. 하나는 멕시코와 미국 남부 전역의 강에 서식하며, 우적우적 먹을 식물이나 작은 동물을 찾아 헤엄치는 전형적인 물고기의 삶을 영위한다. 그러나 고작 몇 미터 떨어진 곳에 살고 있을지도 모르는 다른 하나는 매우 다른 생활방식에 적응했다.

지표수에 사는 친척과 달리, 이 동굴어는 멕시코 지표면 아래를 흐르는 많은 수로에서 산다. 이 녀석들은 50만 년 동안 이러한 지하 생활을 했고, 그래서 지상의 이웃에 비해 외모와 행동이 변한 것으로 여겨진다. 우선, 그들은 눈을 잃었다. 영원한 어둠 속에서 살 때는 눈이 필요 없을 테니 말이다. 피부의 반점들도 모두 잃었다. 지하에 살면 태양으로부터 보호해줄 멜라닌에 신경 쓸 필요가 없기 때문이다.[15]

이 두 그룹의 물고기는 연구자들에게 진화, 유전학, 그리고 결정적으로 우리의 관심사인 일주기 리듬에 대한 특이한 통찰을 제공한다. 특정한 유전자가 하는 일을 연구할 때, 과학자들은 해당 유전자에 변화가 있는 변이 동물을 찾거나 만들어서 변화가 없는 '야생형'과 비교하는 것이 보통이다. 따라서 정상적인 파리는 빨간 눈을 가지고 있지만 단 하나만 유전자가 다른 파리는 까만 눈을 가지고

---

**15** 과학자들은 이것을 '더 이상 이익을 제공하지 않기 때문에 사라진 특성'의 전형적 사례로 치부했지만, 최근 증거에 따르면 더 많은 이점이 있을 수 있다. 멜라닌은 많은 뇌 화학물질과 동일한 전구체에서 만들어지는 것으로 보인다. 따라서 만약 멜라닌 생성을 중단한다면 이 전구체가 더 많이 생성되고, 궁극적으로 동굴어에 이익을 줄 다양한 신경전달물질의 양이 증가하게 될 것이다.

수면, 뇌를 둘러싼 최대의 미스터리

있다면, 눈 색깔에 관여하는 유전자를 발견했다고 말할 수 있다. 그러나 약간의 유전적 변화만 있는 유사한 동물 두 종류가 지근거리에 산다는 것은 이례적이다. 동굴어가 바로 그런 경우로, 편리한 자연 실험을 제공한다.

동물(그리고 식물)이 일주기 리듬을 갖는 이유에 대한 일반적인 가설은, 우리가 고향이라고 부르는 이 행성에서 밤낮의 주기와 동기화되도록 해준다는 것이다. 그리고 이 가설은 앞서 살펴본 바와 같이 우리가 빛을 이용하여 생체시계를 재설정함으로써 일출 및 일몰과 조화를 이룰 수 있다는 사실로 뒷받침된다. 따라서 가장 어둡고 깊은 곳에 사는 동굴어는 일주기 리듬이 필요하지 않을 것이라고 쉽게 추측할 수 있다. 바위가 많은 서식지는 빛과 어둠의 순환으로부터 격리되고, 24시간 내내 먹이를 섭취할 수 있으며, 지구가 하루에 한 바퀴씩 돈다는 것을 알려주는 온도 변화도 별로 없다. 그렇다면 동굴어는 수천 년간 진화를 통해, 불필요한 눈과 색소를 잃은 것과 똑같은 방식으로 생물학적 시계를 상실했을까?

앤드루 빌Andrew Beale은 박사 학위를 취득하기 위해 이 물고기를 조사했다. 그는 물고기 샘플을 채취하여, 실험실에서 하루 중 다양한 시간의 유전자 활성(다른 동물에서 일주기 리듬을 의미하는 것)을 테스트했다. 그 결과 이 물고기들은 눈이 멀었음에도 하루의 리듬을 가지고 있는 것으로 밝혀졌다. 더욱 놀라운 것은 그들이 피부의 광민감색소photosensitive pigment를 통해 감지한 빛을 이용하여 일주기 리듬을 재설정할 수도 있다는 것이었다. 동굴 속에서 일상생활을 영위하는 그들도 미약할망정 리듬을 필요로 한다는 사실을 말해주는 발견이었다. 리듬의 존재를 검증하기도 어려웠지만 더 큰 문제는 이유였다. 지구의 리듬으로부터 격리돼 지하에 사는 생물이 왜 일주기 패턴을 유지했을까?

빌은 우리가 깨달은 것보다 더 근본적인 일이 진행되고 있다고 믿는다. 어쩌면 우리가 보조를 맞춰야 하는 외력external force보다는, 일관된 수면 패턴이 우리 몸의 내적 동기화를 허용하는지도 모른다는 것이다. 그가 내게 설명했다. "신체의 모든 세포는 리듬을 가지고 있으며, 생물이 설사 태양을 사용하지 않더라도 그것들을 동기화하는 것은 필수 사항이에요. 따라서 수면은 아마도 이러한 '과정의 그룹화'에 대응하여 생겨나, 신체의 모든 세포가 서로 충돌하지 않고 동시에 유지·보수를 수행하도록 보장하는 것 같아요."

그룹화가 필요한 필수 과정들은 '세포 성장 vs 세포 사멸'일 수도 있고, 뇌의 수준에서 본다면 '새로운 정보의 입수 vs 기억의 처리 및 저장'일 수도 있다. 만약 뇌가 두 가지를 동시에 수행한다면, 현재 주변 환경의 파편이 전날의 기억에 저장되어 혼돈으로 이어질 수 있다. 따라서 일주기 리듬은 이런 중요한 과정들이 상이한 시간에 일어나도록 하기 위해 진화했을 것이다. 그래야 서로 간섭할 수 없을 테니 말이다.

생체시계를 가진 생물은 이 특별한 동굴어만이 아니다. 많은 연구가 수행된 건 아니지만, 다른 동굴 서식 동물들도 종종 더 미약하고 빛에 반응하지 않을지라도 일종의 일주기 리듬을 유지하는 것으로 보인다. 그리고 오늘날 우리는 식물, 심지어 일부 세균이나 효모 같은 단세포생물까지도 일주기 리듬의 변형판을 가졌다는 것을 알고 있다. 그 이유는 아직 확실히 밝혀지지 않았지만, 지구상에서 살아가려면 준수해야 할 모종의 패턴을 보유하는 것이 필수적인 듯하다.

## 커피의 함정

○—○

생체시계의 중요성에도 불구하고, 일주기 리듬이 우리의 졸린 느낌을 제어하는 유일한 메커니즘은 아니다. 만약 그렇다면, 우리는 밤늦게 잠든 뒤 낮잠을 자거나 지루한 회의 중에 눈꺼풀이 처지는 자신을 결코 발견하지 못할 것이다. 생체시계와의 상호작용을 통해 얼마나 오랫동안 깨어 있었는지를 우리에게 알려주는 다른 메커니즘들이 존재하며, 놀랍게도 이 역시 화학물질에 제어된다.

깨어 있는 시간이 길수록 더 졸린다는 것은 꽤 분명한 것 같다. 이것은 '수면 압력sleep pressure'으로 알려져 있으며, 아데노신adeno-sine이라는 화학물질에 의해 작동된다. 이 작은 분자는 우리가 깨어 있을 때 세포가 항상 겪는 대사 과정의 부산물이므로 하루 종일 축적된다. 기저전뇌basal forebrain라고 하는 뇌 영역에 아데노신이 많이 축적될수록 '수면 압력'이 더 높아지고 우리는 더 많이 졸릴 것이다.

우리 중 많은 사람이 매일 카페인을 복용하여 아데노신 시스템을 속인다. 아데노신 수치가 낮으면 기저전뇌에서 아세틸콜린이 방출된다. 2장에서 살펴본 바와 같이, 아세틸콜린은 우리의 주의를 외부 자극으로 돌림으로써 우리가 깨어 있고 경각심을 느끼게 한다. 아데노신은 아세틸콜린의 방출을 막아 졸리게 만든다. 그러나 카페인은 일반적으로 아데노신에 의해 활성화되는 수용체를 차단하여, 아데노신 농도가 실제보다 낮은 것처럼 보이게 만든다. 착각한 뇌는 더 많은 아세틸콜린을 방출하여 피질의 뉴런을 활성화함으로써 우리의 경각심을 높인다.[16]

하지만 당신이 아침에 침대에서 비틀거리며 기어 나와 모닝커피 한 잔에 목숨을 거는 사람이라면 조심하라. 그건 당신의 몸이 반격을 가한다는 의미일 수도 있기 때문이다! 우리 뇌의 화학물질 수준은 세심하게 제어되기 때문에, 만약 당신이 특정 화학물질의 수준을 정기적·인위적으로 높이면 뇌는 그 생성량을 줄이거나 그에 대한 반응 방식을 변경함으로써 그 영향을 상쇄하는 경우가 많다. 예컨대, 뇌가 카페인의 아데노신 수용체 차단에 대응할 수 있는 한 가지 방법은, 정확한 메커니즘은 알 수 없지만 더 많은 수용체를 만드는 것이다.

이것은 내성이라고 알려져 있으며, 불법 약물을 정기적으로 복용하는 일부 사람들에게서 볼 수 있는 것과 동일한 과정이다(3장 참

---

**16** 연구 결과에 따르면 카페인이 멜라토닌의 방출을 지연시킬 수 있기 있기 때문에, 카페인이 일주기 리듬을 보완한다고 생각해볼 수도 있다.

수면, 뇌를 둘러싼 최대의 미스터리

조). 인간의 경우 카페인 내성은 단 며칠 만에 형성될 수 있다. 일단 카페인에 내성이 생기면 카페인은 더 이상 동일한 수준의 에너지 향상을 제공하지 않는다. 사실, 당신이 커피를 마시기 전에 느끼는 피곤함과 나른함은 커피를 마셔본 적이 없을 때보다 더할 것이다. 첫 번째 잔의 커피가 하는 일은 고작해야 당신을 출발선에 다시 세우는 것이다.[17]

그러나 주지하는 바와 같이, 세상의 모든 커피가 당신을 영원히 깨어 있게 할 수는 없다. 그리고 아데노신 축적은 우리가 '어떻게' 잠드는지에 대해 알려주지 않는다. '의식에서 무의식으로의 전환'은 믿을 수 없을 정도로 복잡한 과정이지만, 부분적으로는 거의 100년 전에 사망한 제1차 세계대전의 전투기 조종사, 의사, 신경과학자 덕분에 이해되기 시작했다.

## 수면 스위치

○─○

1916년 빈Wien에 괴질이 돌기 시작했다. 환자들은 두통, 미열과 함께 일반적으로 컨디션이 좋지 않은 짧은 급성 질병을 앓았다. 하지만 그런 다음 졸음과 혼란을 느끼기 시작해 깨어 있는 시간이 점점

---

**17** 커피를 포기함으로써 당신의 카페인 내성을 재설정할 수 있다. 하지만 불행하게도, 뇌화학이 자체적으로 재설정되는 데 2주 정도의 금욕이 필요할 수 있으며, 그 기간 동안 당신은 과민성에서 두통에 이르는 금단현상을 겪을 수 있다.

줄어들었다. 또한 많은 사람이 손이나 눈 근육의 떨림과 약화를 경험했다. 이런 증상이 2주 동안 지속되면, 절반 정도는 회복되고 나머지 사람들은 점점 더 깊은 잠에 빠졌다. 악화된 사람들의 경우 처음에는 쉽게 깨울 수 있었지만 며칠에서 몇 주에 걸쳐 아주 잠깐씩만 깨어났다. 깨어난 동안에도 정신이 점점 더 혼미해지다가 급기야 혼수상태에 빠졌으며, 종종 사망에 이르렀다.

이때 한 청년이 최전방에서 오스트리아 공군의 조종사로 일하고 있었다. 그의 이름은 콘스탄틴 폰 에코노모Constantin von Economo로, 루마니아에서 그리스 귀족 가문의 막내로 태어나 이탈리아에서 성장한 후 빈으로 이주하여 의과대학에 입학했다. 부모님의 걱정도 걱정이었지만, 전장에 있던 그를 후방으로 이끈 것은 괴질 연구였다. 폰 에코노모는 의사였기 때문에, 위험한 짓을 당장 때려치우라는 부모의 압력을 받고 빈으로 돌아가 두부 손상 환자들을 돌보는 군의관으로 일했다. 그가 괴질 환자들을 처음 본 것은 바로 이때였다. 그것이 과학계에 거의 알려지지 않은 사례임을 깨달은 폰 에코노모는 1917년에 이 불가사의한 질병을 기술하는 논문을 썼고, '졸음병sleepy sickness'[18]으로 더 잘 알려져 있었음에도 이 질병에 '기면성 뇌염encephalitis lethargica'이라는 명칭을 처음 사용했다.

졸음형drowsy type뿐만 아니라 그는 각각 고유한 증상군群을 수

---

**18** 이것은 기생충에 의해 발생하고 체체파리에 의해 전파되는 질병인 수면병sleeping sickness과는 매우 다르다. 수면병을 치료하지 않고 방치하면 기생충이 혈뇌장벽을 통과하여 혼동과 수면 패턴 교란을 초래할 수 있기 때문에 이런 이름을 얻었다.

수면, 뇌를 둘러싼 최대의 미스터리

반하는 두 가지 다른 유형의 졸음병을 논문에 기록했다. 두 번째 유형은 심한 통증, 그리고 종종 불면증 또는 정상적인 수면 패턴의 역전과 함께 신체 경련과 정신 광란으로 환자를 안절부절못하게 만들었다. 어떤 경우에 이 유형은 나중에 졸음형으로 바뀌었지만, 어느 단계에서나 돌연사가 발생할 수 있었다. 세 번째 유형은 중증 파킨슨병과 유사하게 근육의 약화 및 경직 같은 증상이 두드러졌다. 치명적일 가능성은 적지만 종종 만성화되었는데, 만성화된 환자는 질병 이전의 삶으로 돌아갈 수 없었다.

어린 시절 인플루엔자 대유행 이후 발생한 유사한 사례를 떠올리며, 폰 에코노모는 졸음병에 매료되었다. 그 이후로 많은 사람이 생각한 것처럼, 그는 당시 전 세계적으로 5,000만 명 이상의 목숨을 앗아간 스페인 독감이 세계 최악의 기면성 뇌염 발발을 초래했을 거라고 추측했다. 다양한 증상의 원인을 알아내고 싶어 견딜 수 없어진 그는 질병으로 사망한 사람들의 뇌를 분석하기 시작했다.

분석 과정에서 폰 에코노모는 심각한 수면장애를 가진 환자들의 뇌가 '수면이 어떻게 제어되는지'에 대해 뭔가를 말해줄 수 있다는 것을 깨달았다. 그는 이 '자연 실험'을 이용하여, 수면과 각성 사이의 전환을 제어하는 뇌 영역을 식별하는 쾌거를 이루었다. 이 과정에서, 우리가 오늘날 시상하부와 뇌줄기brain stem라고 부르는 영역의 중요성을 처음으로 탐구했다. 그는 기면증 환자는 시상하부 뒷부분에 손상이 있는 반면, 불면증 환자는 시신경 근처의 시상하부 더 앞쪽에 손상이 발생한다고 폰 에코노모는 지적했다. 그리고 이 두 영역이 뇌의 '수면부_sleep part'와 '각성부_waking part'라고 주장했다.

이 질병으로 약 10년 동안 100만 명이 사망한 것으로 추정되지만, '졸음병'의 원인은 여전히 미스터리다. 더 최근의 분석은 스페인 독감과의 직접적 연관성을 부인했을 뿐, 다른 결정적 원인은 발견하지 못했다. 일부 연구자들은 졸음병을 인플루엔자 감염에 의해 촉발된 자가면역질환(신체가 뇌세포를 공격하여 분해하기 시작하는 질환)이라고 주장한다. 아직 밝혀지지 않은 바이러스가 원인이라고 믿는 연구자들도 있다. 다행스럽게도 이 질병은 거의 사라졌지만, 이것은 졸음병이 미래에 다시 추악한 머리를 치켜들지 않는 한 수수께끼를 풀 기회가 거의 없음을 의미한다.

사람들이 졸음병에 걸리는 이유를 알아내지는 못했을지 몰라도 수면에 관한 통찰에서는 폰 에코노모가 옳았다. 이 질병이 도착하자마자 순식간에 사라진 후인 1929년, 그는 뉴욕의 내과 및 외과 학회 모임에서 자신의 추론을 발표했다. 그는 시상하부의 두 영역이 뇌의 수면 중추와 각성 중추이며,[19] 이 중추의 뉴런들이 일련의 사건을 시작하여 피질의 활동을 약화하거나 강화함으로써 '각성 상태'와 '수면 상태'를 왔다 갔다 하게 한다고 주장했다.

놀랍게도 그가 이 이론을 제시한 이후 거의 100년 동안 그것을 뒷받침하는 증거들이 풍부하게 축적되었다. 동물 연구에 따르면

---

**19** 우리가 일상생활에서 쓰는 표현은 아니지만, 과학자들은 깨어 있는 상태를 '각성'이라고 부르므로 나는 이 장 전체에서 이 용어를 사용할 것이다.

수면, 뇌를 둘러싼 최대의 미스터리

시상하부의 앞부분이 손상되면 불면증이 유발되는 반면, 뒤쪽이 손상되면 동물은 평소보다 훨씬 더 잠을 많이 잔다. 그리고 시상하부에 전기 자극을 가하면, 자극이 가해지는 위치에 따라 동물을 잠들게 하거나 깨어나게 할 수 있다.[20] 인간을 대상으로 한 현대 영상 연구에서도 이러한 영역이 수면과 각성에 필수적이라는 사실이 확인되었다.

## 평온한 잠?

다음 질문은 물론 '왜'이다. 시상하부의 영역들을 뇌의 수면 및 각성 중추로 만드는 것은 무엇일까? 우리는 오늘날 시상하부에 포함된 뉴런들이 수면과 각성을 촉진하는 화학물질을 모두 사용한다는 사실을 알고 있으며, 시상하부가 매우 중요한 것은 바로 이 때문이다.

'수면↔각성 전환'을 제어하는 시스템은 엄청나게 복잡하기 때문에 과학자들은 그 복잡성을 아직 완전히 이해하지 못했다. 그

---

**20** 이것이 인간에게 효과가 있는지는 명확하지 않다. 뇌심부자극술deep brain stimulation, DBS은 관련된 위험 탓에 심각한 뇌 질환에만 사용되기 때문이다. 하지만 DBS가 사용되는 질병 중 하나는 파킨슨병인데, 이 경우 전극은 시상하부에서 멀지 않은 시상하핵subthalamic nucleus, STN에 이식되는 경우가 많다. DBS를 받은 환자들 중 상당수는 적응증인 운동 증상뿐만 아니라 수면의 질도 개선된다. 그러나 그것이 자극의 직접적 결과인지, 아니면 다른 증상의 감소 때문인지 또는 이전에 사용된 약물 덕분인지는 알 수 없다. 훨씬 더 안전한 방법은 DBS보다는 두개골을 경유하여 전기를 공급하는 경두개직류전기자극술tDCS인데 이것이 불면증 치료에 도움이 될 수 있는지에 대한 연구가 이제 막 시작되었다.

러나 그 작동 방식과 작동에 필수적인 화학물질에 대한 일반적인 아이디어는 가지고 있다. 수면과 각성을 시소, 즉 아주 작은 변화로도 뒤집힐 수 있는 두 가지 상태로 생각할 수 있다.

시소의 한쪽에는 각성 시스템이 있다. 이것은 뇌줄기에서 시작하여 피질 전체에 도달하는 뉴런을 가진 신경 회로의 집합체다. 이 회로를 구성하는 뉴런들은 도파민, 노르아드레날린, 세로토닌, 글루탐산염, 히스타민, 그리고 아마도 가장 중요한 아세틸콜린 같은 광범위한 신경전달물질을 사용한다. 앞에서 언급한 것처럼 아세틸콜린은 피질의 뉴런을 활성화하여 깨어 있고 경각심을 느끼도록 도와준다. 이 복잡한 경로들의 공통점은 여행의 어느 시점에서 시상하부를 통과한다는 것인데, 구체적으로 말해서 폰 에코노모가 '각성 중추'라고 부른 영역을 관통한다. 이곳은 멜라토닌이 유입되는 곳이기도 하다. 그 메커니즘에 대한 연구는 이제 막 시작되었지만, 일부 연구에서는 멜라토닌이 '각성 중추'의 뉴런 중 일부를 차단함으로써 더 쉽게 잠들 수 있도록 도와준다는 사실을 발견했다.

시소의 반대쪽에는 GABA를 사용하는 뉴런 시스템이 있다. GABA는 피질의 뉴런을 억제함으로써 발화점에 도달하기 어렵게 만든다. 이렇게 되면 이 영역의 활성이 약화되어 수면이 유발된다. 이 뉴런들은 시상하부의 한 부분에서 시작되는데, 눈치챘겠지만 폰 에코노모의 '수면 중추'에 자리 잡고 있다.[21]

우리가 잠들거나 깨어날 때, 우리 뇌는 '전환 스위치'를 눌러 시소를 기울여야 한다. 이런 일이 너무 쉽게 발생하는 것을 방지하기

수면, 뇌를 둘러싼 최대의 미스터리

위해 두 시스템은 서로를 억제한다. 즉, 각성 시스템이 활성화되면 세로토닌과 노르아드레날린이 '수면 중추'의 활성을 약화시키고, 수면 회로가 활성화되면 GABA가 '각성 중추'의 활성을 감소시킨다. 이것이 의미하는 것은 (바라건대) 당신이 깨어 있어야 할 때 너무 자주 잠들지 않고, 자야 할 때 자꾸 깨어나지 않는다는 것이다. 전환 스위치가 얼마나 쉽게 눌리는지는 이러한 뇌 회로의 차이 또는 관련된 화학물질의 수준에 따라 천차만별이다. 그렇다면 내 문제는 아마도 여기에서 기인하는 것 같다. 즉, 내 스위치는 누르기가 비교적 어렵고, 내 시소는 수면보다는 각성 쪽으로 기울어 있다고 할 수 있다.

그러나 이것은 놀이터에서 볼 수 있는 시소만큼 간단하지 않다. 두 개의 경쟁하는 시스템 말고도, 시상하부에는 오렉신orexin[22]이라는 신경전달물질을 사용하는 제3의 안정화 시스템이 있기 때문이다. 이 시스템에 속하는 뉴런들은 피질과 뇌 전체에서 각성 회로와 연결되어, 우리가 깨어 있는 동안 이러한 영역들을 촉진한다. 그것들은 신체의 대사 과정에 대한 정보를 입수할 뿐만 아니라 일주기 리듬을 제어하는 영역으로부터도 정보를 입력받기 때문에, 이

---

**21** 늘 그렇듯 이 부분에서 문제가 좀 복잡해진다. 왜냐하면 시상하부의 GABA가 수면을 촉진하는 반면, 뇌줄기 영역에서 방출된 GABA는 각성을 조장할 수 있기 때문이다.

**22** 동일한 화학물질이 서로 다른 두 연구팀에 의해 동시에 발견되고 명명되었기 때문에 히포크레틴hypocretin이라고도 한다. 이 둘은 같은 의미로 사용되지만, 나는 단순성을 위해 오렉신을 고수할 것이다.

러한 요인이 수면에 영향을 미치는 방식 중 하나일 수 있다. 이 뉴런들은 우리가 잠자는 동안 억제되지만 깨어 있을 때는 활성화되어 우리를 경계 상태로 유지해준다.

하루 종일 종종 잠에 빠지는 과정을 제어할 수 없는 기면증 환자의 경우, 오렉신 생성 뉴런의 수가 감소한 것으로 밝혀졌다. 이는 오렉신의 역할이 (수면 스위치가 너무 쉽게 켜지는 것을 방지하는) 각성 안정화라는 것을 의미한다.

그러나 수면 스위치가 켜져 '각성→수면 전환'이 이루어진 다음 수면이 안정화되면, 수면 상태가 (대체로) 밤새 유지된다. 하지만 우리가 잠들어도 뇌 화학물질의 역할은 끝나지 않는다. 사실, 화학물질의 수준은 밤새도록 끊임없이 변화한다.

인간의 수면을 밤새도록 살펴보면 뚜렷한 패턴을 발견할 수 있다. 수면은 단순한 켜기/끄기 과정이 아니다. 대신 몇 가지 단계를 거치며, 각각의 단계는 상이한 패턴의 뇌 활동과 뇌 화학물질의 상이한 조합으로 특징지어진다. 밤이 시작될 때, 선잠을 경유하여 더 깊고 느린 파동을 가진 서파수면으로 전환한다. 이 단계에서 피질의 GABA 수치가 높아져 뉴런의 흥분성이 감소한다. 뇌는 최저활성 상태이고 뉴런은 리드미컬한 패턴으로 작동하여, 이 단계에 이름을 부여하는 전기 활성의 느린 파동을 생성한다.

하지만 서파수면은 오래 지속되지 않는다. 1시간 정도 지나면, 수면은 그다음 주요 단계인 렘수면에 진입하게 된다. 렘REM은 빠른 안구 운동rapid eye movement을 의미하는데, 안구가 눈꺼풀 아래에서 빠르게 움직인다고 해서 이런 이름이 붙었다. 뇌 활성도 훨씬 높아져 렘수면 상태의 전기 활성에 대한 EEG 기록은 각성 상태의 뇌와 매우 흡사하다. 신경전달물질 활성 패턴 중 상당 부분도 비슷하다. 렘수면과 각성 상태 모두에서 피질의 GABA 수치가 낮은데, 이는 뉴런의 활성이 매우 높을 수 있음을 의미한다. 이 뉴런들의 흥분성 시냅스가 신호를 주고받으면 피질이 활성화되기 때문에 아세틸콜린 수치가 높아질 것이다. 많은 실험에서, 시냅스에서 아세틸콜린양을 증가시키는 약물이 서파수면을 렘수면으로 이행시킬 수 있는 것으로 밝혀졌다.

그러나 세로토닌, 노르아드레날린, 히스타민을 포함한 모노아민의 수치를 들여다보면 각성과 렘수면의 차이가 분명해진다. 뇌전체를 통틀어 이러한 화학물질의 수치는 잠잘 때보다 깨어 있을 때 훨씬 높다. 이 뇌 화학물질의 칵테일은 우리를 원기 왕성하게 하여 원하지 않을 때 잠드는 것을 방지한다.

특히 히스타민은 조용히 깨어 있을 때보다 적극적으로 경계할 때 더 많이 방출된다. 이것은 놀랍게 들릴 수 있다. 히스타민은 뭔가에 알레르기가 있을 때 가려움증을 유발하는 화학물질로 더 잘 알려져 있기 때문이다. 항히스타민제를 사용하여 그 효과를 차단하면 건초열, 반려동물 알레르기, 또는 면역계의 과잉 반응을 유발하는 모든 질환을 완화하는 데 도움이 된다. 그러나 히스타민은 뇌에서 다른 역할을 하는데, 그건 바로 각성을 촉진하는 것이다. 사정이 이러하다 보니, 혈뇌장벽을 통과하여 뇌의 히스타민 수용체를 차단할 수 있는 1세대 항히스타민제들은 사람을 졸리게 만든다. 현대 알레르기 약에 함유된 2세대 항히스타민제는 뇌에 도달할 수 없으므로, 이런 효과를 발휘하지 않는 경향이 있다. 그러나 1세대 항히스타민제는 여전히 사용되고 있으며, 우리가 꿈의 나라에 들어가지 못하게 막는 히스타민의 역할 때문에 처방전 없이 살 수 있는 많은 수면 보조제를 구성하는 주요 성분이다.

## 수면의 진화

이쯤 되면 뇌의 화학물질과 시스템이 수면을 제어하는 방식을 더 잘 이해하게 되었을 테니, 훨씬 더 근본적인 의문을 파헤칠 차례다. 우리는 왜 잠을 자야 할까? 프레젠테이션, 학교 수업, 훈련, 그 밖의 100만 가지 분야에서 경력을 이어가려고 노력하면서 책을 써본 사람이라면 누구든 증명할 수 있겠지만, 수면은 방해가 될 수 있다. 나는 종종 내 팔만 한 길이의 과제 목록을 들여다보며, '만약 잠을 자지 않아도 된다면, 내 삶이 어떻게 될까?'라고 중얼거리곤 했다. 안타깝게도 성인이 제대로 기능하려면 8시간의 수면이 필요한 것으로 알려져 있다. 주지하는 바와 같이, 잠을 제대로 자지 못한 후에 뇌는 아무것도 수행하지 못한다. 좀비처럼 흐느적거리며 하루를 보낼 수는 있겠지만, 장거리 비행을 한 후 수면과 같은 복잡한 주제에 대해 저술하거나 연구한다는 것은 전혀 불가능하다. 그래서 마지못해 나는 뇌가 최적의 수준에서 작동하는 데 필요한 수면을 취하려고 최선을 다한다.

하지만 왜? 왜 우리는 하루 중에서 (생존하고, 자손에게 DNA를 물려주는 데 도움이 되는) 사냥, 식사, 섹스, 그 밖의 일을 할 수 없는 시간이 필요하도록 진화했을까? 설상가상으로, 이 시간 동안 우리는 주변에서 무슨 일이 일어나고 있는지 (대체로) 알지 못하고 움직일 수 없기 때문에, 포식자에게 무방비로 노출될 수밖에 없다. 이러한 문제가 있음에도 수면이 여전히 유리하려면 필시 상당한 이점이 존재해야 한다. 그렇다면 그게 뭘까? 이것은 과학자들이 여전히 머리를 긁적이는 영역 중 하나다. 하지만 많은 가설이 있다.

가장 간단한 생각은, 에너지를 절약하기 위해 잠을 잔다는 것이다. 이 개념을 완전히 이해하려면, 생존을 위해 작은 무리를 이루어 사냥과 채집을 하며 살았던 고대로 거슬러 올라갈 필요가 있다. 인간은 시각에 지나치게 의존하기 때문에 밤에 식량을 찾는 데 성공할 가능성은 별로 없다. 그리고 만약 식량을 찾을 수 없다면, 가능한 한 적은 칼로리를 소모하기 위해 아주 가만히 있는 게 상책이다. 동굴과 같이 안전하고 은닉된 곳에서 밤을 지내는 것은 해를 입지 않는다는 추가적 이점이 있다. 숨어 있으면 어둠 속에서 아무렇게나 돌아다니는 것보다 야행성 포식자에 잡아먹힐 가능성이 적기 때문이다! 그러나 이 이론의 문제점은 수면에 동반하는 의식 상실을 설명하지 못한다는 것이다. 장담컨대 고요하고 숨겨져 있지만 주변 환경을 완전히 인식하는 것이 가장 안전한 행동 방침일 것이다.

우리 뇌는 전력에 굶주린 기관이고 우리가 매일 소비하는 칼로리의 약 20퍼센트를 사용하므로, 뇌의 전원을 끄면 배터리가 부족할 때 전화기를 끄는 것처럼 에너지를 절약할 수 있다고 생각하는 사람이 있을지도 모른다. 문제는, 그렇지 않다는 것이다. 앞서 살펴본 것처럼, 우리 뇌는 잠자는 동안 매우 활동적이므로 8시간 동안 잠을 자면 조용히 깨어 있는 것보다 약 135칼로리밖에 절약할 수 없다. 이는 큰 사과 한 개와 3분의 1개, 또는 소금에 절인 감자칩 한 봉지에 해당한다. 당신은 어떨지 모르지만, 내게는 밤에 많은 시간 동안 의식을 잃을 위험을 감수하기에 충분한 이유가 아닌 것 같다.

진화적 관점에서 우리가 위험한 일을 하도록 진화했다면 그것은 이익이 위험을 상회하기 때문이다. 그 전형적인 예가 짝짓기다. 많은 동물에 짝짓기는 심각하게 위험한 비즈니스다. 수컷은 생명을 위협하는 경쟁자와 맞닥뜨릴 수 있고, 애정의 대상이 그를 위협할 수도 있기 때문이다(사마귀와 많은 거미종에서와 같이, 암컷은 성관계 전이나 도중, 후에 종종 수컷을 맛있는 간식으로 취급한다). 위험을 감수하는 것은 암컷도 마찬가지다. 알을 낳거나 몸속에서 새끼를 키우는 데는 많은 자원이 필요하며, 특히 인간에게 출산은 역사적으로 극도로 위험했다. 의학의 비약적 발전으로 사망률이 극적으로 낮아진 오늘날에도, 출산은 여전히 스카이다이빙보다 10배 이상 위험하다.[23] 그런데 우리는 왜 그것을 하는 걸까? 결론부터 말하면, 진화적 이익이 위험을 능가하기 때문이다. 우리의 유전자를 다음 세대에 물려줄 수 있다면 어떤 대가라도 치를 만한 값어치가 있는 것이다.

진화를 통해 선택된 것은 유전자를 전달하는 데 직접적으로 도움이 되는 활동뿐만이 아니다. 새끼를 낳으려면 파트너를 만나 유혹할 만큼 오래 살아야 한다(적어도 대부분의 동물에게는!). 따라서 생존에 도움이 되는 활동이라면 위험을 감수할 만한 가치가 있다. 그렇기 때문에 동물들은 먹이나 은신처를 찾기 위해 위험을 무릅쓰는 것이다. 수면이 성생활에 직접 도움이 되는 것은 아니지만,**24** 필시 우리가 잠자는 동안 생존에 필요한 뭔가가 일어날 것이다. 이것은 우리가 곧 살펴볼 일련의 이론에서 공통으로 주장하는 내용이다.

## 뇌를 위한 뷰티 슬립²⁵

○—○

수면의 역할을 이해하기 위해 과학자들은 잠자는 뇌에서 실제로 무슨 일이 일어나는지 살펴보기 시작했으며, 그 과정에서 뇌의 유지를 위해 매일 수행되어야 하는 기능을 일부 발견하고자 했다. 방금 언급한 것처럼 뇌는 잠시도 휴식을 취하지 않는다. 그렇다면 그 속

---

**23** 데이비드 스피겔할터David Speigelhalter의 《보통 씨의 일생》(영림카디널, 2016)에 의하면, 출산(질분만)의 위험은 120마이크로몰트이고 스카이다이빙의 위험은 10마이크로몰트다. 참고로, 마이크로몰트는 'micro(100만 분의 1)'와 'mortality(사망률)'의 합성어로, 어떤 행위를 하다가 사망에 이를 확률을 '100만 분의 1' 단위로 나타낸 것이다.

**24** 사실, 만약 당신의 파트너가 '너무 피곤하다'고 주장하며 당신의 사랑스러운 접근을 거부한 적이 있다면, 수면이 실제로 성생활을 방해한다고 생각할 수 있다.

**25** 건강과 아름다움을 지켜주는 충분한 수면(옮긴이 주).

에서 무슨 일이 일어나고 있는 것일까?

한 가지 이론은 수면이 학습과 기억에 중요하기 때문에 진화했다는 것이다. 수면을 충분히 취하지 않으면 기억력이 저하된다. 이는 잠이 부족한 초보 부모가 도처에서 경험하는 일로, 그들은 열쇠를 어디에 두었는지 까먹고는 '산후 건망증'을 탓한다. 연구에 따르면 수면이 부족하면 집중력이 떨어지는데, 이는 새로운 정보를 효율적으로 받아들일 수 없음을 의미한다. 뿐만 아니라 뇌, 특히 해마에서 연결이 잘 형성되지 않는다. 2장에서 보았듯이 이러한 연결은 새로운 정보를 저장하는 데 필수적이므로, 수면이 부족한 뇌는 새로운 정보를 받아들이기 어려울 뿐만 아니라 저장할 수도 없다. 충분한 수면을 취하는 것은 우리가 학습하고 기억하는 데 필수적인 것 같다.

그리고 중요한 것은 '학습 전 충분한 수면'뿐만이 아니다. 수면은 새로운 것을 배운 후에도 중요한 역할을 하는데, 그것은 해당 정보가 유지되도록 돕는 것이다.

사실 뭔가를 배운 후에 낮잠을 자면 깨어 있을 때보다 더 잘 기억할 가능성이 높다. 이와 관련하여 과학자들은 한때 잠들어 있을 때는 새로운 정보가 일절 입수되지 않기 때문에, 방금 배운 내용을 저장하는 데 걸림돌이 될 만한 게 전혀 없다고만 믿었다. 그러나 오늘날 우리는 그보다 더욱 활발한 과정이 진행된다는 것을 알게 되었다.

깨어 있는 동안 뇌는 정보를 받아들일 준비가 되어 있지만, 뇌가 그 정보를 정리하고 저장할 시간은 잠자는 동안이다. 밤에는 뇌 깊숙이 파묻혀 있는 해마가 반복적으로 피질 영역을 활성화하여, 기억을 일시 보관소에서 안정적이고 장기적인 저장소로 옮긴다(2장 참조). 기억이 처리되고 요점이 추출되어 다른 정보와 맞춰지는 것도 잠자는 동안이다. 그렇기 때문에 우리는 어떤 문제를 겪을 때 종종 하룻밤 자고 생각한 후에 통찰의 순간을 경험하곤 한다. 어떤 사람들은 심지어 꿈이 그 과정의 일부라고 믿으며, 뇌가 하루의 정보를 저장하면서 그것을 다양한 방법으로 재생하기도 한다고 주장한다.

또 다른 실마리는 수면이 일생 동안 변화하는 방식에 있다. 아기는 잠을 엄청나게 많이 자는데, 이는 아마도 깨어 있을 때 너무 많은 것을 배웠기 때문일 것이다. 어린아이도 충분한 수면이 필요하며, 심지어 십 대도 성인보다 더 많이 자야 한다. 그건 성인의 뇌가 밤에 처리할 기억의 양이 적기 때문일까? 확실하지는 않지만 그런 흥미로운 가능성을 배제할 수 없다.

나이가 들면서 우리의 수면 패턴은 다시 변화한다. 노인은 잠을 덜 자는 데다 중간에 자주 깨어나는 경향이 있다. 이와 관련하여 노인은 잠이 없다는 보편적 오해가 있는데, 이는 노인이 새로운 정보를 덜 받아들이므로 정보를 저장하는 데 많은 시간이 필요하지 않다는 생각과도 일맥상통한다. 그러나 최근 연구에 따르면 이는 사실이 아니다. 예를 들어, 이스라엘 막스 스턴 예즈릴 밸리 칼리지의 아이리스 하이모프Iris Haimov는 수면장애가 잦은 노인일수록 기억력 문제를 더 많이 겪는다는 연구 결과를 내놓았다. 나이와 기존 건강 상태를 고려하더라도, 불면증은 더 높은 사망률과 연관된 것으로 알려져 있다. 결론적으로 노인도 젊은 성인만큼 많은 수면이 필요하며, 단지 잠을 이루지 못해 애를 먹을 뿐인 것 같다.

노인의 수면장애는 부분적으로는 나이가 들면서 생체시계가 변화하여 멜라토닌 방출이 앞당겨지기 때문에 생긴다. 이로 인해 많은 노인이 이른 저녁에 졸리게 되지만, 만약 낮잠의 도움을 받거나 TV 앞에서 꾸벅꾸벅 졸면서 버틴다면 나중에 잠자리에 들었을 때 잠을 이루지 못할 수 있다. 설사 초저녁에 눈을 붙이더라도 긴 잠을 자지 못하고 새벽에 일찍 일어날 수 있다. 다른 문제들도 있다. 나이가 들면서 방광이 약해져서 밤에 화장실을 사용하기 위해 깨어나는 경우가 많아진다. 생체시계의 신호도 둔화되어 젊었을 때와 달리 뇌의 잠자고 싶은 욕구에 큰 영향을 미치지 않는다.

고령자는 선잠이 길고 서파수면이 짧은 경향이 있어 소음이나 주변의 다른 교란 때문에 깨어날 가능성이 더 높다. 이는 뇌의 수면 및 각성 회로의 변화 때문일 수 있다. 나이가 듦에 따라 우리는 뉴런을 잃기 시작하는데, 수면 및 각성 회로의 영역들이 그러하며, 시상하부의 오렉신 생성 뉴런도 여기에 포함된다. 이는 시소를 불안정하게 만들어, 노인들이 잠에서 깨어났다가 다시 잠드는 것을 더 쉽게 만들 수 있다. 나이가 들면서 아데노신 수용체의 수도 감소한다. 이것이 의미하는 것은 아데노신이 하루 종일 정상적으로(또는 더 많이) 축적되더라도 노인이 얼마나 오랫동안 깨어 있었는지에 따라 졸음의 차이를 크게 느끼지 않는다는 것이다. 그리고 아데노신에 반응할 수 없기 때문에, 노인의 뇌는 아데노신을 제거하는 데 필요한 만큼 오래 또는 깊게 잠을 자지 못한다.

앞서 보았듯이, 우리는 학습을 위해 충분한 휴식을 취해야 하며, 학습 후 수면은 새로운 기억을 저장하는 데 필수적이다. 그렇다면 여기서 한 가지 흥미로운 가능성을 제기할 수 있다. 나이가 들면서 종종 발생하는 인지 저하가 이 단편적 수면fragmented sleep으로 인해 야기되는 것은 아닐까? 단순히 상관관계일 수도 있고, 정반대로 인지 문제가 수면장애를 유발할 수도 있기 때문에 확실히 알기는 어렵다. 어떤 경우인지 확인하려면 건강한 사람들을 모집하여 몇 년 동안 밤새도록 깨워두고 실험을 해야 한다. 당신이 다음과 같은 문제를 제기할 것은 불문가지다. 그렇다면 실험에 참가해달라는 요청을 수락할 사람이 과연 몇 명이나 될까?

"우리는 규칙적인 간격으로 당신을 깨워 밤잠을 4시간으로 제한하고, 이것이 뇌에 어떤 영향을 미치고 기억력 문제가 발생할 가능성이 더 높은지를 확인하고자 합니다."

"음, 결과를 장담할 수는 없지만 좋은 아이디어인 것 같아요. 연구가 얼마나 오래 계속되나요? 이틀? 일주일?"

"오십 년요."

# 뇌의 헹굼 주기

o━o

과학자들은 인간 대신 동물이 잠잘 때 뇌에서 무슨 일이 일어나는 지 조사하기 시작했다. 2013년, 수면과 뇌를 바라보는 방식을 근본 적으로 바꾼 논문이 나왔다. 로체스터 대학교의 마이켄 네더고르 Maiken Nedergaard와 동료들은 뇌척수액의 흐름을 관찰하고 있었는데, 이 투명한 액체는 뇌를 에워싸고 완충 작용을 하며 그 안의 틈(또는 뇌실ventricle)을 메운다. 연구팀이 발견한 바에 따르면 생쥐가 깨어 있을 때는 뇌 전체의 체액이 거의 움직이지 않았지만, 잠을 자면 체액이 훨씬 더 많이 순환하기 시작했다. 그에 더하여 생쥐가 자고 있을 때는 뇌세포가 수축하여 세포 사이의 공간이 넓어짐으로써 체액의 통과를 허용하는 것으로 나타났다.

곧이들리지 않을지 모르지만, 이 수축은 실제로 뇌를 건강하게 유지하는 데 필수적인 과정이다. 낮 동안에는 대사 과정으로 뇌에 온갖 노폐물이 쌓인다. 이 야간의 '헹굼 주기'는 노폐물을 씻어내 다음 날 뇌가 효율적으로 기능할 수 있게 해준다. 연구자들은 이것을 식기세척기의 전원을 켜는 것에 비유하고, 신체의 유사한 림프계[26]와 (그 과정을 제어하는 것으로 보이는) 뇌의 신경아교세포를 바탕으로 이 시스템을 '글림프계glymphatic system'라고 명명했다.

---

**26** 림프계는 체액 균형을 유지하는 데 관여하며, 면역계의 중요한 부분이다. 또한 신체가 부산물, 손상된 세포, 세균 또는 기타 병원체를 제거하는 데 도움을 준다.

글림프계에 의해 씻겨나가는 모든 물질 중에서 가장 관심을 불러일으킨 것은 아밀로이드 베타amyloid-beta, Aβ로 알려진 작은 단백질 조각이다. 관심이 집중된 이유는 Aβ가 특히 여러 개 함께 뭉쳐 커다란 '플라크'를 형성하는 것과 알츠하이머병이 관련이 있다고 생각되었기 때문이다. 그 밑바탕에 깔린 정확한 메커니즘은 알 수 없지만 알츠하이머병 환자의 뇌는 종종 비슷한 나이의 건강한 사람들의 뇌보다 이러한 Aβ 플라크를 더 많이 가지고 있는 것으로 밝혀졌다. 이는 매혹적인 가능성을 제기했다. 만약 수면이 '뇌가 잠재적으로 독성 있는 분자들을 씻어내는 시간'이라면, 수면 부족이 개인의 치매 발병 위험을 증가시킬 수 있을까? 이것은 수면 부족이 인지 능력 저하로 귀결될 수 있는 또 다른 방법이 될 수 있을까? 수면 부족과 뇌의 Aβ 플라크 축적 사이의 연관성을 발견한 많은 연구가 있다. 건강한 노인들을 수년에 걸쳐 추적한 결과, 수면의 질이 불량하고 주간졸림증이 심하다고 보고한 사람들은 신경영상연구에서 더 많은 Aβ가 나타났고 척수액에서 더 많은 알츠하이머 생체표지자bio-marker가 검출되었다. 그러나 이 증례는 명확한 결론과는 거리가 멀다. 알츠하이머병 자체가 수면 문제를 일으키며, 낮에 졸린 사람들은 처음부터 뇌에 플라크가 더 많은 경향이 있다. 사정이 이러하다 보니, 수면 문제가 신경영상연구와 뇌척수액 검사에서 나타난 뇌 변화의 원인인지 결과인지 알기 어렵다. 그리고 이런 변화들은 수십 년에 걸쳐 축적되므로, 다시 한번 말하지만 그것을 직접 검사하기 위한 실험을 고안하기가 여간 어렵지 않다.

이 때문에 과학자들은 우리가 얻을 수 있는 정보로부터 추론하려고 애쓴다. 한 가지 가능한 것은 하룻밤 동안 잠을 자지 못한 사람들의 뇌에서 무슨 일이 일어나는지 살펴보는 것이다. 놀랍게도 미국 국립 약물 남용 연구소의 노라 볼코Nora Volkow 소장이 이끈 소규모 연구에서, 겨우 하룻밤 잠을 설쳤는데도 해마(앞에서 언급한 것처럼 기억에 중요한 영역이다)의 Aβ가 5퍼센트 증가한 것으로 밝혀졌다. 어려움을 극복하는 또 다른 방법은 자연 실험을 찾는 것이다. 즉, 수년 동안 수면 문제를 겪었을 사람들을 문제가 없는 유사한 사람들과 비교할 수 있다. 잠재적 관심 그룹 중 하나는 수면무호흡증sleep apnoea을 경험하는 사람들이다.

수면무호흡증은 잠자는 동안 기도가 닫히는 비교적 흔한 질환으로, 환자들은 잠에서 깨어나 숨을 헐떡이다 다시 잠들게 된다. 이런 일은 야간에 여러 번(때로는 2분마다) 일어날 수 있으며, 아침에 깨어난 환자들은 간밤에 일어난 일을 기억하지 못하는 것이 보통이다. 그러나 그들은 잠이 개운하지 않다는 것을 알아차리고, 종종 왠지 한숨도 못 잔 것 같다고 느끼며 깨어난다. 수면무호흡증과 경도인지장애mild cognitive impairment (종종 알츠하이머병의 전조) 사이에는 강한 연관성이 있으며, 심지어 호흡 문제를 치료하여 편안한 수면을 회복하면 인지 증상을 개선하는 데 도움이 될 수 있다는 단서도 있다. 물론 문제를 일으키는 원인이 수면 부족이 아니라 뇌에 공급되는 산소 부족이라는 점을 배제할 수는 없지만, 수면이 뇌 건강에 필수적인 이유를 더 잘 이해하는 데 도움이 되는 흥미로운 연구 주제인 것은 분명하다.


## 잊기 위한 잠, 기억하기 위한 잠

o—o

수면은 기억과 인지에 기여할 뿐만 아니라 정서적 안정을 유지하는 데도 필수적이다. 피로한 아이들[27]은 징징거리거나 눈물을 흘리거나 짜증을 내는데 이는 어른들도 마찬가지다. UC 버클리 연구팀의 연구에 따르면, 단 하룻밤의 수면 부족이 참가자의 불안을 증가시켰으며, 그중 상당수가 불안장애anxiety disorder의 임상 기준에 도달했다. 연구자들이 그들의 뇌를 관찰하자, 편도체를 비롯한 감정적 뇌 영역의 활동이 증가하고 편도체에 연결되어 감정을 조절하는 전전두 영역의 활성이 감소했다. 4장에서 보았듯이, 우리의 감정을 제어하는 데 도움이 되는 것은 이 두 영역 사이의 균형이다. 따라서 전전두 영역이 더 이상 편도체의 반응을 억제할 수 없다면, 이것은 수면이 부족한 사람들에게 매우 흔한 기분 변화를 설명할 수 있을 것이다. 또한 이것은 기분장애와 수면 문제가 (이 두 시스템 사이에 불균형이 있는 것으로 알려진) 불안, 우울증, 그 밖의 장애에 기여할 수 있는지에 대한 흥미로운 질문을 제기한다.

수면 박탈이 기분에 미치는 또 다른 영향도 있다. 그것은 더 반

---

**27**    또는, 경험에 의하면 내 남편!

응적으로 만들 뿐만 아니라, 밤잠을 못 이룰 경우 사물의 부정적인 면에 집중하도록 편향되는 것 같다. 이탈리아 라퀼라 대학교의 다니엘라 템페스타Daniela Tempesta가 이끈 한 연구에서, 연구팀은 건강한 학생들을 두 그룹으로 나누었다. 한 그룹은 정상 수면을 취하도록 했고, 다른 그룹은 깨어 있었다. 그런 다음 두 그룹 모두 동영상 6편을 시청했는데, 2편은 긍정적이고, 2편은 부정적이고, 2편은 감정 중립적이었다. 동영상 시청을 마친 두 그룹 모두 이틀 밤 동안 정상적으로 잠을 잔 후 실험실로 돌아왔을 때, 연구팀은 그들이 동영상을 얼마나 잘 기억하는지 테스트했다. 당연히 수면이 부족한 그룹은 기억력 테스트에서 전반적으로 낮은 점수를 받았다. 그러나 부정적 동영상만 놓고 볼 때 그 차이는 사라졌다. 이 연구 결과는 다음과 같이 해석된다. 잠을 못 자면 좋은 일이나 중립적인 일을 기억하기가 어려워지지만, 나쁜 일은 여전히 잘 기억한다. 또는 연구원들이 논문에서 말했듯이 "부정적 자극에 대한 인식은 수면 부족의 파괴적 효과에 더 '저항적'이다".

이것은 말이 된다. 우리가 알기로 수면 박탈은 지나치게 활발한 편도체 반응을 유발하고, 편도체는 정서적 기억을 효율적으로 저장하도록 도와주기 때문이다. 이것은 또한 진화적으로도 의미가 있다. 특정 장소에 갔을 때 검치호에게 물려 거의 죽을 뻔했다는 사실(부정적)을 잊는 것은, 새를 본 것(중립적)을 잊는 것이나 맛있는 열매를 발견한 것(긍정적)을 잊는 것보다 훨씬 더 위험할 테니 말이다.

또한 템페스타와 동료들은 잠이 부족한 사람들은 숙면을 취했을 때보다 더 부정적이 된다는 것을 발견했다. 그 수면 부족이 완전한 수면 박탈일 필요는 없다. 최근 연구에서, 5일 동안 하루 5시간으로 수면이 제한된 사람들은 정상적으로 잠을 잤을 때보다 긍정적 이미지와 중립적 이미지를 더 부정적으로 평가하는 것으로 나타났다. 그리고 노바 사우스이스턴 대학교의 제이미 타르타르Jaime Tartar가 이끈 연구에 따르면, 수면의 질이 불량한 학생은 양호한 학생보다 부정적 편견을 보일 뿐만 아니라 우울증 증상을 보일 가능성이 더 높았다.

이 모든 것이 익숙하게 들리는 독자들이 있다면, 그럴 만한 이유가 있다. 이런 부정적 편향은 캐서린 하머가 우울증 환자들에게서 발견한 것과 매우 유사하기 때문이다(4장 참조). 그리고 이것은 특별히 놀라운 일이 아니다. 왜냐하면 수면 문제와 이 책에서 언급한 거의 모든 기분장애 사이에는 강력한 연관성이 있기 때문이다. 그것은 심지어 악순환의 늪에 빠질 수도 있다. 충분한 수면을 취하지 않으면 이러한 부정적 편향으로 이어질 수 있고, 자신의 삶이 실제보다 더 나쁘다고 느끼게 되고, 불안이나 우울증이 증가하여 결국 잠을 이루기가 더욱 어려워진다.

많은 항우울제가 수면의 질을 향상시키는 것으로 보이며, 이것이 약효를 발휘하는 하나의 메커니즘일 수 있다. 사실, 항우울제를 복용하는 동안 수면이 정상화되는 사람은 회복 가능성이 더 높고 재발 가능성은 더 낮은 것으로 보인다.[28] 하지만 아이러니하게도 이것이 모든 사람에게 적용되는 것은 아니며 경우에 따라 불면증이 항우울제의 부작용이 될 수도 있어, 이러한 시스템의 복잡성을 적나라하게 보여준다.

또 다른 생각은, 잠자는 동안 기억은 저장되지만 정서적 내용은 줄어든다는 것이다. UC 버클리의 신경과학 및 심리학 교수이자 《우리는 왜 잠을 자야 할까》의 저자 매슈 워커Matthew Walker는 자칭 '잊기 위한 잠과 기억하기 위한 잠'이라는 가설을 내놓았다. 맨 처음 형성된 기억은 긍정적이든 부정적이든 감정이 풍부하다. 하지만 시간이 지남에 따라 감정이 희미해지기 때문에, 나는 '나의 첫 키스가 스릴 있는 동시에 무서웠다'는 것을 알면서도, 그 이후 며칠 동안 경험했던 감정을 오늘 다시 경험하지는 않는다.

워커의 주장에 따르면, 우리가 잠자는 동안 기억의 감정이 그 내용과 '비동조화decoupled'되기 때문에, 우리는 정서적 영향을 경험하지 않고도 일어난 일을 기억할 수 있다. 만약 이 과정이 잘못된다면, 2장에서 논의한 PTSD 환자처럼 기억을 떠올릴 때마다 감정에 휩싸이게 될 것이다. 특히 워커는 이러한 분리 과정이 렘수면 중에 일어난다고 주장한다. 렘수면이 감정 처리에 안성맞춤인 것은 뇌 속 신경전달물질들이 활발하기 때문이다. 즉, 렘수면 동안에는 깨어 있을 때와 마찬가지로 피질의 GABA 수치가 낮고 아세틸콜린 수치가 높아, 기억이 형성됐을 때와 유사한 방식으로 뉴런이 재활

---

**28** 그러나 다시 말하지만, 상관관계의 방향을 알기는 어렵다. 잠을 잘 잤기 때문에 우울증 증상이 감소했다기보다는, 우울증 증상이 감소했기 때문에 잠을 자기가 더 쉬워졌을 수도 있다.

성화될 수 있다. 그에 반해 스트레스 호르몬인 노르아드레날린 수치는 도파민이나 세로토닌 같은 다른 모노아민을 사용하는 뉴런의 활성과 마찬가지로 깨어 있을 때보다 훨씬 낮다. 이는 감정적 경험 없이 기억을 재생할 절호의 기회를 제공한다. 이 가설의 매력과 책에 나오는 워커의 설득력 있는 주장에도 불구하고, 이런 현상이 실제로 발생하는지 여부는 여전히 논쟁 중이다. 실험 연구 결과는 엇갈리며, 그중 일부는 전반적인 수면, 특히 렘수면 과정에서 기억의 정서적 내용이 감소하기보다는 오히려 증가한다고 보고했다.

그보다 훨씬 이해되지 않는 것은 꿈이 이러한 감정 처리의 발현인지 여부다. 확실히, 꿈의 상당 부분은 정서적 내용을 담고 있으며, 만약 걱정하는 문제가 있다면 그것에 대해 꿈을 꾸게 될 가능성이 높다. 또한 어려운 문제에 대한 꿈을 자주 꾸는 사람일수록 정서적 갈등이나 트라우마에서 더 잘 회복한다는 증거도 있다. 정서적인 꿈은 낮에 실제로 맞닥뜨린 스트레스 요인을 처리하도록 우리에게 감정 조절 기술을 연습하는 능력을 제공하는 셈이다. 다른 한편 꿈은 단순한 화면 보호기로, 외부 세계로부터 입력을 받지 않는 동안 우리의 의식적인 마음을 바쁘게 유지하기 위해 뇌가 만들어낸 것일 수 있다. 수천 년 동안 인간을 매료시킨 주제임에도 우리는 꿈의 밑바탕에 깔린 이유와 그 내용이 무슨 의미인지 거의 알지 못한다.

# 수면은 무엇을 위한 것일까?

∘—∘

이러한 수면 이론은 우리가 자는 동안 일어나는 과정에 대한 흥미로운 통찰을 제공하지만, 수면이 진화한 이유를 확실히 알려주지는 않는다. 첫 번째 문제점은 수면이 하나 이상의 기능을 한다는 것이다. 동물이 하루 중 일부를 떼어내 움직이지 않고 외부 세계에 덜 반응하는 데 할애하기로 결정했다면, 뇌 및 신체의 유지·관리 업무 일체를 (사냥이나 짝짓기에 여념이 없는) 깨어 있는 시간보다는 잠자는 시간 동안 수행하는 것이 유리할 것이다. 따라서 일단 수면이 진화한 후에는, 잠자는 동안 수행되는 모든 종류의 다른 과정이 잇따라 진화했을 가능성이 높다. 그러나 이런 식으로 말하면 최초의 원인, 즉 수면 진화의 원동력이 무엇인지 아는 것은 거의 불가능하다.[29]

모든 수면 이론의 또 다른 문제점은 인간 자신과 인간에게 중요한 것, 즉 감정, 기억, 인지에 초점을 맞추고 있다는 것이다. 그러나 이것은 수면이 동물계 전체에 걸쳐 보편적인 이유를 설명하지 못한다. 그리고 그것은 동물들 사이에서 발견되는 변이를 설명할 수 없다. 만약 우리의 뇌가 정보 처리 및 기억 저장과 감정 처리를 위해 잠을 잔다면, 이른바 더 크고 복잡한 뇌와 더 높은 지능을 가

---

**29** 일반적으로 이것은 진화심리학의 실제 문제다. 뼈나 치아와 달리 뇌는 화석화되지 않기 때문에, 고고학 유적지에서 초기 인간의 행동을 재현하기가 어렵다. 이것은 진화론의 증명이나 반증을 어렵게 만든다. 나는 뇌에 대한 흥미로운 사고방식을 제공한다는 생각에서 이 책에 몇 가지 수면 이론을 포함했지만, 이러한 점을 감안하여 신중히 받아들여야 한다.

진 고등동물이 하등동물보다 잠을 더 많이 잘 거라고 예상할 수 있다. 하지만 이는 사실이 아니다. 예컨대 코알라는 영리한 동물이 아닌데도 하루에 최대 22시간을 잔다.[30] 반면 코끼리는 지능이 있고 복잡한 사회생활을 하지만 야생에서 하루에 2시간만 잔다. 사실 동물의 수면 시간과 인지 능력 사이에는 아무런 상관관계가 없는 것으로 보이며, 심지어 해파리에서도 수면과 유사한 상태가 발견되었다! 이러한 발견들이 시사하는 것은 우리가 기억을 처리하고 저장하는 데 수면을 사용할 수 있고, 수면이 인지와 감정에 중요할 수 있지만, 이것이 다는 아니라는 것이다. 수면은 우리의 진화사에서 까마득히 오래전에 등장했고, 그 이후로 진화한 모든 동물에서 어떤 형태로든 보존되어왔음이 틀림없다. 이는 수면을 추동한 과정이 매우 중요하다는 것을 암시하지만, 그것이 정확히 무엇이었는지는 여전히 미스터리로 남아 있다.

이 책이 완성되기 전에 나는 우리가 잠을 자게 되는 과정과 잠을 자는 동안 뇌에서 일어나는 일들을 더 잘 이해할 수 있게 될 거라고 기대했다. 그리고 이러한 지식 중 일부를 사용하여 내 수면을 개선할 수 있기를 바랐다. 그러나 과학자들은 뇌가 각성 상태에서 수면 상태로 이동하는 메커니즘을 이해하기 시작했지만, 실제로 개인의 수면 질 향상에는 어떤 혁명도 이끌어내지 못했다.

---

**30** 한 연구 논문에서, 저자들은 22시간 중 일부는 휴식일 뿐이고 실제로는 하루에 14시간만 잔다고 제안했다. 그러나 14시간도 여전히 인상적이라고 말하고 싶다!

멜라토닌을 보충하면 생체시계 장애를 가진 사람뿐만 아니라 일주기 리듬이 둔화된 노인에게도 도움이 될 수 있다. 그리고 다양한 종류의 수면제가 개발되어 있어 임상적 불면증을 앓는 사람들에게 도움이 되고 있다. 그러나 이것들은 일반적으로 단기적인 솔루션으로 권장되며, 매일 밤이 아니라 이례적으로 나쁜 밤에만 사용해야 한다.

몇 가지 문제가 있지만 그중 하나는, 수면이 실제로 무엇을 위한 것인지에 대한 이해 없이는 올바른 유형의 수면을 장려할 방법을 알기 어렵다는 것이다. 예컨대, 일부 약물은 수면에 도움이 되지만 수면의 구조를 바꾸기 때문에 렘수면을 늘리거나 줄일 수 있다. 우리는 그것이 어떤 연쇄 결과를 초래할지 아직 확신하지 못한다. 과학자들은 두개골을 경유하는 전기 자극을 사용하거나, 밤의 특정한 시간에 특정한 소리를 제공하는 방법 등 적절한 시간에 올바른 유형의 수면을 장려하는 방법을 찾고 있지만, 이러한 개입은 아직 일반적으로 사용할 단계가 아니다.

그렇다면 수면의 질을 높이기 위해 무엇을 바꿔야 할까? 최선의 기술은 행동 기법일 것이다. 하루의 일주기 리듬을 맞추기 위해 아침에 햇빛을 쬐는 데 집중하고, 저녁 식사를 너무 늦게 하지 않고, 잠자리에 들기 전 컴퓨터 화면에서 벗어나 약간의 휴식을 취하는 것이 모든 불면증을 치료하지는 못하겠지만, 우리 중 많은 사람에게는 '좋은 잠'과 '나쁜 잠'을 가르는 열쇠가 될 수 있다.

수면, 뇌를 둘러싼 최대의 미스터리

# 식욕,

## 생존의 단순하지 않은 원동력

우리 모두는 다음과 같은 경험을 했을 것이다. 정오가 다가오고 있는데, 아침 식사가 며칠 전의 일인 것처럼 느낀다. 조용한 사무실에 앉아 회의에 집중하려고 애쓰지만 점점 커져가는 배 속의 감각으로 주의가 산만해진다. 당신이 알고 있는 그 메스껍고 갉아먹는 듯한 느낌은 오직 한 가지 '배고픔'을 의미한다. 갑자기 꼬르륵…. 방에 있는 모든 사람에게 당신의 배고픔을 알릴 만큼 큰 소리[1]가 난다. 배고픔은 생존과 번식에 필요한 양식을 충분히 먹을 수 있게 해주는 필수 원동력이다. 그러나 그것은 그렇게 단순하지 않으며, 많은 부분이 신체의 화학물질과 어쩌면 놀랍게도 뇌에 의해 제어된다.

---

**1**   배에서 나는 꼬르륵 소리를 가리키는 전문 용어가 궁금하다면, 복명borborygmus이다.

식욕, 생존의 단순하지 않은 원동력

배고픔은 저혈당이나 지방 비축량 부족 같은 내적 상태에서 유발될 수 있지만, 음식 냄새나 시각, 심지어는 스트레스로 시작되기도 한다. 나는 열한 살이 될 때까지 배고픔을 경험하지 못했다. 어린 시절 항상 식성이 좋았고, 주어진 것은 뭐든 가리지 않고 먹는 편이었다. 하지만 부모님이 늘 과자 봉지를 챙겨야 했던 일부 친구들과 달리 나는 결코 음식을 요구한 적이 없었다. 그러다 6학년 어느 날 교실에서 점심 먹으러 나가기를 기다리다가 친구를 향해 돌아서서, 왜 내가 점심 식사 전에 계속 이상한 기분이 드는지 이해할 수 없다고 말했던 것을 생생하게 기억한다. 그것은 몸이 안 좋거나 배가 아픈 듯한 느낌이었다. 친구는 믿을 수 없다는 표정으로 나를 쳐다보며 마치 멍청한 젖먹이에게 말하듯이 대답했다. "배가 고파서 그런 거잖아."

그 이후로 배고픔은 규칙적인 동반자가 되었지만, 새로운 궁금증이 생겼다. 나는 위를 행복하게 유지하기 위해 조금씩 자주 먹는 초식동물이어서 간식을 먹지 않고 몇 시간씩 버티는 게 어렵지만 식사 시간에는 금세 배가 부른다. 이와 대조적으로 친구나 가족 구성원들은 저녁 때 외식을 즐길 요량으로 점심을 건너뛰고, 내가 메인 코스를 끝내려고 애쓰는 동안 평소보다 훨씬 더 많은 양을 후다닥 해치운다. 왜 이런 차이가 나는 걸까? 다른 사람들은 식탁 앞에 앉을 때까지 배고픔을 느끼지 않는데, 나는 무슨 생리학적 이유로 규칙적인 음식 섭취 없이는 제 기능을 발휘할 수 없는 것일까?

# 먹어야 할 필요성

뇌가 느끼는 배고픔을 탐구하기 전에, 음식을 먹을 때 체내에서 일어나는 일을 이해할 필요가 있다. 혈당 수치를 안정적으로 유지하는 것은 우리 몸, 특히 뇌 기능에 필수적이다. 고혈당이 너무 오래 지속되면 눈, 신장, 신경이 손상된다. 그리고 너무 낮으면 현기증, 흐린 시야, 심지어 경련과 같은 증상이 나타난다. 운 좋게도 대부분의 인체는 의식하지 않더라도 이러한 극단적 현상이 발생하지 않도록 열심히 일한다.

우리가 당분이나 탄수화물을 섭취하면, 이 분자들은 포도당으로 빠르게 분해되어 소장 내벽을 통해 혈류로 흡수되어 혈당을 증가시킨다. 췌장은 혈당 증가를 감지하고 인슐린이라는 호르몬을 분비하는데, 이것은 근육과 지방 세포에 포도당을 흡수하도록 장려한다. 또한 간은 포도당을 글리코겐으로 전환시켜 나중을 위해 저장할 수 있다. 그러나 일정량의 글리코겐만 저장되므로, 간이 처리할 수 있는 것보다 많은 당분을 섭취하면 나머지 양은 지방으로 전환된다.

혈당 수치가 떨어지면 인슐린 수치도 떨어지고, 간은 글리코겐을 다시 포도당으로 전환하여 혈류로 방출하기 시작한다. 당뇨병 환자는 인슐린을 생성하지 않거나(1형) 인슐린에 반응하지 않는데 (2형), 이는 이러한 과정이 잘못될 수 있음을 의미한다. 그들이 혈당 수준을 유지하는 데 어려움을 겪는다는 것은 이 메커니즘이 신체

식욕, 생존의 단순하지 않은 원동력

건강에 얼마나 중요한지를 일깨워준다.

인슐린은 뇌에서 또 다른 역할을 수행한다. 혈당이 증가하여 인슐린 수치가 상승하면 인슐린은 뇌로 이동하여 '당신은 배가 부르다'라고 말한다. 인슐린의 이러한 역할은 필수적이며, 뇌에 인슐린 수용체가 없는 생쥐는 빠르게 비만해진다. 혈당이 감소하여 인슐린 수치가 떨어지면 뇌는 이를 감지하고 공복 반응을 시작한다.

그러나 뇌가 받는 신호는 이것만이 아니다. 사실, 배고픔을 느끼는 것은 수많은 다양한 신호 사이의 미묘한 균형의 결과물이다. 음식을 먹고 몇 시간이 흐르면 음식은 위를 통과하여 추가 처리를 위해 장으로 들어간다. 이렇게 되면 위가 비워져 위축된다. 위벽에 분포하는 센서들은 위의 신장도伸張度(얼마나 늘어났는지)를 측정하다가, 이 변화를 감지하고는 미주신경vagus nerve을 통해 뇌에 직접 전기 신호를 보낸다. 이와 동시에 그렐린ghrelin이라는 호르몬이 분비된다.

그렐린은 지금까지 발견된 유일한 '공복 호르몬hunger hormone'으로, 뛰어난 효과를 발휘한다. 만약 여분의 그렐린을 투여한다면 음식 섭취량이 30퍼센트가량 증가할 것이다. 이 호르몬이 얼마나 강력한지 알아보기 위해, 그렐린을 너무 많이 생성하는 사람들에게 눈을 돌려보자. 한 그룹은 프라더-윌리 증후군Prader-Willi syndrome이라는 유전적 장애를 가진 사람들이다. 이 증후군을 가진 사람들은 심각한 비만 및 식탐과 짝을 이루는 학습 장애를 보이는 것으로 알려져 있다. 오늘날 우리는 이들이 과식과 체중 증가를 설명할 수 있는 높은 수준의 그렐린을 가졌다는 사실을 알고 있다.

이처럼 공복은 우리에게 먹어야 할 필요성을 알리는 신호탄이지만, 그것이 전부는 아니다. 우리가 마지막으로 섭취한 음식이 장에 도달하면 또 다른 신호가 발생한다. 콜레시스토키닌cholecys-tokinin, CCK이라는 화학물질은 신체가 음식에 함유된 영양분을 처리하고 흡수하는 데 도움이 되는 변화를 유발하지만, 뇌와 소화계를 연결하는 미주신경을 통해 뇌에 신호를 보내기도 한다. 이것은 공복감보다는 포만감을 느끼는 쪽으로 균형을 되돌린다. 그리고 그것은 '위 비움'을 지연시키므로, 위의 신장 수용체stretch receptor는 '더 많이 먹어라'라는 신호를 보내지 않는다. 음식에 포함된 지방이 많을수록 CCK가 더 많이 방출되고, 즉시 더 먹을 가능성이 줄어든다.[2] 배가 터지도록 먹고 나서 나오는 CCK와 그 밖의 포만감 신호는 위 비움에 의해 생성된 신호를 압도하므로, 몇 시간 동안은 더 먹을 필요성을 느끼지 않는다.

이 수많은 신호는 혈액이나 신경계를 통해 뇌에 전달되며, 이를 뇌가 해석해야 한다. 따라서 우리가 느끼는 공복감을 주도하는 것은 뇌다. 그렇다면 어떤 신호가 가장 중요한지 어떻게 결정할까? 물론 이 부분에서 상황이 좀 더 복잡해지지만, 이 문제를 다루기 전에 짬을 내어 간식을 먹기로 하자.

---

**2** 포만감에 관여하는 다른 화학물질들도 있다. 대장은 펩타이드 YY를 방출하여 소화를 늦추고, 췌장은 아밀린amylin이라는 또 다른 호르몬을 방출한다. 둘 다 뇌의 일부에 작용하여 식사 후에 포만감을 느끼도록 도와준다.

식욕, 생존의 단순하지 않은 원동력

# 저울 기울이기

식욕을 조절하는 가장 중요한 뇌 영역은 아마도 시상하부일 것이다. 시상하부는 '섭식 중추'가 되기에 좋은 위치에 자리 잡고 있다. 그것은 다양한 다른 뇌 영역 및 뇌하수체와 연결되어 있어 호르몬 방출을 제어한다. 일반적인 뇌 영역과 달리 시상하부는 혈뇌장벽 외부에 부분적으로 노출되어 있는데, 이는 주요 혈액 공급에 접근할 수 있고 순환하는 포도당 수준 등을 감지할 수 있음을 의미한다. 그것은 면역계의 작동도 모니터링한다. 만약 혈중 염증 촉진 사이토카인 수치가 높으면, 시상하부는 감염을 인지하고 파괴하려고 노력한다. 감염이 있으면 열이 나는 것은 바로 이 때문이다. 그것은 또한 식욕을 떨어뜨리기 때문에, 음식을 소화하기보다 질병과 싸우는 데 에너지를 총동원할 수 있다.

일찍이 1940년대에, 시상하부 손상이 동물과 인간 모두에 비만을 유발할 수 있다는 사실이 알려졌다. 실험 연구에서 이 영역이 파괴된 동물은 마치 먹이에 대한 욕망이 충족되지 않는 것처럼 과식하는 것으로 나타났다. 그러나 실험 기법이 조잡하여 시상하부와 그 주변 영역들에 영향을 미쳤기 때문에, 어떤 영역이 비만과 관련되어 있다고 확언하기가 어려웠다. 실험 기법이 발전함에 따라 보다 정밀한 병변lesion을 대상으로 한 연구에서는, 손상됐을 때 과식과 비만을 유발하는 것은 시상하부의 일부인 것으로 밝혀졌다. 그곳은 바로 '복내측ventromedial' 영역이다.

시상하부의 복내측 대신 외측lateral이 손상된다면, 동물은 강제로 먹이지 않는 한 식음을 전폐하고 삐삐 말라 죽을 것이다. 이로 인해 '이중 중추 가설dual-centre hypothesis'이 제기되었다. 이 영역의 수면 및 각성 중추(5장 참조)와 마찬가지로, 이 가설은 복내측 시상하부가 '섭식 중추'이고 외측 시상하부가 '포만 중추'라고 주장했다. 섭식 중추의 스위치가 켜지거나 포만 중추가 손상된 동물은 포만감을 느끼지 못하고 탐욕스럽게 먹을 것이다. 그 반대로 된 동물은 굶어 죽을 때까지 배고픔을 느끼지 않을 터다.

이제 우리는 이 초창기 이론이 많은 신경과학 이론과 마찬가지로 지나치게 단순화되었다는 것을 알고 있다. 시상하부는 섭식 행동을 조절하는 데 중요하지만, 뇌와 신경계의 다른 부분과도 관련되어 있다. 그러나 이중 중추 가설이 크게 틀리지는 않았던 것 같다. 연구자들은 오늘날 단지 뇌의 공복감과 포만감 '영역'이 아니라 공복감과 포만감 '네트워크'에 대해 이야기한다. 이들 각각은 시상하부를 통과하지만 한 부분에만 국한되지 않는다. 시상하부의 작은 영역 하나를 자극하면 뇌의 다른 부분과의 연결을 통해 연쇄반응을 일으키기 때문에 동물이 더 많이 먹을 수 있다.

이 시스템은 앞에서 논의한 화학물질들이 효과를 발휘하는 곳이기도 하다. 예컨대 인슐린이 뇌로 이동하면 '먹어' 회로를 억제하는 한편 '먹지 마' 회로를 간접적으로 활성화하기 때문에 포만감을 느끼게 된다. 반면 공복 호르몬인 그렐린은 '먹어' 회로의 뉴런을 활성화하면서 '먹지 마' 회로의 뉴런을 억제한다. 두 네트워크 사이의

식욕, 생존의 단순하지 않은 원동력

균형은 미묘하며 다양한 입력에 의해 어느 쪽으로든 기울 수 있다.

　이러한 신호들을 취합하는 뇌 영역이 발견됐음에도, 식욕이 조절되는 방법은 여전히 오리무중이었다. 그에 대한 단서는 시상하부에 손상을 입은 실험용 시궁쥐들로부터 나왔다. 놀랍게도 이 시궁쥐들의 체중이 무한정 불어난 것은 아니었다. 대신 시궁쥐들은 어느 시점에서 더 이상은 과식을 중단하고 상향 조정된 체중에 정착했다. 강제로 먹이면 체중이 더 불어날 수 있었지만, 일단 양껏 먹도록 내버려두면 상향 조정된 체중으로 복귀했다. 따라서 시상하부가 손상된 시궁쥐들이 항상 배고픔을 느낀 것은 아니었다. 그들은 이전보다 훨씬 더 높은 수준에서 여전히 체중을 조절하고 있었던 것이다.

　이것은 동물의 생리학이 체중을 설정값으로 유지한다는 '설정값 이론set-point theory'으로 이어졌다. 1953년, 고든 케네디Gordon Kennedy는 지방 축적물이 시상하부에 보내는 일종의 되먹임 신호를 생성함으로써, 동물의 먹이 섭취량을 변경한다는 '지방량 유지 이론lipostat theory'을 제안했다. 쉽게 말해서, 체중이 늘어난 동물은 평상시 체중으로 복귀할 때까지 먹이 섭취량을 줄이고, 체중이 감소한 동물은 다시 살찔 때까지 섭취량을 늘린다는 것이다. 그는 혈액에서 순환하는 일종의 대사산물이 신호로 작용할 수 있다고 보았다.

　1950년대에 케임브리지 대학교의 로메인 허비Romaine Hervey는 상당히 암울한 일련의 실험으로 이 신호가 존재한다는 것을 증명했다. 두 마리 어린 시궁쥐를 외과적으로 결합하여 혈액 공급을 공유하게 만드는 것이었다. 그가 한 마리의 시상하부에 병변을 일으키자 예상대로 비만해지는 것으로 나타났다. 그러나 그 파트너에는 충격적인 일이 일어났다. 살이 찌기는커녕 빠지기 시작했으며 먹이를 제공해도 거의 먹지 않았다. 그는 이것이 혈액을 경유하는 되먹임 메커니즘 때문이라고 주장하고, 이 메커니즘이 섭식을 제어한다고 설명했다. 그리고 시상하부가 파괴된 동물은 이 신호에 둔감해진다고 덧붙였다.

날씬해진 파트너는 그 신호에 반응하여 쌍 전체의 체중을 줄이려고 노력했지만 허사였고, 병변이 있는 파트너는 이를 의식하지 못한 채 꾸역꾸역 먹어댔다. 이는 케네디의 이론을 뒷받침했지만, 신호가 무엇인지 이해하는 데 더 가까이 다가가지는 못했다. 그러기 위해서는 생쥐의 매우 특별한 두 가지 도움이 필요했다.

## 포만감 요인

1949년, 유전학 연구는 초기 단계였다. 그러나 비만과 섭식에 대한 우리의 이해에 혁명이 일어나기 일보 직전이었다. 유전학을 더 잘 이해하고 다른 연구자들에게 특정한 유형의 실험용 생쥐를 제공하기 위해, 메인주에 있는 잭슨 연구소는 매년 수백만 마리의 생쥐를 사육해온 터였다. 그해 여름 동물 관리인이 놀라운 사실을 발견했다. 어린 생쥐 한 마리가 심각한 과체중으로, 형제자매보다 3~4배나 몸집이 컸다. 과학자들이 조사해본 결과, 문제의 생쥐를 비롯해 동일한 유형의 생쥐의 6번 염색체상의 한 유전자에서 변이가 발견되었다. 이 변이 유전자는 'ob(비만obese)'로 명명되었고, 두 개의 사본을 가진 생쥐는 ob/ob로 알려지게 되었다.

1966년에는 다른 유전적 변이를 가진 비만 생쥐가 발견되었다. 이들은 만족할 줄 모르고 먹었고, 신체 활동을 싫어하고, 인슐린 저항성과 당뇨병diabetes에 시달렸기 때문에 (두 개의 db 유전자를 가진) db/db 생쥐라고 불렸다. 잭슨 연구소에서 일하는 더글러스 콜먼Douglas Coleman은 허비의 발자취를 따라 '외과적으로 결합된 쥐'를 이용한 일련의 실험을 수행하며, 이러한 유전적 변이들이 실제로 어떤 영향을 미치는지 알아내려고 했다.

야생형 생쥐(즉, 알려진 유전적 변이가 없는 생쥐)가 db/db 동물에 연결되면 허비의 병변 동물의 파트너처럼 섭식을 중단하고 체중이 줄었다. 그리고 db/db 생쥐는 (이전과 마찬가지로) 전혀 개의치 않고 꾸역꾸역 먹기만 했다. 이는 db/db 생쥐가 '먹지 마' 신호를 생성하지만 자신의 신호에 반응할 수 없음을 시사한다. 그러나 그들과 짝지어진 야생형 쥐는 이 신호를 감지할 수 있었고, 이에 반응하여 먹는 것을 중단했다. 이와 대조적으로, ob/ob 생쥐를 야생형 또는 db/db 생쥐와 연결하면 그들 자신은 덜 먹고 체중이 줄었지만 그들의 파트너는 영향을 받지 않는 것처럼 보였다. 이는 ob/ob 생쥐가 db/db 생쥐와 정반대로 순환하는 신호에 반응할 수 있지만 자신의 신호를 생성하지는 않는다는 것을 의미한다.

이러한 결과는 흥미로웠지만 혈액에서 순환하는 '포만감 요인'
이 정확히 무엇인지에 대한 이해가 아직 없었기 때문에 과학계의 일
부 저항에 부딪혔다. 이 저항은 요인이 발견될 때까지 지속되었다.

1980년대 후반, 제프리 프리드먼Jeffrey Friedman은 록펠러 대학
교에서 박사 학위를 마친 후 자신만의 연구실을 꾸렸다. 연구를 위
해 의사 일을 그만두기로 한 그는 뇌의 화학물질이 행동을 일으키
는 방법에 관심을 갖게 되었다. 장에서 생성되는 화학물질인 CCK
가 뇌에도 작용한다는 사실이 최근 밝혀진 상태였다. 일부 연구자
들은 이것이 유전적으로 비만인 생쥐에서 비만의 원인으로 작용할
수 있다고 제안했지만 다른 연구자들은 확신하지 못했다. 프리드먼
은 이에 매료되어, ob/ob 생쥐를 이용해 연구하기 시작했다. 과식
뿐만 아니라 이 생쥐들은 비만 인간에게서는 볼 수 없는 많은 문제
를 가지고 있었다. 즉, 체온이 낮고 면역계에 문제가 있었으며, 불임
이었다. 프리드먼은 CCK의 유전자를 매핑하여, 이를 ob/ob 생쥐에
영향을 미치는 유전자와 비교했다. 그 결과 두 개의 유전자는 생쥐
DNA의 다른 부분에 자리 잡고 있으며, 까마득히 멀리 떨어져 있는
것으로 나타났다. 그렇다면 이 생쥐들에 문제가 된 것은 CCK일 리
가 없었다.

프리드먼은 ob/ob 생쥐의 문제가 무엇인지 밝혀내기로 결심
했다. 그의 연구팀은 8년 동안 최첨단 기술을 총동원하여, 생쥐의
DNA에서 ob 유전자가 발견된 정확한 위치를 찾아냈다. 일단 위치
를 확정한 후, 인근의 유전자들을 모두 검사하여 가장 관련성이 높

식욕, 생존의 단순하지 않은 원동력

은 유전자를 골라낼 수 있었다. 최종적으로 그들은 지방 조직에서만 '켜지는' 유전자 하나를 발견했다. 그리고 유전자 클로닝을 통해 그것이 호르몬을 코딩한다는 것을 증명했다. 그것은 체중에 영향을 미칠 수 있는 화학물질로, '가늘다'는 뜻의 그리스어 '렙토스leptos'에 착안하여 렙틴leptin이라고 불렀다. 2012년《질병 모델 및 메커니즘》이라는 저널과의 인터뷰에서 프리드먼은 이 발견의 순간을 다음과 같이 회고했다.

> 저는 그것이 제 연구 생활에서 가장 흥미진진한 순간이었다고 생각해요. 완전히 압도되었죠. 초기 데이터는 ob 유전자가 확인됐다는 것을 증명했을 뿐만 아니라, 그 유전자 산물이 되먹임의 제어하에 있으며 호르몬을 코딩한다는 것을 보여주었어요. 저는 크게 흥분했어요. 그것은 콜먼의 가설과 우리의 전반적인 가설이 옳다는 것을 암시하는 첫 번째 징후였기 때문이에요.

이제 포만감 신호의 누락된 연결고리가 발견된 만큼, 시상하부가 체중을 조절하는 역할을 한다는 생각이 탄력을 받았다. 이 발견은 설정값 이론에 무게[3]를 더했다. 즉, 시상하부는 비축된 지방에 얼마나 많은 에너지가 저장됐는지를 알려주는 렙틴을 감지함으로써 동물이 일정한 체중을 유지하도록 도와준다. 이것은 혈액 속

---

[3] '체중'이라는 단어를 연상시키기 위해 의도된 말장난이다!

에서 순환하는 가용 혈당 수준에 대한 정보와 결합하여, 섭식 여부를 결정하는 데 사용된다. 만약 우리가 크리스마스에 폭식하여 살이 찐다면, 여분의 렙틴이 방출되어 공복 신호를 약화시킴으로써 이를 상쇄하려고 노력한다. 그리고 살이 빠지기 시작하면 시상하부는 우리에게 더 많이 먹으라고 부추긴다. 이것이 체중 감량이 그렇게 어려운 이유다. 지방 비축량이 설정값 아래로 떨어지기 시작하면, 우리 몸은 이에 대항하여 더 많은 칼로리를 섭취하라고 아우성친다. 즉, 비축된 지방의 감소로 렙틴 수치가 낮아지면 포만감을 느끼기가 어렵기 때문에 다이어트를 계속하기가 힘들다. 설상가상으로 ob/ob 생쥐처럼 렙틴을 전혀 생성할 수 없는 드문 경우, 이 문제는 극단으로 치달을 수 있다.

이해를 돕기 위해 예를 들어 설명해보겠다. 포피Poppy가 세상에 태어났을 때,[4] 앞으로 일어날 일에 대한 징후는 전혀 보이지 않았다. 포피는 건강한 아기처럼 보였고 출산은 (비교적) 쉬웠다. 부모의 품에 안겨 집으로 갔을 때, 포피와 오빠 에반Evan 사이의 차이점이 드러나기 시작했다. 에반은 처음 6개월 동안 모유를 먹이는 것으로 충분했지만, 포피는 몇 주 안에 모유만으로는 어림도 없는 것으로 밝혀졌다. 포피의 식욕은 만족할 줄 모르는 것 같았다. 젖을 먹고 30분 만에 배가 고파서 울기 일쑤였다. 부모는 포피에게 젖병을 물리기 시작했다. 포피의 체중은 급격히 증가했고, 생후 6개월째

---

**4** 이 이야기는 여러 비만 환자의 사례 연구를 기반으로 창작했으며, 이름은 지어냈다.

식욕, 생존의 단순하지 않은 원동력

에는 15킬로그램이 되었다.

평생 날씬했던 부모는 무슨 일이 일어나고 있는지 전혀 몰랐지만, 운 좋게도 포피는 내분비 센터에서 검사를 받았다. 의사들은 렙틴 생성과 관련된 유전자 하나에 변이가 있다는 것을 발견했다. 그것은 포피가 그 호르몬을 전혀 생성하지 않는다는 뜻이었다. 의사들은 포피에게 호르몬 대체요법을 시작했고, 호르몬 주사를 맞은 지 2주 안에 포피는 체중이 감소하기 시작했다. 세 살이 되었을 때 포피는 더 이상 병적으로 비만하지 않았고, 건강한 아기처럼 정상적으로 먹고 행동했다.

렙틴 생산을 중단시키는 유전적 변이를 가진 사람은 드물지만, 비슷한 효과를 내는 다른 질환이 있다. 예컨대, 지방이상증lipody-strophy이 있는 사람은 지방 조직이 거의 또는 전혀 없다. 이것은 타고난 유전적 변이 때문일 수도 있고 후천적으로 생길 수도 있지만, 두 형태 모두 순환하는 렙틴 수치의 저하로 이어진다. 지방을 만들 수 없는 사람들은 배고픔을 느끼고 종종 과식을 하지만, 살이 찌지는 않는다. 그러나 그들은 다른 많은 증상을 가지고 있다. 혈당을 조절할 수 없고 인슐린에 저항성을 보일 수 있기 때문에 종종 당뇨병을 앓는다. 또한 혈중 지방 수치가 높아 더 많은 문제를 일으킬 수 있다. 그리고 종종 생식력에 문제가 있다. 이러한 증상이 익숙해 보인다면 비만한 생쥐에서 발견되는 것과 매우 유사하기 때문이겠지만, 이 사람들은 비만하지 않다. 이로 인해, 과학자들은 쥐가 겪은 불임 등의 증상이 비만 자체가 아니라 렙틴 부족에 기인하는지도 모른다고 생각하게 되었다.

역사를 통틀어 동물은 짧은 기근에서 살아남기 위해 진화해왔다. 인간은 지방의 형태로 에너지를 저장함으로써 기근을 견디지만, 동물들은 먹을 것이 없을 때 행동을 바꾸기도 한다. 우선, 배고픔을 느끼고 정력을 발산하며 미친 듯이 먹이를 찾는다. 그러나 아무것도 발견되지 않으면 두 번째 단계로 진입한다. 곧, 에너지를 절약하기 위해 움직임을 줄이고 체온을 떨어뜨린다. 면역계의 기능이 저하되고 불임 상태가 된다. 요컨대, 동물의 몸은 단식이 끝날 때까지 에너지를 절약하기 위해 할 수 있는 최선을 다한다. 이 기간 동안 렙틴 수치가 떨어지는데, 최근 과학자들은 낮은 렙틴이 기아 관련 증상의 원인일 수 있는지 알아내려 하고 있다. 그들이 궁금증을 해결하기 위해 단식 상태의 동물에 렙틴을 주입하자 예상대로 기아 관련 증상이 역전되었다.

만약 렙틴이 인체가 뇌에 보내는 '나는 굶주리고 있다'는 신호라면, 그것은 '생쥐 모델'과 '렙틴을 생성하지 않는 인간' 모두에 대해 많은 것을 설명한다. 일반적으로 우리의 지방 세포는 렙틴을 생성함으로써 우리 몸에게 에너지 비축량이 있다고 말해준다. 체중이 줄어들면, 순환하는 렙틴 수치가 떨어지고 기아 반응이 촉발되므로, 이를 보충하기 위해 더 많이 먹는다. 그러나 렙틴을 만들 지방 세포가 없거나, 지방 세포가 렙틴을 생성할 수 없거나, 뇌가 렙틴에 반응할 수 없다면, 지속적으로 기아 모드에 있게 된다. 포피는 마치 굶주린 것처럼 느꼈기 때문에 식욕이 충족되지 않았다. 렙틴 결핍

식욕, 생존의 단순하지 않은 원동력

동물과 렙틴 저항성 동물 모두 마찬가지였다. 이것은 과식과 그 밖의 증상들을 모두 설명한다. 지방이상증의 증상도 이러한 기아 반응 설명과 잘 들어맞는다.

포피와 같은 사람에게는 렙틴 요법이 효과가 있다. 누락된 포만감 요인이 대체되면서 포피의 몸은 자신이 굶주리고 있지 않다는 것을 깨달았고, 덕분에 상당한 양의 체중을 줄일 수 있었다. 미국식품의약국FDA과 유럽의약청EMA은 성공적인 임상시험을 거쳐 현재 렙틴을 지방이상증 치료제로 승인했으며, 영국의 의약품 및 건강 제품 규제 기관MHRA도 동일한 조치를 고려하고 있다. 심지어 매우 날씬한 여성(운동선수 또는 댄서)과 이전에 불임이던 여성이 렙틴 치료를 받은 후 임신에 성공한 사례도 있다.

물론 이것은 의문을 불러일으킨다. 모든 과체중인 사람이 렙틴 수치가 낮을까? 이 치료법이 체중 감량에 어려움을 겪는 사람들을 돕는 '마법의 탄환'이 될 수 있을까? 애석하게도 대답은 '아니오'다. 연구에 따르면, 몇 가지 드문 예외를 제외하고 과체중인 사람들은 종종 다량의 렙틴을 생성할 수 있다. 일반적인 내용은 과체중인 사람이 렙틴에 저항성을 보인다는 것인데, 이는 렙틴이 그들에게 미치는 영향이 훨씬 적다는 것을 의미한다. 프리드먼은 '병적으로 비만인 사람 중 약 10퍼센트가 유전적 변이를 가지고 있다'고 추정하는데, 이는 그들이 낮은 수준의 렙틴을 생성한다는 것을 의미하며, 이런 사람들에게는 렙틴 수치를 높이는 치료가 체중 감량에 도움이 되는 것으로 나타났다. 그러나 나머지 90퍼센트에게는 아무런 효과가 없을 것이다.

## 무거운 문제

o—o

우리의 몸과 뇌가 공복감과 섭식을 제어하는 방법에 대한 이해가
빠르게 늘고 있지만, 허리둘레의 증가 속도를 따라잡지는 못한다.
현재 전 세계적으로 21억 명이 과체중 또는 비만으로 추정되며 이
수는 계속 늘어나고 있다.

그런데 한 가지 문제가 있다. 일반적으로 건강한 체중인지를
계산하는 데 체질량지수body mass index, BMI라는 척도를 사용한다. 안
타깝게도 BMI는 좋지 않은 건강 척도인데, 평가를 위해 키와 몸무
게만을 사용하기 때문이다. 근육의 무게가 지방보다 더 나가기 때
문에, 매우 근육질인 사람도 비만으로 나올 수 있다. 체지방률을 측
정하는 것이 더 좋겠지만, 지방이 어디에 저장되어 있는지가 중요
하기 때문에 이것도 완벽하지 않다. 장기 주변에 축적된 내장지방
의 경우 건강에 훨씬 해롭기 때문에, 허벅지나 엉덩이에 지방이 축
적된 사람들은 허리에 지방이 축적된 사람들보다 당뇨병이나 심장
병과 같은 질병에 걸릴 위험이 낮다. 실제로 어떤 사람이 정상 체중
이고 날씬해 보일지라도 여전히 건강에 해로운 수준의 내장지방을
가지고 있을 수 있다. 그리고 물론 체중이 건강을 나타내는 유일한
지표는 아니다. 예컨대, 담배를 피우고 잘 먹지 않고 운동을 하지

않는 날씬한 사람보다 뚱뚱한 사람이 더 건강할 수 있다. 하지만 안타깝게도 BMI는 여전히 대부분의 연구 논문에서 사용하는 척도다. 따라서 이 장 전체에서 비만에 대해 논의할 때, 비만은 이런 식으로 측정된 개념일 수밖에 없다.

체중 편향weight bias[5]이 뚱뚱한 사람들의 건강에 해를 끼친다는 증거도 있다. 수치심과 오명汚名은 운동하는 것을 창피하게 만들 수 있으며, 식사량 증가와 체중 증가로 이어질 수 있다. 일부 연구에서는 '오명이 실제 BMI와 무관하게 건강을 악화시킬 수 있다'고 제안하기도 했는데, 이는 아마도 스트레스 및 이와 관련된 호르몬 수치가 증가하기 때문일 것이다. 플로리다 주립 대학교의 앤젤리나 수틴Angelina Sutin이 이끈 연구에 따르면 체중 차별을 경험한 사람들은 그렇지 않은 사람들보다 사망할 확률이 실제 BMI와 상관없이 60퍼센트 더 높은 것으로 나타났다. 또한 '의료 서비스 제공자들 사이에 체중 편향이 있다'는 증거가 있으며, 체중이 많이 나가는 사람일수록 병원을 찾을 가능성이 낮고 진료를 받을 때 더 열악한 치료를 받는 경우가 많다. 이는 비만과 건강 문제의 연관성 중 일부를 설명할 수 있다.

이 모든 게 의미하는 바는 비만과 건강 문제의 연관성이 한때 생각했던 것만큼 직접적이지 않을 수 있다는 말이다. 그러나 이 분야는 여전히 비교적 새로운 분야이며 더 많은 연구가 필요하다. 확

---

5    비만하다는 이유로 사회적 낙인, 편견, 차별의 대상이 되는 풍조를 말한다(옮긴이 주).

실한 건 이 장 전체에서 '비만이 질병의 위험을 증가시킨다'고 말할 때, 나는 개인이 아니라 인구 전체를 고려한다는 것이다. 즉, 나는 그 연관성이 직접적으로 인과관계에 있음을 암시하지 않는다. 그리고 분명히 말하지만 어떤 건강 문제도 개인의 잘못 때문이라고 매도할 수는 없다. 잘못을 인정하는 일이 중요할 수도 있지만, 체중 감량을 원하는 사람들에게 도움이 될 만한 것이 있을까? 체중 감량은 악명 높을 정도로 어렵고, 당신의 몸은 곧잘 속임수를 쓴다. 앞서 살펴본 것처럼 우리가 살을 빼기 시작하면 몸은 체지방 감소에 반응하여 마치 굶주린 것처럼 배고픔을 느끼게 함으로써 설정값을 유지하려 든다. 배고픔은 보상 시스템에 연쇄적으로 영향을 미치므로(3장 참조), 음식이 더 유혹적으로 다가온다. 이러한 자연스러운 과정은 다이어트 유지를 극도로 어렵게 만든다.

현재 사용되는 비만 치료법 중에서 정말로 효과적인 것은 비만 대사 수술bariatric surgery(또는 체중 감량 수술)이다. 이는 여러 가지 형태를 취할 수 있지만, 모두 '위의 용량'을 줄이는 걸 목표로 하기 때문에 사람들은 더 빨리 포만감을 느낀다. 이것은 위를 실리콘 밴드로 감은 다음 상단에서 조여 닫거나(위 밴드술), 내부에 풍선을 넣어 공간을 차지하게 하거나(위 풍선술), 위 일부를 절단(위 우회술 또는 위 소매술)함으로써 수행된다. 수술이 끝난 후 환자는 아주 적은 양의 음식을 먹어도 포만감을 느끼게 될 테니, 음식 섭취가 제한되어 체중이 감소할 것이다.

그러나 이것이 전부라고 생각하면 오산이다. 수술받은 사람과

식욕, 생존의 단순하지 않은 원동력

시궁쥐는 '작아진 위'를 극복하기 위해 더 자주 먹을 수도 있을 것 같지만 그렇지 않았다. 아마도 소화관이 재배열됨으로써 호르몬 분비가 달라졌기 때문인 것 같다. 수술 후에는 시상하부의 '먹지 마' 네트워크를 활성화하는 포만 화학물질(예: 펩타이드 YY)이 증가하고 공복 호르몬인 그렐린이 감소한다. 이러한 변화들이 함께 작용하여, 수술받은 사람들이 포만감을 느끼고 덜 먹도록 도와준다.

연구에 따르면 위 우회술을 받은 시궁쥐는 소모하는 칼로리가 증가하므로, 동일한 체중을 유지하기 위해 대조군보다 40퍼센트 많은 먹이가 필요하다. 그 메커니즘은 아직 밝혀지지 않았지만 시상하부의 뉴런들과 연관되어 있을 가능성이 높다. 즉, 수술로 시상하부에서 설정값이 재설정되는 바람에, 시궁쥐의 몸은 '하향 조정된 체중'에 도달하고 이를 유지하기 위해 더 많은 칼로리를 태우는 것을 포함하여 할 수 있는 모든 일을 하는 것으로 보인다.

비만대사 수술 후 체중이 감소한 환자를 식이요법과 운동으로 체중을 줄인 사람과 비교한 결과, 수술 환자는 공복 호르몬인 그렐린 수치가 낮은 것으로 나타났다. 그렇다면 장기적으로 볼 때 수술이 다른 체중 관리 계획보다 효과적일 수 있다. 이러한 시술이 효과적이라면 공복감 및 포만감과 관련된 호르몬 수치를 변화시킴으로써 적어도 부분적으로는 동일한 효과를 얻을 수 있다는 이야기가 된다. 현재 많은 시술이 키홀 수술keyhole surgery을 통해 이루어지고 있으며 비교적 안전하지만, 모든 수술에는 위험이 따르므로 약물 치료[6]가 더 안전한 대안이 될 수 있다. 그리고 수술에 비해 확실히 더 저렴해야 한다. 과학은 아직 그 수준에 도달하지 못했지만 흥미로운 연구 방향이라고 할 수 있다.

현재 과학자들은 비만을 둘러싼 오명에 대해 발견하기 시작한 것을 염두에 두고 새로운 접근 방법을 시도하고 있다. '모든 체중에서 건강을health at every size'로 알려진 이 방법은 체중 감량보다는 건강한 행동을 늘리는 데 중점을 둔다. 체중 감량 개입과 비교할 때, 이 접근 방법은 장기적으로 개인의 건강을 개선하는 데 더 성공적이라는 증거가 속속 나오고 있다.

## 맛있는 것의 유혹

∘━∘

배고픔은 중요한 요인이지만, 주지하는 바와 같이 섭식의 유일한 이유는 아니며, 그 밖에도 전 세계인의 허리둘레 증가에 기여하는 다른 이유가 있다. 우리 모두는 꼭 필요하지 않은 디저트를 두 번

---

**6** 비만이 개인의 문제가 아닌 질병으로 인정받게 되었지만 지금까지 등장한 살 빼는 약들은 모두 심각한 부작용이 있었고, 효과는 미미했다. 결국 크게 감량할 수 있는 방법은 몸에 칼을 대는 위 절제술 말고는 없었다. 그러나 근래에 몇몇 당뇨병 약이 비만 문제를 해결할 마법의 탄환으로 등장했다. 이 약들의 임상시험에서 체중 감량 부작용이 나타나면서 비만 약으로의 가능성을 눈치챈 연구진은 다시 체중 감량을 위한 임상시험에 들어갔고, 15퍼센트에 가까운 감량 효과가 나타난 것으로 드러났다. 비만과의 전쟁에서 거둔 첫 승리였다. 그러나 또 다른 심각한 문제가 그 너머에 기다리고 있다. 이 값비싼 살 빼는 약이 우리 사회에 어떤 영향을 미칠까? 예상은 그리 밝지 않다(《과학만화가 김명호의 의학의 소소한 최전선》 참고, 옮긴이 주).

먹거나 비스킷 한 봉지를 야금야금 다 먹어치운 경험이 있을 텐데, 그 이유는 단지 그것이 거기에 있기 때문이다. 그렇다면 생리적으로 먹을 필요가 없음에도 이런 충동이 일 때, 뇌에서는 무슨 일이 벌어지는 것일까?

미시간 대학교의 지나 라이닝어Gina Leinninger가 이끄는 연구팀은 과식과 관련된 뇌 영역의 네트워크를 알아내려고 노력하던 중, 특히 관심 있는 영역인 외측 시상하부lateral hypothalamus, LH[7]를 발견했다. 이 영역은 시상하부의 다른 영역을 경유하여 신체로부터 음식이 필요한지에 대한 신호를 수신할 수 있지만, 보상 시스템의 도파민 뉴런과도 연결되어 있다. 3장에서 보았듯이 도파민 시스템은 쾌락이라는 의미의 보상을 추구하게 하는 것이 아니라, 우리가 특정한 것을 찾거나 약물 복용이나 섹스에서부터 식사에 이르기까지 특정한 방식으로 행동하도록 유도하는 역할을 한다. 라이닝어는 다음과 같이 설명한다.

우리가 알기로, 도파민 신호는 '맛있고 보상적인 것'에 대한 욕구를 조절하죠. (…) 그러나 도파민 신호는 그것에 대한 애호를 조절하는 뇌 시스템과도 연결되어 있어요. 우리가 음식을 먹을 필요가 있을 때, 욕구와 애호는 일반적으로 LH를 통해 조정됩니다. LH는 에너지 상태를 감지하는 뇌의 다른 부분으로부터 정보를 입수하여, "이봐, 우

---

[7]  독자들은 이 영역을 기억할 것이다. 앞에서 논의한 이중 중추 가설에서 '포만 중추'였다.

리는 에너지가 **충분하지 않아**"라고 말하죠. 그리고 LH 뉴런은 도파민 뉴런들을 '자극하여' 실제로 음식을 구하러 가려는 동기를 이끌어내요.

예컨대 혈당이나 렙틴 수치가 높을 때, LH는 신체의 에너지 비축량이 많다는 것을 알기 때문에 '욕구' 시스템을 활성화하지 않는다. 그러나 수치가 떨어지면 LH는 음식을 구하고자 하는 욕구를 증가시킨다. 정말 배고플 때 갑자기 음식만 생각하고,[8] 먹을 것을 발견했을 때 입맛을 쩝쩝 다시는 것은 바로 이 시스템 때문이다.

나는 조식 뷔페가 제공되는 호텔에서 그런 일을 경험한다. 나는 아침을 반드시 챙겨 먹는 사람으로, 아침에 일어났을 때 통상적으로 배고픔을 느끼며, 모닝커피 한 잔만 마시고 점심때까지 버티는 사람을 결코 이해할 수 없다. 나는 뭔가를 먹을 때까지 제 기능을 할 수 없다. 하지만 과식을 하는 건 아니고, 평소에는 건강한 식사를 잘 실천한다. 나는 점심 식사 후에 케이크를 마다하고 과일 한 접시를 먹거나, 오후 중반에 쿠키 대신 당근을 먹는 데 아무런 문제가 없다. 하지만 조식 뷔페를 접하게 되면 모든 것이 달라진다.

굶주린 상태인 나는 페이스트리에 저항할 수 없을 정도로 끌리는 자신을 발견한다. 바삭바삭하고 얇게 벗겨지는 크루아상, 유약을 바른 듯 반질거리는 사과와 푹신푹신한 머핀으로 가득 찬 감질

---

**8**  문득 배고픈 캐릭터의 눈에 친구들이 돼지 넓적다리로 보이기 시작하는 만화가 생각난다.

식욕, 생존의 단순하지 않은 원동력

나게 하는 데니시 페이스트리가 나를 부르는 것 같다. 배고픈 내 뇌에 그 설탕과 지방의 혼합물은 마치 그리스신화에 나오는 세이렌 siren의 노래와 같다.[9] 이를 극복하기 위해 나는 한 가지 습관을 길렀다. 아침 식사 메뉴를 즉시 고른 다음 다른 선택을 일절 허용하지 않는 것이다. 나는 뷔페에 접근하자마자 과일 코너로 직행하여, 신선한 과일과 천연 요구르트를 접시에 담는다. 일단 그것을 먹고 시장기가 조금 가시면 나머지 음식들에 접근한다. 더 이상 '굶주리지' 않은 상태에서는 건강한 선택을 하기가 훨씬 쉬워진다.

따라서 LH는 우리의 필요와 욕망을 연결하는 조절 영역이다. 그리고 늘 그렇듯 이것은 화학 메신저에 의존한다. 이 영역에서 렙틴 신호가 전달되지 않는 생쥐는 과식하여 비만해지고, 이 영역에 렙틴을 공급하면 다시 정상으로 돌아온다. 렙틴은 또한 낮은 도파민 수치를 회복시킨다. 그러나 렙틴과 도파민만 이 영역에서 활동하는 것은 아니며, 뉴로텐신neurotensin이라는 신경전달물질을 사용하는 뉴런도 있다. 이 화학물질은 맛있는 음식을 먹고 싶은 충동을 줄이고 움직임을 증가시키며 체중을 억제한다. 라이닝어는 뉴로텐신이 얼마나 잘 작동하는지에 대한 개인차가 어떤 사람은 감자칩한 줌만 먹을 수 있는 반면 어떤 사람은 패밀리 사이즈 세트를 결딴내는 이유를 설명할 수 있다고 믿는다.

---

**9**     그리고 나중에 보게 되겠지만, 이렇게 반응하는 사람은 나뿐만이 아니다.

도파민 뉴런을 조정하는 뉴런을 방해하면 이러한 차이가 발생할 수 있어요. LH와 도파민 뉴런에 존재하는 매우 다양한 종류의 분자적·유전적 요인이 이 연구를 엄청나게 복잡하게 만들죠. 이것들이 약간만 바뀌어도 이 상호작용이 기능하는 방식을 바꿀 수 있고 저를 바꿔놓을 수 있는 거죠.

비만의 경우, 이 영역이 어떻게든 내적 상태와 단절되기 때문에 음식을 먹으려는 동기가 음식과 관련된 광경, 냄새, 소리 등 외적 단서extend cue에 의해 더 많이 유발된다. 주변에 이러한 것들이 너무 많다는 점을 감안할 때 우리 중 많은 이가 과식하게 되는 것도 전혀 놀랄 일이 아니다.

만약 도파민 뉴런이나 LH가 음식에 대한 필요성에 의해 조정되지 않는다면, 실제로 필요하지 않을 때 음식을 먹을 수 있어요. 이 도파민 시스템이 어떻게 단절되는지는 알 수 없죠. (…) 하지만 우리는 LH의 기능 장애가 동인動因이 될 수 있다고 생각해요.

이 과정과 관련된 또 다른 뇌 영역은 전전두 영역이다. 3장에서 언급한 것처럼, 이마 뒤에 있는 이 영역은 고차적 의사결정 및 억제제어inhibitory control와 같은 '집행 기능'에 관여한다. 기본적으로 이것은 정말로 케이크 한 조각을 더 먹고 싶더라도 '충분히 먹었다'고 타이르는 작은 목소리다. 전전두 영역이 섭식 시스템의 나머지 부분과 어떻게 연결되는지는 아직 명확히 밝혀지지 않았지만, 도파민 뉴런이 중요한 역할을 하는 게 분명하다는 점을 감안할 때, LH와도 관련되어 있을 가능성이 높아 보인다.

## 뭘 먹은 적이 있던가?

○─○

배고픔이나 견물생심과 같이 섭식에 영향을 미치는 명백한 요인뿐만 아니라 식욕에 영향을 미치는 더 놀라운 것이 있다. 바로 기억이다. 연구에 따르면, 기억은 음식 선택에 커다란 영향력을 행사한다. 만약 전날 저녁에 피자를 먹었다면, 그 포식에 대한 기억이 다음 날 점심때 샐러드를 선택하도록 부추길 수 있다. 그러나 기억은 이보다 훨씬 더 근본적이다. 새로운 기억을 형성할 수 없는 일종의 중증 기억상실증severe amnesia 환자들은 첫 번째 점심을 먹은 지 겨우 10분 만에 두 번째 점심을 먹는다. 그들은 또한 식사한 후에 시장기를 덜 느낀다고 보고하지 않는다.

당신은 어떨지 모르지만, 내게는 정말 놀랍다. 나는 한때 공복감과 포만감은 뇌가 아니라 위에 뿌리를 둔 구체적이고 본능적인 느낌이라고 확신했다. 하지만 앞으로는 '점심을 거하게 먹으면, 저녁때는 먹을 필요성을 느끼지 않아 조금만 먹는다'고 말하게 될 것 같다. 식욕이 기억의 영향을 받는다는 사실은 우리가 우리 자신과 신체에 대해 잘 알고 있다는 생각에 의문을 제기한다. 만약 우리가 공복감과 포만감의 원인을 잘못 알고 있다면, 다른 신체 감각은 오죽하겠는가! 그래서 과학이 필요한 것이다. 자신의 지각을 100퍼센트 신뢰할 수 있는 게 아니라면 과학적 방법으로 지각을 형성하는 요인을 파헤쳐야 한다.

뇌 내부의 연결을 더 자세히 살펴보면 납득이 가기 시작한다. 중증 기억상실증 환자는 해마에 손상을 입었는데, 해마란 뇌의 일부로서 (2장에서 보았듯이) 18세 생일날, 파트너와의 마지막 말다툼, 방금 먹은 음식 등 살면서 일어난 일들을 기억하는 데 필수적이다. 그러나 이것이 해마의 유일한 역할은 아니다. 해마에는 인슐린과 그렐린 수용체를 통해 얼마나 배고픈지에 대한 신호를 받는 세포도 있다. 이것은 해마가 내수용감각interoception[10]으로 알려진 과정에도 관여할 수 있다는 것을 의미한다.

내수용감각은 열, 통증, 배고픔과 같은 신체 감각을 탐지하는 능력이다. 기억상실증 환자들이 식후에도 여전히 배고픔을 느낀다는 말은 몸에서 뇌로 보내는 신호를 감지하지 못했기 때문일 것이다. 설사 뇌손상이 없더라도 어떤 사람들은 다른 사람들보다 내수용감각이 부족한 것으로 밝혀졌다. 내수용감각은 피험자들에게 맥박에 의존하지 말고 심장 박동을 감지하도록 요청해 테스트한다. 내수용감각이 뛰어난 사람은 위가 늘어났을 때 포만감을 더 잘 느

---

**10** 우리 몸의 감각기관에는 시각, 청각, 후각, 미각, 촉각의 외부 자극을 받아들이는 외수용감각 외에 근육, 힘줄, 관절 등에서 오는 정보를 받는 고유수용감각proprioception과 내장 등으로부터 오는 정보를 받는 내수용감각이 있다(옮긴이 주).

식욕, 생존의 단순하지 않은 원동력

끼고 위가 수축했을 때 공복감을 더 잘 느낀다. 그런 다음 이들은 먹을지 말지와 얼마나 먹을지를 결정할 때 이러한 내부 신호에 더 많이 의존한다. 그에 반해 내수용감각이 부족한 사람은 음식의 맛이나 시간과 같은 환경 요인에 더 많이 의존한다.

내수용감각에 대한 글이 내 머리에 쏙 들어온 이유는 내 식사가 내부 신호에 매우 많이 의존하는 것처럼 느껴지기 때문이다. 나는 배고픔을 무시하는 데 서툴고, 마감 시간에 쫓기는 동료들이 점심을 거르고 일하는 것을 볼 때마다 경탄을 금치 못한다. 나로 말하자면, 내부 신호를 무시하기가 불가능하다. 그렇다고 한꺼번에 많이 먹는 체질은 아니다. 포만감을 느끼면 금세 불편해지고, 크리스마스 저녁에 2차 가는 사람들을 볼 때 좌절감을 느낄 정도다. 이는 내가 초식동물이라는 것을 의미하는데, 아마도 이러한 문제 중 일부는 과민한 내수용감각과 관련이 있을 듯하다.

애틀랜타에 있는 조지아 주립 대학교의 머리스 페어런트Marise Parent의 연구실에서, 연구자들은 해마와 시상하부의 연결이 식사를 조절하는 방법을 알아내려고 노력하고 있다. 이를 위해, 그들은 빛을 이용한 유전자 조작으로 시궁쥐의 특정 뉴런을 켜거나 끄게 해주는 광유전학이라는 기법을 사용한다. 이를 통해 시궁쥐가 먹이를 먹기 전, 도중, 후에 해마의 세포를 꺼본 결과, 먹이를 먹은 후 해마가 꺼진 시궁쥐는 다음 먹이를 더 일찍 먹을 뿐만 아니라 약 두 배 많이 섭취하는 것으로 나타났다. 기억상실증 환자들과 마찬가지로, 이 쥐들은 자신이 이미 먹었다는 사실을 기억하지 못하고 포만 상태를 감지할 수 없기 때문에 더 많이 먹는 것 같다. 흥미롭게도 이 효과는 쥐에게 밍밍한 사료를 제공하든 맛있는 설탕을 제공하든 발생하므로, 먹이가 얼마나 맛있는지에 영향을 받지 않는 듯하다. 심지어 칼로리가 없는 감미료 사카린을 제공해도 효과가 있다.

그리고 이런 영향을 경험하는 데는 기억상실증이나 광유전학 기법과 같은 거창한 계기가 필요하지도 않다. 연구에 따르면, 컴퓨터 게임을 하거나 TV를 보면서 식사를 하면 음식에 덜 주의를 기울이게 되고, 이는 후식을 더 많이 먹도록 부추기기에 충분하다. 그러고 보니 내 남편이 TV를 보면서, 저녁 식사를 그것도 과식한 후에도 초콜릿을 엄청나게 먹는 게 이해가 간다!

그러나 먹는 음식에 주의를 기울이면 향후 식사량을 줄일 수 있다. 사실, 당신이 '기억하는' 점심 식사의 양은 '실제로' 섭취한 음식의 양보다 저녁 식사 양에 대한 더 나은 예측 지표다. 따라서 어쩌면 해마의 개인차 또는 해마와 시상하부 사이의 연결이 일부 비만의 원인일지 모른다. 케임브리지 대학교의 강사 루시 체케Lucy Cheke는 일련의 연구에서, BMI가 높은 사람들은 기억력 테스트에서 낮은 점수가 나온다는 것을 발견했다. 그러나 이것은 어디까지나 상관관계이므로, 나쁜 기억력이 비만의 원인이라고 단정할 수는 없다.

사실은 그 반대일 수도 있다. 동물 연구에 따르면 당분과 지방이 많이 함유된 먹이를 먹은 시궁쥐는 해마 기억이 손상될 수 있으며, 인간을 대상으로 한 연구에서도 비슷한 결과가 나왔다. 염증, 인슐린 저항성, 또는 그 밖의 이유로 비만은 해마와 나머지 기억 네트워크를 손상시키는 것으로 보인다. 실제로, 오스트레일리아 국립대학교의 카린 안스테이Kaarin Anstey와 동료들이 8년 동안 60세 이상의 사람을 추적한 한 연구에서는, BMI가 높은 사람들의 해마가 저체중인 사람들의 해마보다 더 많이 위축된 것으로 나타났다.

그렇다면 비만과 기억력 손상은 악순환의 고리를 형성하는지도 모른다. 비만은 기억력 장애를 유발하고, 이는 식사량 조절을 어렵게 만듦으로써 체중을 더 많이 증가시킬 것이기 때문이다. 사람들이 악순환에서 벗어나도록 돕는 방법을 찾는다면, 날로 증가하는 비만 치료의 전기를 마련할 수 있을 것이다.

## 스트레스와 퇴행성 디저트

그러나 생리적인 배고픔, 음식에 대한 심리적 욕망, 무심코 집어 먹는 스낵을 고려하더라도, 우리는 여전히 과식으로 몰아가는 요인을 총체적으로 파악하지 못했다.

예컨대 스트레스는 특히 건강에 해로운 '위안용' 음식을 섭취하도록 유도하는 일반적인 이유다. 맛있는 것을 먹을 때 뇌는 기분을 좋게 하는 화학물질을 분비한다. 스트레스를 받을 때 도넛을 먹으면 적어도 잠시 동안은 기분이 좋아진다. 문제는 많은 사람이 많은 스트레스를 받고 있다는 것이다. 뇌는 과거에 우리에게 요긴했던 행동을 반복하는 법을 학습하는 데 매우 능숙하다. 그래서 도넛이 지난번에 도움이 되었다면 뇌는 다음에 스트레스를 받을 때도 도넛을 먹도록 권장할 것이다. 위안용 음식은 이따금 먹는 음식보다 습관이 되기 쉽고, 일단 습관이 되면 고치기 어렵다. 세 살 버릇 여든까지 간다는 속담이 있듯, 뇌가 가장 유연하고 가변적인 어린 시절에 형성된 습관은 특히 그렇다.

그러나 뇌의 관점에서, 습관을 들였다는 것은 무엇을 의미할까? 맨 처음, 우리는 보상에 대한 열망에 이끌려 도넛을 먹었다. 측좌핵(복측선조체)에서 발생한 도파민 신호는 그 음식을 목표로 삼았고, 우리는 그것을 먹었다. 우리는 그 맛을 경험해보고 기분이 좋아졌고, 그래서 그 행동(도넛 먹기)이 강화되었다. 뇌는 우리의 스트레스 대응책이 괜찮은 행동이라는 것을 배웠다. 그러나 시간이 지남에 따라 우리가 그 행동을 반복할 때 뇌의 다른 부분이 바통을 이어받는다. 즉, 배측선조체[11]가 관여하게 되고, 우리는 이제 도넛을 적극적으로 원하거나 즐기는 대신 자동적으로 손을 뻗는다. 그리하여 스트레스를 받으면 먹는 것이 습관으로 자리 잡는다.

그러나 장기적으로 볼 때, 맛있는 간식을 이용한 자가 치료는 늘어나는 허리둘레를 넘어서 연쇄적으로 문제를 일으킬 수 있다. 일부 과학자들은 과식하는 사람들이 좋아하는 음식을 피할 때 금단

---

[11]  복측선조체는 보상과 동기부여에 관여하는 데 반해, 배측선조체는 좋든 나쁘든 상관없이 대부분의 반복 행동에 관여한다(옮긴이 주).

증상을 경험한다고 주장한다. 확실히 다이어트를 해본 사람이라면 누구나 그게 얼마나 짜증 나는 일인지 알 것이다! 그들의 이론에 따르면, 맛있는 것을 거부하면 불안해지고 이것이 스트레스 시스템을 활성화한다. 당신은 음식이 이 상태에 대처하는 데 도움이 된다는 것을 배웠기 때문에, 당연히 부정적 감정을 해소하기 위해 간식을 먹게 된다. 사실 이 시스템 때문에 애초에 음식을 피하려고 하지 않았을 때보다 더 강박적으로 먹게 될 수도 있다.

그리고 단기적으로는 기분이 좋아질 수 있지만, 일부 동물 연구에서 맛있는 음식을 정기적으로 섭취하고 매번 행복한 화학물질을 증가시킬 경우, 장기적으로 보상 시스템이 둔감해진다는 결과가 나왔다. 비만인 사람들은 뇌의 보상 영역에서 도파민 수용체가 줄어들고 맛있는 음식을 먹을 때 이 영역의 반응이 감소하는 것으로 보아 이 패턴에 부합하는 것으로 보인다. 동일한 만족감을 느끼기 위해 점점 더 많은 음식이 필요하므로 이는 과식으로 이어질 수 있다. 그리고 장기적으로 부정적 감정에 빠지기 쉬워 악순환이 초래되기도 한다.

이 모든 것이 왠지 익숙하게 들릴 텐데, 3장에서 언급한 약물 남용과 유사하다고 생각하는 사람은 당신뿐만이 아닐 것이다. 지나라이닝어가 내게 설명했듯이, 심지어 동일한 뇌 영역이 중요한 것처럼 보인다.


**LH는 음주, 운동, 약물 남용, 통증에 중요해요. 그것은 (모든 종류의)**

행동의 중간 조정자인 것 같아요. (…) 우리는 도파민 시스템이 음식, 약물 등에 대한 보상을 조절한다고 막연히 알고 있을 뿐, 모든 도파민 뉴런이 동일한 방식으로 작용하는지는 알 수 없어요.

## 아무리 해도 질리지 않는다

우리 모두는 설탕, 도넛, 치킨너깃, 치즈케이크가 '코카인만큼 중독성 있다'라고 난리 치는 헤드라인을 읽은 적이 있을 것이다. 그러나 이게 실제로 무엇을 의미할까? 3장에서 살펴본 것처럼, 중독addiction으로 정의하려면 개인의 삶에서 다른 것들을 해칠 정도로 뭔가를 추구해야 한다.[12] 그러나 중독성addictiveness은 정의하기가 더 어렵다. 그것은 한 번 시도한 후 또는 몇 번 사용한 후 중독될 가능성이 얼마나 되는지를 의미할 수 있다. 장기간 사용한 후 중독될 가능성이 얼마나 되는지 또는 길에서 무작위로 선택한 사람이 중독됐을 가능성이 얼마나 높은지를 의미할 수도 있다.

아마도 매우 다른 결과가 나올 것이다. 만약 설탕이 중독성이 있다는 데 잠시 동의한다면,[13] 내가 누군가를 임의로 선택할 때 코

---

**12** 대학 때 한 친구는 밤 외출 후 점보 소시지와 감자칩에 대한 욕망이 너무 강해서, 야식을 포기하느니 집에서 춤을 추며 밤을 보낸 소녀와 산책하는 것을 거부하는 쪽을 택했다. 그것은 그의 연애 생활에 걸림돌로 작용했다!

**13** 나중에 살펴보겠지만 명확하지 않다.

식욕, 생존의 단순하지 않은 원동력

카인 중독자보다 설탕 중독자일 가능성이 더 높을 것이다.[14] 우리 중 대부분은 코카인보다 설탕에 더 많이 노출되기 때문이다. 하지만 내가 10명에게 설탕을, 다른 10명에게 코카인을 준다면 아마도 코카인이 더 중독성 있는 선택으로 판명될 것이다.

적어도 표면적으로, 과식자들은 약물중독자와 많은 면에서 행동을 공유한다. 두 그룹 모두, 그렇게 함으로써 사회적 또는 건강상 부정적 결과를 초래할 것이 명백한 경우에도 소비 충동을 느낀다. 둘 다 갈망을 느끼며, 절제하려고 노력할 때 금단증상을 보인다. 그리고 둘 다 '습관을 버렸다'고 생각한 후 흔히들 재발을 경험한다.

그러나 음식을 정말 중독성 있는 것으로 생각해야 하는지에 대한 논쟁은 여전히 진행 중이다. 최근 한 논문[15]에서, 연구자들은 먼저 두 가지 관점을 제시하며 '중독성으로 간주될 수 있는 음식에는 무엇이 있는지'에 대해 토론했다. 케임브리지 대학교의 건강 신경과학 교수인 폴 플레처Paul Fletcher는 "중독성 물질 없이는 중독될 수 없다"고 주장하고, 뉴욕주 마운트 시나이에 있는 아이칸 의과대학의 신경과학 교수인 폴 케니Paul Kenny는 "문제가 되는 것은 단일 물질이 아니라 자연계에서 함께 발견되지 않는 설탕과 지방의 조합으로, 뇌의 동기부여 회로에 '초생리학적 펀치'를 날린다"고 반박한다.

---

**14**   만약 런던의 금융 중심지에서 열린 은행가들의 크리스마스 파티에 참석하지 않았다면, 아마 나도 설탕 중독자로 분류되었을 것이다!

**15**   Paul C. Fletcher & Paul J. Kenny. (2018). "Food addiction: a valid concept?", *Neuropsychopharmacology*, volume 43, pp. 2506~2513(옮긴이 주).

그러나 플레처는, 다른 많은 과학자와 마찬가지로, '설탕 중독' 또는 '설탕 + 지방 중독'에 대한 증거를 아직 납득하지 못한다.

그러나 뇌가 '지방과 설탕이 혼합된 음식'에 대해 두 가지 영양소 중 하나만 있는 음식과 다른 방식으로 반응한다는 확실한 증거가 있다. 즉, 지방이나 설탕 중 하나만 먹이면 설치류는 원하는 만큼 먹어도 살이 찌지 않는다. 그러나 둘을 섞어 먹이면 곧 살이 찌기 시작한다. 그리고 인간도 영양소의 혼합물을 선호한다. 예일 대학교의 다나 스몰 연구실에서 수행한 한 연구에서,[16] 알렉산드라 디펠리찬토니오Alexandra DiFeliceantonio와 동료들은 참가자에게 다양한 간식 옵션을 제공하고 얼마를 지불할 의향이 있는지 물었다. 그 결과 참가자들은 모든 간식의 맛을 동일하게 평가했음에도, 주로 탄수화물이나 지방을 함유한 간식보다 지방과 설탕이 혼합된 간식(비스킷)에 더 많은 돈을 지불하겠다고 응답했다.

참가자들의 뇌를 스캔한 결과, 기름지고 달달한 간식에 반응하여 선조체를 비롯한 보상 및 동기부여 회로 영역의 활성이 높아지는 것으로 나타났다. 그런데 그 이유가 뭘까? 한 이론은 진화론적 설명을 제시한다. 초기 인류사에서 지방이나 설탕이 많은 음식은 드물었고, 둘 다 많은 음식은 거의 존재하지 않았다. 그리고 다음 식사를 언제 할지 모르는 상황에서, 이런 음식을 발견했을 때 게

---

16 Alexandra G. DiFeliceantonio, et al. (2018). "Supra-Additive Effects of Combining Fat and Carbohydrate on Food Reward", *Cell Metabolism*, Volume 28, Issue 1, pp. 33~44(옮긴이 주).

식욕, 생존의 단순하지 않은 원동력

걸스레 먹어치우는 것은 이치에 맞는다. 그러나 이런 음식이 도처에 널려 있는 오늘날, 이와 동일한 메커니즘이 우리를 과식하게 만들 수 있다.

그러나 과식자가 정말로 음식 중독자라고 말할 수 있으려면, 한 걸음 더 나아가 약물 사용을 유발하는 뇌 과정이 과식을 유발한다는 것을 증명해야 한다고 많은 연구자는 주장한다. 언론에 회자되는 많은 연구는 설탕 같은 맛있는 음식을 먹을 때 뇌 활동을 관찰하여 약물을 남용할 때 뇌 활동과 비교함으로써 이를 증명하려고 시도한다. 그리고 음식 중독과 약물 남용 사이에는 몇 가지 놀라운 유사점이 있다. 방금 살펴본 것처럼, 특히 지방이 함께 포함된 달달한 음식을 먹으면 보상 시스템의 뉴런이 활성화되어 도파민 분비가 유발된다. 이것은 우리가 중독성 물질을 더 많이 찾도록 부추기는 원동력이다.

또한 맛있는 음식은 우리의 뇌가 아편유사제나 카나비노이드와 같은 천연 쾌락 화학물질을 방출하도록 하는 것 같다. 이 물질들은 많은 마약과 동일한 수용체에 작용한다. 그러나 여기서 중요한 것은 양이다. 초콜릿 케이크가 아무리 맛있더라도, 헤로인 사용자가 경험하는 것과 같은 양의 아편유사제를 생성하지는 않는다. 이 모든 것이 의미하는 것은 음식 중독을 마약 중독과 동일한 방식으로 진단해야 하는지를 둘러싼 논쟁이 여전히 해결되지 않았다는 것이다.

그러나 일부 사람이 경험하는 음식에 대한 제어력 상실을 물질

중독substance addiction이 아니라 행동 중독behavioural addiction으로 보아야 한다는 제3의 견해가 있을 수 있다. 임상의와 연구자가 사용하는 매뉴얼로, 현재 사용 가능한 모든 진단명이 나열되어 있는《정신장애의 진단 및 통계 편람Diagnostic and Statistical Manual of Mental Disorders, DSM》에 포함된 행동 중독 항목은 수년에 걸쳐 많이 변경되었지만 최신 버전인《DSM-5》에 포함된 항목은 도박이다. 그러나 흥미롭게도 '비물질 관련 장애Non-Substance-Related Disorder'라는 새로운 범주가 추가되었다. 이것이 시사하는 바는 다음 버전에서 더 많은 잠재적 진단명이 이 범주에 포함될 여지가 있다는 것이다. 아마도 인터넷, 쇼핑, 또는 섹스 중독이《DSM》에 등재될 수 있을 텐데, 많은 연구가 이루어졌지만 등재에 필요한 증거가 아직 축적되지 않은 듯하다. 어쩌면 음식 중독을 물질보다는 행동의 문제, 즉 섭식 중독 eating addiction으로 보아야 할지도 모르겠다.

맛있는 음식은 매우 보상적이며, 도파민 분비는 시간이 지남에 따라 보상이 예측되는 모든 사물로 옮아갈 수 있다(3장 참조). 현실 세계에서 이것은 당신이 가장 좋아하는 레스토랑의 로고나 갓 구운 쿠키 냄새를 의미한다. 이러한 단서를 포착하면 당신은 '필요성(얼마나 배고픈지)'이나 '애호도(얼마나 좋아하는지)'를 불문하고 습관처럼 음식을 찾게 될 수 있다. 욕구 시스템이 당신을 장악하는 것은 마약 사용자가 마약 판매소를 지나칠 때 마약에 대한 갈망이 촉발되거나 도박꾼이 마권업소를 지나칠 때 도박에 대한 갈망이 샘솟는 것과 마찬가지다. 그렇다면 음식도 마찬가지일까? 비만과 폭식장애

식욕, 생존의 단순하지 않은 원동력

가 있는 사람들은 환경 속에서 음식과 관련된 광경이나 냄새에 더 민감하다는 증거가 있다. 그리고 이러한 단서에 대한 민감도는 체중 증가의 장기적인 예측 지표다.

약물중독자와 마찬가지로 비만 환자도 보상 시스템이 변화할 수 있다는 의견이 있지만, 이 연구는 아직 초기 단계. 보상 시스템뿐만 아니라 전전두피질이 약물의 영향을 받는다는 증거도 있다. 이 영역은 보상 시스템에 브레이크를 거는 역할을 하며, 우리가 추구하지 말아야 할 것을 원할 때 이를 무효화하는 데 도움이 된다. 이 브레이크가 더 이상 작동하지 않으면 유혹에 저항하기가 더 어려울 수 있다. 일부 증거는 지방과 설탕의 자극적 혼합물을 포함하는 고도의 가공식품을 많이 섭취하는 사람들에게도 유사한 효과가 나타날 수 있음을 암시한다. 그러나 배심원단은 아직 결론을 내리지 못했으며, 과식의 배후에 중독과 동일한 메커니즘이 도사리고 있는지 확인하려면 인간에 대한 연구가 더 많이 필요하다. 음식을 약물과 비교하는 것이 유용한지도 의문이다. 마약, 도박, 심지어 섹스를 완전히 삼가는 것은 가능하지만 음식은 생명을 유지하는 데 꼭 필요하기 때문이다. 따라서 두 가지 중독을 동일한 방식으로 치료하는 것은 도움이 되지 않을지 모른다. 그러나 자발적 선택이 아니라 습관에 의존하여 음식을 먹는 것이 살찌는 데 일익을 담당하는 것은 분명해 보인다. 흥미롭게도 습관은 섭식장애eating disorder 스펙트럼의 다른 쪽 끝에 있는 사람들, 즉 거식증anorexia 환자에게도 영향을 미치는 것으로 보인다.

# 거식증의 원인은?

○─○

내가 다니던 여자 중학교에서 섭식장애는 드문 일이 아니었다. 매년 한 명의 학생이 학교에서 실종되는 사건이 발생했는데, 며칠이나 몇 주가 지나면 독감에 걸렸다는 둥 또 다른 학생이 거식증과 싸우고 있다는 둥 소문이 무성했다. 친한 친구가 몇 달 동안 질병과 싸우고 있었다는 사실을 알았을 때 나는 엄청난 죄책감을 느꼈다. 어떻게 눈치채지 못했을까? 그러나 비밀은 거식증의 전형적인 특징 중 하나다. 나는 점심시간에 친구가 밥 먹는 장면을 보곤 했지만, 친구의 활동적인 삶을 감안할 때 식사량이 턱없이 부족하다는 것을 깨닫지 못했다. 그리고 당시에는 과도한 운동이 질병의 일부라는 사실을 깨닫지 못했다. 쉬는 시간에 우연히 함께 운동장 주변을 조깅할 때면 친구는 나와 달리 스포티했다. 그리고 헐렁한 옷 때문에, 질병이 친구의 몸에 얼마나 많은 피해를 입히고 있는지 알 길이 없었다.

과식과 비만이 스펙트럼의 한쪽 끝에 있다면, 거식증은 다른 쪽 끝에 있다. 위험할 정도로 말랐음에도, 대부분의 환자는 자신을 저체중이라고 여기지 않고 더 많이 감량해야 한다며 체중 증가를 두려워한다. 치료를 받지 않으면 그들은 계속 살을 빼거나 때로는 죽을 지경에 이른다. 사실 거식증은 모든 정신질환 중에서 가장 치명적이며, 치료하기 어려운 질병에 속한다. 30~50퍼센트의 환자가 치료를 받으면 회복하지만, 안타깝게도 약 5퍼센트는 사망한다. 나머지는 평생 그 병과 싸워야 한다. 내 친구는 운 좋은 사람에 속한 것 같다. 한동안 힘겨운 시간을 보낸 후, 지금은 뜨문뜨문 연락하지만 잘 지내고 있는 것 같다.

거식증에 대한 이해는 지난 10여 년 동안 상당히 발전했다. 일반적으로 십 대 시절에 나타나는 이 질병은 한때 타인에게 통제되는 삶의 한 측면을 개인적으로 통제하려는 시도라고 여겨졌다. 그것은 부모(또는 더 정확하게는 역사적으로 자주 발생하는 것처럼 어머니) 탓으로 돌려졌다. 그리고 완벽주의자이고, 규칙을 따르며, 매우 불안해하는 개인의 성격 탓으로 매도되었다. 이러한 요인들이 통제 환경 속에서 뒤섞여 거식증을 유발한다고 보았다. 그러나 최근 연구는 이 오래된 이론이 옳지 않다는 것을 증명했다. 그렇다. 거식증 환자들의 성격에 유사점이 있는 것은 사실이지만, 이것은 원인이라기보다는 결과에 불과할 수 있다.

흥미롭게도 거식증이 있는 사람들은 모든 칼로리를 똑같이 제한하지는 않는 경향이 있다. 뉴욕 주립 정신과학연구소의 카린 포어데Karin Foerde와 동료들은 일련의 실험에서, 참가자에게 뷔페 식권을 제공하고 그들이 먹은 것을 기록했다. 그랬더니 건강한 대조군은 다양한 음식을 선택했지만, 거식증 환자는 지방이 많은 음식을 피하는 경향이 있었다. 당연하게도 이들은 전반적으로 더 적은 칼로리를 섭취했다.

연구팀은 치료 후 건강한 수준으로 돌아온 거식증 환자들을 추적하며 섭식 패턴을 관찰했다. 그들은 클리닉에서 제공한 칼로리와 지방이 비교적 많은 식사를 골고루 먹고 있어, 퇴원할 준비가 되어 있었다. 하지만 걱정스럽게도 연구팀은 전과 동일한 패턴을 발견했다. 비록 처음보다 많은 칼로리를 섭취했지만, 환자들은 평균적으로 대조군보다 여전히 덜 먹었고 고지방 음식을 피했다. 그들의 선호도는 변하지 않았지만 식사에 대한 자유로운 선택권이 없었으므로 은폐되었던 것이다. 이것이 어린 시절 친구를 포함하여 많은 거식증 환자들이 수년간 치료와 재발을 거듭하며 병원과 진료소를 들락거리는 이유일 수 있다. 퇴원과 동시에 식사에 대한 선택권이 허용되면 상당수 환자들이 원래의 식습관을 회복한다. 사실, 이러한 지방 회피와 재발 가능성 사이에는 밀접한 상관관계가 있는 것으로 보인다. 따라서 이들이 영원히 회복하도록 돕자면 이 문제를 해결해야 한다.

또 다른 중요한 요소는 환자가 먹는 음식의 다양성이다. 미국 컬럼비아 대학교의 재닛 셰벤닥Janet Schebendach과 동료의 연구에 따르면, 치료받는 동안 매일 똑같은 음식을 먹고 일련의 규칙을 엄격하게 준수하는 환자는 퇴원 후 현실 세계에 부닥쳤을 때 어려움을 겪을 가능성이 더 높다. 이것은 거식증을 습관으로 보는 견해와 부합하며, 이를 제시한 사람은 컬럼비아 대학의 소아정신약리학 교수인 티머시 월시Timothy Walsh다.

우리는 앞서 과식에 대해 이야기하며, 목표 지향적 행동("나는 건강하게 살려고 노력하는데 점심을 너무 많이 먹었기 때문에, 또는 신선한 것을 좋아하기 때문에 저녁에 샐러드를 선택할 것이다")이 습관적 행동("나는 저녁에 항

식욕, 생존의 단순하지 않은 원동력

상 샐러드를 먹는다")으로 전환되는 과정을 살펴보았다. 윌시는 이것이 거식증의 기초라고 믿는다. 즉, 어떤 사람이 몇 킬로그램을 감량하기로 결심했다고 치자. 그는 다이어트를 시작하고 체중을 줄인다. 그러자 기분이 좋아져 다이어트를 반복한다. 시간이 지남에 따라 그는 제한적 주기restrictive cycle에 갇혀 있는 자신을 발견하게 된다. 그리하여 결과가 아니라 '제한 자체'가 보상이 된다. 다시 말하지만 과식과 마찬가지로 절식도 습관이 되거나 심지어 중독이 된다.

거식증 환자에게 음식에 대한 결정을 내리도록 요청한 후 환자의 뇌를 스캔하면, 선택 메커니즘이 작동하는 것을 볼 수 있다. 환자와 대조군 모두에서 전전두피질 영역이 활성화되어, 각 음식의 개별적 가치를 계산한다.[17] 그러나 거식증 환자는 습관을 담당하는 배측선조체의 활성이 훨씬 더 높다. 그렇다면 회복의 열쇠는 이 습관을 깨는 것이다. 그러나 이것은 결코 쉬운 과정이 아니다.

다른 요인들, 이를테면 보상에 대한 개인적 반응도 관련되어 있다. 대부분의 사람에게 맛있는 음식은 매우 보상적이다. 즉, 아이스크림을 먹으면 기분이 좋아지는데, 우리는 이것을 그 음식에 대한 평가의 일부로 사용한다. 그러나 거식증 환자의 경우, 먹는 것이 쾌락 대신 불안으로 가득 차 있기 때문에 아이스크림에서 보상감을 느끼지 못한다. 그 이유는 정확히 알 수 없지만 몇 가지 이론이 있

---

**17** 가치를 계산하고, 그것을 사용하여 결정을 내리는 과정에 대한 자세한 내용은 7장을 참조하라.

다. 많은 연구에서, 거식증 환자들은 즉각적 보상(예: 케이크의 맛)에 덜 민감하고 장기적 보상(예: 체중 감량)에 더 민감한 것으로 밝혀졌다. 그들은 또한 처벌에 과도하게 반응하며, 긍정적 결과보다 부정적 결과(예: 과체중이 될 가능성)에 더 관심을 기울인다.

다른 연구자들은 다시 한번 뇌 화학물질의 불균형이 근본 원인일 수 있다고 제안한다. 세로토닌은 기분에 관여하며, 많은 연구자가 낮은 세로토닌 수치와 우울증 사이의 연관성을 근거로(4장 참조) 세로토닌이 증가하면 더 행복해질 것이라고 생각한다. 그러나 뇌는 섬세한 기계이므로 세로토닌이 너무 적어도 탈이지만 너무 많아도 탈이다. 높은 수준의 세로토닌은 불안과 관련되어 있다. 섭식장애를 중점적으로 연구하는 월터 케이Walter Kaye는 '거식증 환자는 세로토닌 수치가 높다'고 주장하는데, 이 이론은 그들이 세로토닌의 뇌 수치를 증가시키는 유전자를 가지고 있을 가능성이 높다는 발견이 뒷받침한다. 세로토닌은 우리가 음식에서 얻는 아미노산인 트립토판으로부터 체내에서 생성된다. 그래서 이 이론에 따르면 굶는 것이 세로토닌을 줄이는 좋은 방법이다. 거식증을 앓는 사람들은 자발적으로 또는 질병 같은 다른 이유로 다이어트를 하면 덜 불안해진다는 것을 알게 되는데, 그 이유는 세로토닌 수치가 떨어지기 때문이다. 이들은 칼로리를 제한하면 기분이 나아진다는 것을 깨닫고 계속 그렇게 한다.

그러나 이전에 살펴본 것처럼, 당신이 뇌의 화학물질 수준을 변경하면 뇌가 반격을 가한다. 거의 남아 있지 않은 세로토닌을 최

식욕, 생존의 단순하지 않은 원동력

대한 활용하기 위해 굶주린 사람의 뇌는 더 많은 세로토닌 수용체를 생성한다. 이렇게 되면 뇌가 과민해져 환자가 음식을 먹으려고 하거나 강요당할 때 세로토닌이 넘쳐나 과부하가 걸리므로, 음식 섭취를 제한하기 전보다 훨씬 더 심각한 불안이 유발된다. 이것은 개인이 금식을 통해 거식증을 '자가 치료'하는 악순환으로 이어져, 뇌가 세로토닌에 더 민감해지고 정상적인 식단을 재개하기가 어려워진다. 금식 자체가 질병의 진행을 초래하는 원인으로 작용하는 것이다.

이 이론을 검증하는 과정에서 연구자들은 거식증으로 고통받는 사람들의 뇌척수액에는 세로토닌이 부족하지만, 회복하면서 이 수치가 서서히 증가한다는 사실을 발견했다. 흥미롭게도 장기간의 회복 후에도 세로토닌 수치는 거식증에 걸린 적이 없는 대조군보다 높게 유지된다. 이는 왜 그렇게 많은 환자에게 거식증이 평생 동안 관리되어야 하는 질환인지를 설명해준다.

거식증을 더 잘 이해함으로써 치료법을 찾을 수 있기를 희망하지만, 슬프게도 지금까지는 불가능했다. 거식증을 중독처럼 취급하는 것은 제한된 성공을 거두었고, 강박장애obsessive compulsive disorder, OCD에 효과가 있는 약물(거식증에 대한 또 다른 아이디어는, 그것이 본질적으로 음식과 관련된 OCD라는 것이다)은 성공하지 못했다. 그러나 OCD 치료제는 또 다른 섭식장애인 폭식증bulimia에 도움이 되었다. 폭식증 환자는 다량의 음식을 섭취하는 폭식 단계binging phase, 스스로 구토하거나 완하제laxative나 과도한 운동으로 섭식을 상쇄하는 제거 단계purging phase를 거친다. 제거 단계는 그 나름의 문제를 야기하지만, 폭식증 환자들이 거식증 환자처럼 굶주리는 것은 아니다. 그렇다면 OCD 치료제가 거식증 환자에게 듣지 않는 것은 이 '굶주린 상태' 때문일지도 모른다.

거식증 환자와 마찬가지로 폭식증 환자도 세로토닌 회로에 문제가 있을 수 있다. 예컨대 저녁 식사를 하지 않으면 세로토닌 수치가 떨어지는데, 폭식증 환자는 건강한 대조군보다 수치가 더 크게 떨어진다. 폭식은 세로토닌 수치를 회복하기 위한 방법일 수 있다. 폭식증 환자처럼 폭식을 하되 제거는 하지 않는 과식장애 환자들은 세로토닌 수치가 만성적으로 낮은 것으로 생각되며, 스트레스를 받은 사람과 마찬가지로 음식을 이용한 자가 치료를 시도한다. 세로토닌과의 관련성은 장애가 없는 사람들에게도 적용된다. 뇌의 세로토닌 수치와 밀접하게 관련된 유전자의 차이는 일반인들의 폭식과 연관이 있는 것으로 밝혀졌다.

세로토닌 수준뿐만 아니라 보상 시스템도 섭식장애에서 중요한 것으로 보인다. 거식증 환자들은 너무 많은 도파민을 생성하기 때문에 불안해하고 식사와 같은 일상의 즐거움을 경험할 수 없지만, 폭식증은 도파민 및 일부 도파민 수용체의 부족과 관련이 있다. 환자가 폭식을 하면 특정 영역에서 도파민이 증가하여 이 문제가 완화된다. 폭식에 몰두하는 사람들은 보상에 매우 민감하게 반응하고 보상을 추구하도록 내몰리는 것 같다. 그러나 문제는 음식을 많이 먹는 데 그치지 않는다는 사실이다. 폭식하는 사람들은 마약과

식욕, 생존의 단순하지 않은 원동력

술을 병용할 가능성이 높다. 폭식증의 경우에는 제거도 보상적이며, 보상 민감도가 높은 환자일수록 제거 가능성이 더 높다.

주지하는 바와 같이, 보상 시스템과 시상하부는 식사에 관한 한 밀접하게 연결되어 있다. 그리고 지나 라이닝어는 뉴로텐신(섭식을 억제하는 시상하부의 화학물질) 연구에서 흥미로운 가능성을 제시한다. 어쩌면 거식증에서 조절되지 않는 것은 바로 뉴로텐신일지도 모른다. 그녀에 의하면, 흥미롭게도 그리고 아마도 반직관적으로 뉴로텐신이 (일반적으로 '욕구 증가'를 통해 동물이나 사람이 더 많이 먹게 만드는) 도파민 방출을 증가시킨다. 어안이 벙벙해진 나는 라이닝어에게 도파민 증가가 어떻게 식욕을 감소시킬 수 있냐고 물었다.

여기서부터 일이 까다로워지기 시작해요. (…) 어쩌면 다른 종류의 도파민 뉴런이 존재할지도 모르죠. (…) 일부 도파민 회로를 활성화하면 실제로 보상을 얻으려는 동기가 줄어들 수 있다는 증거가 있어요. 제 이론의 골자는, 뉴로텐신 뉴런이 특정한 도파민군과 결합할 수 있고, 이것들이 활성화되면 음식 섭취가 억제된다는 거예요. 그것은 운동하려는 동기의 증가와 관련된 것 같아요. 즉, 그것은 사람들이 추구하는 보상 행동의 유형을 편향시킬 수 있어요. 그리하여 사람들은 비스킷을 먹는 대신 달리기를 하고 싶어질 거예요.

이 뉴런들은 몸이 아플 때 식욕을 줄이고, 탈수 상태일 때 배고픔을 억제하여 물을 찾는 데 집중하도록 만드는 뉴런과 동일한 뉴런이다. 만약 거식증에서 이 뉴런들이 어떤 식으로든 말썽을 일으키면 음식에 대한 욕구가 억제될 수 있다. 라이닝어는 자신의 이론을 다음과 같이 설명했다. "뉴로텐신 시스템이 교란되면 섭식을 과도하게 제한하는 이 회로를 경유하여 '과도한 도파민 신호'로 귀결되죠. 그것은 뇌를 단락短絡시켜, 음식의 필요성을 감지하는 대신 음식 제한에 과도한 보상을 제공해요." 그녀는 현재 이에 대한 연구비를 신청했으며, 이것이 거식증의 문제로 밝혀질 경우, 섭식장애 스펙트럼의 양쪽 끝에 있는 사람들을 돕기 위한 약물 또는 기타 개입으로 이어질 수 있기를 희망한다. 라이닝어의 발견의 핵심은 '뇌의 단일 영역에 있는 도파민이 완전히 다른 두 가지 효과를 낼 수 있다'는 것으로, 신경과학 연구의 이슈 중 하나를 강조한다.

뇌는 믿을 수 없을 정도로 복잡하며, 최적의 건강에 필요한 신경전달물질의 균형에 관한 한 특히 그렇다. 현재 뇌화학에 영향을 미치기 위해 사용하는 약물들은 뇌의 모든 영역에서 신경전달물질의 양을 변화시키는 무딘 도구다. 이런 약물은 약간의 효능을 발휘할 수 있지만, 우리의 신경 회로에 과부하를 초래함으로써 예기치 않은 부작용을 초래하기도 한다. 라이닝어는 지금까지 개발된 수많은 약물이 실패한 이유를 다음과 같이 설명한다.

그것들은 표적을 정조준하지 못했을 수 있어요. 수많은 약물이 (…) 장과 뇌의 (…) 많은 부분에 작용하여 다양한 반응을 이끌어냈죠. 요컨대 특이성 부족이 문제였어요. 이 과정에서 특정한 신경 회로가 어떻게 작동하는지 이해함으로써, 개인의 특정 장애를 정확히 겨냥하는 치료법을 설계할 수 있다는 희망이 있어요. (…) 그것은 어쩌면 개인화된 의학 personalised medicine 이라는 접근 방법일 수 있겠죠.

개인화된 의학이란 종종 유전학을 기반으로 개인에게 알맞은 약물을 처방하는 접근 방법으로, 암과 같은 일부 질환에 사용되기 시작했다. 아직 갈 길이 멀지만, 언젠가는 개인의 뇌 회로가 치료를 안내할 수 있을 것이다. 라이닝어는 희망적이다. "이러한 과정의 기초과학을 이해하면 향후 치료법을 개발하는 데 도움이 되겠지요."

우리 모두 의도한 연구 결과가 나오도록 그녀의 행운을 빌자.

# 결정,

## 논리인가 화학물질인가

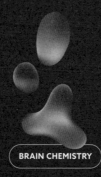

6장에서 우리는 먹을 것인지 말 것인지와 같은 외견상 간단해 보이는 결정을 제어하는 뇌 구조가 얼마나 복잡한지를 깨달았다. 그러나 우리는 매일 수백 가지 결정을 내려야 한다. 그런 결정 중 일부는 무엇을 입을지, 어떤 경로로 출근할지와 같이 아주 간단하다. 그러나 새 직장을 구할 것인지, 집을 살 것인지와 같은 어떤 결정들은 복잡하고 중요하다. 우리는 각 선택의 좋은 점과 나쁜 점을 비교하여 결론에 도달함으로써 이러한 결정에 합리적으로 도달한다고 생각한다. 그러나 그건 사실이 아니다. 우리는 알지도 못하는 사이에 무언가의 영향을 받을 수 있으며, 대부분 냉철한 증거보다는 감정이나 가정에 근거하여 결정을 내린다.

우리가 결정을 내리는 방법은 내가 오랫동안 관심을 가져온 주제다. 나는 일상적인 것을 선택하는 데 능숙하지 않다. 예컨대 음식을 쇼핑하다가 기진맥진해지고, 메뉴가 12개 이상이면 압도당한다. 그러나 나만 그런 건 아니다. 많은 사람이 이러한 '결정 피로'를 경험하는데, 지금 사정이 빠듯해서 결정하기 어려울 때 특히 그렇다. 종종 문제가 커지는 것을 막기 위해, 나는 그저 '충분히 좋은' 옵션을 선택하거나 다른 사람에게 선택해달라고 요청한다.

남편은 나와는 다른 접근 방법을 채택한다. 그는 모든 옵션에 대해 가능한 한 많은 정보를 수집한 후(종종 더 큰 결정을 위해 스프레드시트를 작성한다[1]), 각 옵션을 평가하는 데 충분한 시간을 할애하려고 노력한다. 그의 접근 방법은 이사를 할 것인가와 같은 큰 결정일 때는 정말 도움이 되지만 어떤 침대를 구입할 것인지 같은 작은 결정일 때는 오히려 불만스럽다. 그리고 새로운 슈퍼마켓으로 음식을 사러 갈 때, 그는 정확히 어떤 브랜드의 뮤즐리를 살지 고민하면서 몇 시간을 꾸물거릴 사람이다! 이로 인해, 나는 사람들마다 의사결정에 대한 접근 방법이 다른 이유와 일반적 의사결정 과정을 이해하는 방법이 궁금해졌다. 한 걸음 더 나아가 단순하고 이분법적인 결정을 위한 네트워크가 그렇게 복잡하다면, 우리의 뉴런은 각각 긍정적인 면과 부정적인 면이 있는 여러 가지 선택 사항을 도대체 어떻게 저울질할까?

---

[1] 에너지 공급 업체를 선택하는 문제의 경우, 커다란 스프레드시트를 작성하여 몇 시간 동안 고민할 만한 가치가 있다.

# 얼마만 한 가치가 있을까?

◦—◦

결정을 내리기 위해 우리는 의식적으로든 무의식적으로든 각각의 선택지에 가치를 부여해야 한다. 만약 바닐라 아이스크림과 초콜릿 아이스크림 중 하나를 선택해야 한다면 더 많은 쾌락을 제공하는 쪽이 가치가 더 높은 품목일 것이다. 대부분의 사람에게 이것은 간단한 선택이고, 나는 매번 초콜릿을 선택할 것이다(색깔이 짙을수록 좋다!). 하지만 슬프게도 인생에서 선택은 그렇게 간단하지 않다. 예컨대 바닐라 가격이 내려 초콜릿 가격의 절반이 되었다고 가정해보자. 이제 나는 각 선택의 쾌락적 가치(얼마나 많은 쾌락을 제공할 것인가)와 금전적 가치를 고려해야 해서 결정이 더 어려워진다. 초콜릿이 바닐라보다 두 배 많은 쾌락을 제공할 수 있을까? 그 추가 쾌락의 가치가 할인된 아이스크림을 구입함으로써 절약할 수 있는 돈보다 나에게 더 중요할까? 누군가 나를 슈퍼마켓 밖으로 데려갈 때까지, 냉동식품 코너에서 냉동고를 바라보며 얼마나 오래 서 있을까?

수십 년 동안 이러한 종류의 결정을 이해하는 것은 경제학자들의 영역이었고, 그들은 몇 가지 이론을 내놓았다. 전통 경제학은 일련의 가정을 세우고, 이를 사용하여 의사결정을 예측했다. 그들은 우리 모두가 상대적으로 안정적 선호도를 지닌 합리적이고 이기적인 개인, 즉 '호모 에코노미쿠스Homo economicus'라고 가정했다. 그들은 또한 우리가 각 옵션의 장단점을 따져보고 신중한 결정을 내릴 수 있으며, 기꺼이 그렇게 할 거라고 가정했다.

결정, 논리인가 화학물질인가

도박을 예로 들어보자. 당첨 확률이 100분의 1이고 상금이 50만 원인 복권을 구입하는 데 1만 원이 든다면, 우리는 복권을 구입하는 것이 좋은 생각이 아님을 단박에 알 수 있어야 한다. 우리는 도박에 무한히 참가했을 때의 평균 상금인 기댓값을 사용하여 그렇게 할 수 있다. 즉, 상금에 확률을 곱하면 50만 원 × 0.01 = 5,000원이 나온다. 그렇다면 기댓값이 5,000원인 복권에 1만 원을 지불할 가치가 있을까? 어림 반 푼어치도 없다!

그러나 우리가 삶의 모든 선택을 이런 식으로 저울질한다면, 복권 금액이 기댓값보다 높기 때문에 아무도 유로밀리언스Euro-millions 복권을 구입하지 않을 것이다(단, 상금이 여러 번 이월된 경우는 제외). 그것은 또한 화재 가능성이 매우 낮은데도 우리가 주택보험에 드는 이유를 설명할 수 없다.

다른 도박 게임을 생각해보자. 나는 공정한 동전을 공중에 던진다. 우선 냄비에 2원을 넣고, 동전의 앞면이 나올 때마다 냄비 속의 금액을 두 배로 늘린다. 처음으로 뒷면이 나오면 게임을 종료하고 냄비에 있는 금액을 당신에게 준다. 따라서 맨 처음에 뒷면이 나오면 당신은 2원을 받고, 두 번째에 뒷면이 나오면 4원을 받는 식으로 게임이 계속된다. 당신은 이 게임에 얼마를 지불하겠는가? 이것을 상트페테르부르크의 역설St.Petersburg Paradox이라고 하며, 18세기에 수학자 다니엘 베르누이Daniel Bernoulli가 처음 고안했다. 기댓값을 계산하면 무한대다.[2] 그러나 당신은 큰 금액을 절대 지불하지 않을 것이다. 이것이 역설이라고 불리는 이유다. 기댓값 이론은 실생활과 일치하지 않는다.

왜 그럴까? 베르누이는 몇 가지 아이디어를 제안했다. 한 가지 가설은, 우리가 가능성이 매우 낮은 사건을 단순히 무시하기 때문에 엄청나게 많은 금액을 받을 수 있는 (미미한) 가능성을 무시한다는 내용이다.[3] 두 번째 아이디어는, 도박의 예상 결과만 보는 게 너무 단순하다는 것이다. 모든 사람이 동일한 결과에 동일한 가치를 부여한다고 가정하지만, 사실은 아닐 수 있다. 그래서 그는 기댓값 대신 기대효용 expected utility 을 살펴봐야 한다고 주장한다. 기대효용이란 '결과 자체'가 아니라 '결과에 대한 개인의 평가'를 의미한다. 베르누이에 따르면, 사람들이 게임에 많은 돈을 지불하려 하지 않는 이유는 바로 기대효용이 낮기 때문이다. 게임을 계속하는 동안 연거푸 동전의 앞면이 나온다면, 당신은 어느 순간 엄청난 부자가 될 것이다. 일단 부자가 되고 나면 추가 이익의 가치는 점점 더 낮아지므로, 최종 가치는 ∞(무한대)가 되지만 최종 효용은 그렇지 않다. 당신이 평생 동안 쓸 수 있는 것보다 많은 돈을 갖게 되면, 거기에 돈을 추가하는 것은 거의 무의미하다.

세 번째 아이디어는, 무한히 많은 돈을 가진 사람은 아무도 없

---

**2**   $(1/2 \times 2) + (1/4 \times 4) + (1/8 \times 8) (\cdots) = 1 + 1 + 1 + 1 (\cdots) \rightarrow \infty$

**3**   당신은 1/2의 확률로 2원, 1/4의 확률로 4원, 1/8의 확률로 8원을 벌며, 1/256의 확률로 256원밖에 못 벌 것이다. 1/256의 확률은 일어나긴 하겠지만, 너무 희박하지 않은가? 255/256의 확률로 게임을 하는 한, 당신은 256보다 훨씬 적은 금액을 받을 것이다(옮긴이 주).

음을 알기 때문에 보수가 무한하다는 사실을 무시한다는 것이다. 빌 게이츠를 상대로 이 게임을 한다고 가정하면, 우리가 받을 수 있는 최대 금액은 1,118억 달러(2020년 그의 재산)이며, 기댓값을 계산해 보면 약 37달러[4]밖에 안 된다. 사람들이 이 게임에 많은 돈을 지불하지 않는 것은 결코 이상한 일이 아니다.

언뜻 보면 기대효용 이론은 기댓값 이론보다 약간 더 설득력이 있다. 그것은 당신의 기준 재산뿐만 아니라 일부 사람들이 다른 사람들보다 더 위험을 회피한다는 점을 고려할 수도 있다. 그러나 이 이론은 '100만 달러를 번 200만 달러의 재산가'가 '50만 달러를 번 50만 달러의 재산가'보다 덜 행복한 이유를 설명할 수 없다. 왜냐하면 같은 금액의 돈을 가진 두 사람이 똑같이 행복하며, 다른 모든 조건은 동일하다고 가정하기 때문이다.

그 또한 인간의 행동을 현실과 다르게 가정한다. 예컨대, 이런 셈법이 작동하려면 각각의 선호도를 정하고 일관되게 결정해야 한다. 따라서 어떤 사람이 월요일에 바닐라 대신 초콜릿을 선택했고 (초콜릿 〉 바닐라) 화요일에 딸기 대신 바닐라를 선택했다면(바닐라 〉 딸기), 수요일에 선택권이 주어질 경우 딸기보다 초콜릿을 선택할 거라고(초콜릿 〉 딸기) 예상할 수 있다. 그러나 주지하는 바와 같이 개인의 선호도는 날마다 바뀔 수 있으므로 이것이 사실일 수는 없다. 그것은 또한 사람들이 항상 결정할 수 있으며, (내가 새 샴푸가 필요할 때

---

**4**    $2^{36} < 111,800,000,000 < 2^{37}$ (옮긴이 주).

274
CHAPTER 7

종종 벌어지는 일처럼) 선택에 눈이 먼 나머지 다른 모든 옵션을 마다하는 경우는 결코 없다고 가정한다. 그리고 세 번째 옵션을 추가해도 이미 제공된 두 옵션에 대한 평가에 영향을 미치지 않는다고 가정하지만, 실제로는 영향을 미친다.

기본적으로 전통 경제 이론은 인간의 본성을 잊고 있다. 우리는 기분, 날씨, 그 밖에도 온갖 것의 영향을 받는 골치 아픈 생물이다. 그래서 최근에는 심리학자들이 개입하여 행동경제학behavioural economics으로 알려진 분야를 만들어, 선택에 직면한 인간이 실제로 어떻게 행동하는지를 알아내고, 이를 모델이 예측한 인간의 행동 방식과 비교했다. 더 최근에는 신경과학자들이 참여하여, 우리가 이러한 복잡한 가치 기반 결정value-based decision을 내릴 수 있게 해주는 근본적인 뇌 네트워크와 화학물질을 탐구했다.

## 진행과 멈춤
o—o

3장에서 보았듯이 도파민은 뇌가 뭔가의 가치를 코딩하는 방법 중 하나다. 당신이 (맛있는 음식 먹기, 목이 마를 때 물 마시기, 섹스하기 같은) 종의 생존에 이로운 일을 할 때, 복측피개 영역VTA의 도파민 뉴런이 활성화된다. 이 뉴런은 측좌핵NAc으로 뻗어나가, 이 영역의 도파민 수치를 높이고 동일한 행동을 반복하도록 유도한다. 그렇다면 이러한 과정이 우리가 다양한 옵션의 가치를 판단하고 그중에서 하나를 결정할 수 있게 해주는 걸까?

연구에 따르면, NAc에 있는 뉴런의 평균 발화율은 (동물이 그것을 얻기 위해 얼마나 열심히 노력하는지에 따라 측정되는) 옵션의 주관적 가치와 밀접한 상관관계가 있다. 이것은 많은 의미가 있다. 왜냐하면 지금껏 누누이 설명한 바와 같이 이 영역에 도파민이 많을수록 보상을 더 많이 추구하기 때문이다. 그러나 여기에도 또 하나의 복잡한 층層이 존재한다. 이 영역에서도 보상받을 가능성이 고려될 수 있기 때문이다. 승패(어떤 아이스크림을 먹느냐)가 주사위 던지기 룰에 따라 결정되는 희한한 도박 게임을 한다고 가정해보자. '바닐라' 게임에서는 6을 제외한 숫자가 나와야 아이스크림을 얻는다. '초콜릿' 게임에서는 짝수가 나와야 이긴다. '솔티드 캐러멜' 게임에서는 1이 나와야 이긴다. 이제 당신의 뇌는 '각 잠재적 보상의 가치'뿐만 아니라 '그 보상을 받을 가능성'도 고려해야 한다. NAc에 있는 도파민 뉴런도 이런 일을 할 수 있다.

이 영역의 뉴런들은 기댓값(또는 기대효용이라고 해야 할 수도 있다)을 코딩하는 것 같다. 이 내용은 동물 연구에서 발견됐으며, 인간을 대상으로 한 뇌 영상 연구에서 검증되었다. 도박 게임을 하는 사람들의 경우 큰 승리를 예상할수록 NAc가 더 활성화된다. 흥미롭게도 가치와 기댓값에 대해 약간 다른 영역이 존재하는 것 같지만, 그 사이에는 중복되는 부분이 많으며, 우리가 의사결정을 내리는 데 도움을 주기 위해 함께 일할 가능성이 높다. 그렇다면 경제학자들이 옳았고, 우리는 결과의 기댓값(또는 기대효용)에 따라 결정을 내리는 걸까?

그러나 인간의 뇌가 흔히 그렇듯이, 조금 더 깊이 들여다보면 NAc 내에서의 결정 역시 '도파민이 더 많이 분비되는 옵션 선택하기'처럼 간단하지 않다는 것이 분명해진다. 사실 오늘날의 과학자들은 이 영역에 '진행'과 '멈춤'으로 알려진 두 가지 경로가 있다고 생각한다. '각성↔수면 전환'이나 '먹을 것인지 말 것인지'를 결정하는 뉴런망과 유사하게, 이 상이한 뉴런 그룹은 서로를 억제하며, 보상을 향해 움직일지(진행) 아니면 보상을 멀리할지(멈춤)를 결정하는 것은 둘 사이의 균형이다.

때는 이른 아침인데, 당신이 회사에 지각할 것 같아 아침을 먹기도 전에 집을 뛰쳐나간다고 가정해보자. 지하철을 탈 시간이 5분 남았지만, 사람들이 커피 카트에 줄지어 서 있다. 당신은 커피와 머핀을 기다리기 위해 지하철을 놓칠 위험을 감수하겠는가? 아니면 커피를 포기하고 몇 분의 여유를 가지고 지하철을 타겠는가? 결정을 내리기 위해서는, 지하철을 놓쳐 지각할 경우의 잠재적 비용과 커피를 마실 경우의 이점을 비교해야 한다. 당신의 '진행' 경로는 맛있는 커피와 머핀에 대한 생각, 카페인이 당신에게 줄 힘, 위의 공복감에 의해 동기가 부여된다. 당신의 '멈춤' 경로는 마치 '어깨 위의 천사'처럼 이 신호를 억제하고, 위험을 감수할 가치가 없다고 말한다. 그리고 둘 사이의 균형은 도파민에 의해 좌우된다. 방출된 도파민은 '진행' 경로의 뉴런을 활성화하고 '멈춤' 경로의 뉴런을 억제함으로써 저울을 기울인다. 그러므로 커피향과 같은 환경 속의 단서는 당신이 그 위험을 감수하도록 만들기에 충분할지도 모른다.

그러나 우리의 뇌는 영리하며 학습 능력이 있다. 그리고 3장에서 보았듯이 도파민은 학습에도 중요하다. 우리가 어떤 것이 얼마나 좋을지 예측할 때, 뇌는 보상을 기대하며 도파민을 방출하여 우리를 그쪽으로 몰아간다. 그러나 만약 그 보상이 예상보다 나쁘다면(커피가 식었고, 머핀이 오래됐다면) 예측 오류가 발생한다. 그러면 뇌는 이 정보를 사용하여 학습하고 뉴런 간의 연결을 강화한다. 이 경우에는 '멈춤' 경로다. 그러면 다음번에 당신은 그 카트의 커피가 맛있을 거라고 기대하지 않을 테니, 저울이 '멈춤' 쪽으로 기울어져 지하철을 타는 데 도움이 될 것이다.

의사결정을 위한 이 이중 시스템dual system은 동일한 정보가 주어졌음에도 왜 사람마다 다른 결정을 내리는지 설명할 수 있다. 예컨대 '비행기가 출발하기 2시간 전에 공항에 도착하라'는 문자 메시지를 받았을 때, 주차장의 대기 줄, 도로의 교통체증, 그 밖의 모든 우발적 상황 등 만일의 사태를 감안하여 탑승 수속이 시작되기 훨씬 전에 공항에 도착하는 사람(고백하건대 나도 이런 부류에 속한다!)이 한두 명씩 꼭 있다. 그리고 모든 일이 잘될 거라고 믿는 내 남편 같은 사람도 있다. 그래서 우리는 종종 게이트가 닫히기 30분 전에 집을 떠난다.[5]

그렇다면 신중을 기하는 사람과 위험을 기꺼이 감수하는 사람의 차이를 진행/멈춤 경로의 차이 탓으로 돌릴 수 있을까? 그리고 둘 중 실제로 더 나은 결정을 내리는 것은 어느 쪽일까? 흥미롭게도 의사결정을 내리는 데 어떤 사람들은 진행 경로의 영향을 더 많이 받고, 어떤 사람들은 멈춤 경로의 영향을 더 많이 받는 것 같다.

이를 연구하기 위해, 마이클 프랭크Michael Frank는 콜로라도 대학교 볼더 캠퍼스에 있을 때 한 가지 실험을 개발했다. 그는 참가자들에게 한 쌍의 기호(예: 'A와 B', 'C와 D')를 보여주며 하나를 선택하게 한 다음, 맞거나 틀렸다고 말해주었다. 그러나 그것은 일대일 대응 관계가 아니었다. 즉 기호 A가 항상 맞는 것은 아니었고, 기호 B가 항상 틀리는 것도 아니었다. 맞을 확률은 기호마다 다양했지만, 가장 신뢰성 높은 쌍인 'A와 B'의 경우 80 대 20이었고, 다른 쌍들의 신뢰성은 그보다 낮았다. 시간이 지남에 따라, 참가자들은 보상받을 가능성이 높은 기호(맞는다는 것만으로도 뇌가 보상으로 간주하기에 충분하다)와 낮은 기호(틀리므로 처벌로 간주된다)를 알게 되었다. 그러나 이를 학습하는 방법에는 두 가지가 있다. 즉, A(보상받을 가능성 높음)를 선택할 수도 있고, B(처벌받을 가능성 높음)를 회피할 수도 있다.

두 가지 스타일의 참가자를 구분하기 위해, 확률이 밝혀지고 나면 짝짓기 방식이 변경되었다. 예를 들어 'A와 B' 또는 'C와 D'가 쌍을 이루는 대신, 'A와 D'가 쌍을 이룰 수 있다. 새로운 기호 쌍이 제시된 경우, 참가자는 쌍을 이루는 기호가 무엇이든 항상 '좋은' 옵션(A)을 선택하는 쪽을 선호할까? 아니면 '나쁜' 옵션(B)을 회피하는 쪽을 선호할까?

---

**5**    물론 과장일 수도 있지만, 내 의도를 이해해주기 바란다.

결정, 논리인가 화학물질인가

이러한 선택 과정에서 도파민의 역할을 살펴보기 위해 프랭크
는 파킨슨병 환자를 조사했다.[6] 이 질병이 일으킨 도파민 뉴런 손상
은 의사결정에 문제를 일으키고 특징적인 운동장애를 초래하는 것
으로 알려져 있다. 그러나 선행 연구 결과는 혼란스러웠다. 어떤 경
우에는 도파민 상승제가 환자의 의사결정을 개선했지만 어떤 경우
에는 되레 악화시켰다. 프랭크의 이론에 따르면, 도파민이 (NAc를 포
함하는 뇌 영역인) 선조체에서 나오는 상이한 뉴런망에 각각 다른 영
향을 미칠 수 있었다. 조사 결과, 그의 예측대로 도파민 상승제를
복용하지 않은 환자들은 'B 회피하기'를 매우 능숙하게 배우는 데
반해 'A 선택하기'를 배우는 데 어려움을 겪었다. '멈춤' 시스템은
작동했지만 '진행' 시스템은 손상되어 있었던 것이다. 그러나 도파
민 수치를 높이는 도파민 상승제를 복용하면 상황이 역전되어, 두
시스템의 균형이 '진행' 경로 쪽으로 기울었다.

프랭크는 또한 도파민 수치를 높이거나 낮추는 약물을 투여한
건강한 지원자를 테스트했다. 그는 다나 재단Dana Foundation을 위해
작성한 논문에서 다음과 같이 썼다.

우리는 긍정적 학습 편향 및 부정적 학습 편향과 관련하여, 상이한 도
파민 약물의 두드러진 효과를 발견했다. (…) 위약을 복용하는 동안,

---

**6**   Michael J. Frank, et al. (2004). "By Carrot or by Stick: Cognitive Reinforcement
Learning in Parkinsonism", *SCIENCE*, Vol 306, Issue 5703, pp. 1940~1943(옮긴
이 주).

건강한 참가자는 'A 선택하기'와 'B 회피하기' 테스트에서 똑같이 좋은 성적을 거두었다. 그러나 도파민 수치가 높아지면 가장 긍정적인 기호 A를 능숙하게 선택했고, 가장 부정적인 기호 B를 회피하는 데 어려움을 겪었다. 반면 도파민 수치가 낮아지면 정반대의 선택 패턴, 즉 'A 선택하기'에 어려움을 겪고, 'B 회피하기'에 능숙함을 보였다. 따라서 도파민 약물은 참가자들이 의사결정의 긍정적 결과와 부정적 결과로부터 학습하는 것을 어느 정도 가능케 하는 것으로 보인다.

이 연구 결과가 나와 남편의 차이점을 설명할 수 있을까? 나는 긍정적 결과에서 더 많은 것을 배우고, 그는 부정적 결과에서 더 많은 것을 학습할 수 있을까? 그리고 이것이 이러한 경로의 도파민 수치와 관련될 수 있을까? 확실히 알 수는 없지만 가능한 일이다. 건강한 지원자들을 대상으로 한 연구에서, 이 영역의 도파민 수치와 관련된 유전적 변이가 존재하며, 이것이 개인 간의 의사결정 패턴 차이 중 일부를 예측할 수 있는 것으로 밝혀졌기 때문이다. 어떤 경로가 더 나은 결정으로 이어지는지에 관해서는, 으레 그렇듯 균형이 중요한 것 같다.

만약 두 경로 중 하나가 다른 경로보다 지배적이라면, 더 불량한 학습 및 의사결정으로 귀결될 수 있다.[7] 경합하는 시스템들을 가장 효율적이고 적절하게 작동시키기 위해 뇌는 도파민의 섬세한 균형을 유지해야 한다. 결혼 생활에도 균형과 타협에 대한 메타포가 존재하는 듯하다!

결정, 논리인가 화학물질인가

# 감정적 의사결정

○─○

이쯤 되면 독자들은 선조체와 그 도파민 뉴런이 의사결정 과정에서 중요한 역할을 한다는 사실을 알게 되었을 것이다. 하지만 당신이 이 책에서 배운 게 있다면, 뇌에서 일어나는 일이 그렇게 간단하지 않다는 것이다. 선조체의 존재 이유가 '두 가지 옵션의 가능한 이점 평가하기'일 수 있지만, 우리 모두는 결정이 잠재적 이점에만 기반하는 건 아니라는 것을 알고 있다. 우리는 각 옵션의 잠재적 비용과 단점도 고려해야 한다. 그리고 보상에 초점을 맞춘 우리의 도파민 뉴런은 이런 일에 그다지 능숙하지 않다.

일련의 실험에서 옥스퍼드 대학교의 마크 월턴Mark Walton과 워싱턴 대학교의 동료들은 시궁쥐들을 먹이 보상을 받으려면 레버를 누르도록 훈련시켰다.[8] 어떤 때는 상자에 레버가 두 개 있어서 쥐가 선택을 해야 했지만, 다른 때는 레버가 하나만 있어서 달리 선택권이 없었다. 이러한 실험을 통해 연구자들은 쥐의 선호도를 알아낼 수 있을 뿐만 아니라, 선호하는 것과 선호하지 않는 것을 선택할 때 쥐의 뇌가 어떻게 반응하는지도 살펴볼 수 있었다.

쥐가 레버를 누를 때마다 나오는 먹이의 양이 다를 뿐만 아니

---

**7**    그러나 현실 세계에서는 '좋은' 또는 '나쁜' 결정을 정의하는 것이 실험실에서보다 훨씬 더 어렵다.

**8**    Mark E. Walton, Sebastien Bouret. (2019). "What Is the Relationship between Dopamine and Effort?", *OPINION*, Volume 42, Issue 2, pp.79~91(옮긴이 주).

라 먹이가 나올 때까지 레버를 눌러야 하는 횟수도 달라질 수 있었다. 예컨대 왼쪽 레버를 네 번 누르면 먹이 알갱이 한 개가 나오고, 오른쪽 레버를 스무 번 누르면 먹이 알갱이 여섯 개가 나올 수 있었다. 쥐는 더 어려운 옵션이 '노동-보상 비율'이 더 높다[9]는 것을 학습할 수 있을까? 그리고 가장 선호하는 조합을 찾으면 뇌에서 도파민은 무슨 일을 할까?

흥미롭게도 시궁쥐는 '노동-보상 비율'에 기반한 자기 나름의 선호도가 있는 것으로 보였다. 그러나 그 선호도는 NAc에 있는 도파민에 의해 코딩되지 않았다. 다른 실험에서 연구자들은 보상이 작지만 쉬운 옵션과 보상이 약간 더 크지만 어려운 옵션을 비교했다. 그랬더니 시궁쥐들은 어려운 옵션은 실속이 없다(약간의 추가 이득을 얻기 위해 훨씬 더 많은 추가 노동을 해야 한다)는 것을 알아채고, 일관되게 쉬운 선택을 선호했다. 그러나 그들의 도파민 세포는 달랐다. 즉, 실속이 없음에도 두 가지 보상 중 더 큰 보상에 더 많이 반응했다. 이것은 도파민이 가치를 코딩하는 것은 맞지만, 주로 보상 자체의 '가치'와 관련이 있으며 보상을 얻는 데 필요한 '노력'을 거의 설명하지 않는다는 것을 시사한다. 그러나 우리도 시궁쥐도 이런 식으로 결정을 내리지는 않는다. 그렇다면 부정적인 면을 고려하기 위해 뭔가 다른 일이 진행되고 있음이 틀림없다. 바로 이 지점에서 감정이 개입한다.

---

**9** 쉬운 옵션: 1/4 = 0.25, 어려운 옵션: 6/20 = 0.3(옮긴이 주).

감정은 흔히 변연계로 알려진 복잡한 뇌 영역의 뉴런망(또는 다중 뉴런망)에 의해 제어된다(4장 참조). 우리 모두는 감정이 어떻게 느껴지는지 알고 있는데, 감정이 무엇인지 정의하는 것은 까다로운 일임에도 일부 연구자들은 가장 기본적인 수준에서 '보상과 처벌에 의해 도출된 상태'라고 주장해왔다. 그들의 주장을 액면 그대로 받아들인다면, 감정이 왜 우리의 의사결정에 개입하는가라는 의문은 자동적으로 해결된다. 당신이 내린 결정이 보상을 가져와 당신을 행복하게 만들었다면 당신은 그런 결정을 반복해야 한다. 만약 어떤 선택이 처벌을 초래했거나 받아야 할 보상을 제거하여 슬프거나 화나게 만들었다면, 당신은 앞으로 그런 결정을 삼가야 한다. 이러한 유형의 정서적 학습은 편도체에 의존하며, 올바른 결정을 내리는 데 매우 중요하다.

여러 가지 가능성이 제시될 때 우리가 결정을 내릴 수 있는 방법은 다양하다. 우리는 직관적으로 결정할 수도 있는데, 그럴 경우 쉽고 빠르게 선택할 수 있지만 통상적으로 최상의 결과를 얻을 수는 없다. 내 남편처럼 각 옵션의 장단점을 저울질하여 합리적인 결정을 내릴 수도 있지만, 시간이 오래 걸리고 품이 많이 든다. 우리는 또한 휴리스틱heuristic이라는 신속하고 대략적인 근사치에 의존할 수 있는데, 이는 종종 만족할 만한 대답을 제공하며 사용하기도 쉽다. 어떤 사람들은 이것이 바로 감정이라고 주장한다. 레스토랑을 선택하려고 하는데 그중 한 군데에서 마주친 무례한 웨이터가 부정적 감정을 불러일으킨다면? 마음을 가라앉히고, 그곳은 배제하라. 소파를 사러 나갔는데 특정한 소파에서 직감이 느껴진다면? 좋아, 됐어!

이것은 복잡한 결정을 내리는 최선의 방법처럼 들리지 않을 수도 있다. 그러나 많은 실험에 따르면 당신의 감정은 귀중한 지침이며, 그것이 어떻게든 무뎌진다면 참담한 결과를 초래할 수 있다.

## 아무 카드나 고르세요

감정적 의사결정을 살펴보는 데 사용되는 유명한 실험 중 하나는 아이오와 도박 과제Iowa gambling task, IGT[10]로 알려져 있다. 안토니오 다마지오를 비롯한 아이오와 대학교의 연구팀은 참가자들에게 네 개의 카드 덱을 제시하는 게임을 고안했다. 참가자는 아무 덱에서나 카드를 선택한 후, 게임을 진행하며 돈을 따든지 잃든지 하면 되었다. 참가자들에게는 알리지 않았지만, 이 카드 덱 중 두 개는 '좋은 덱'이다. 평균적으로, 이 덱만 사용하는 참가자는 게임이 진행되는 동안 돈을 벌게 된다. 다른 두 개는 평균적으로 돈을 잃게 되는 '나쁜 덱'이다. 그러나 '나쁜 덱'은 장기적으로 돈을 잃지만 간혹 대박이 나기도 한다.

---

**10** Antonio R. Damasio, et al. (1994). "Insensitivity to future consequences following damage to human prefrontal cortex", *Cognition*, Volume 50, Issues 1~3, pp. 7~15(옮긴이 주).

건강한 참가자는 게임을 할 때 좋은 덱에 집중하고 나쁜 덱을 피하는 법을 빠르게 배운다. 이 실험을 고안한 이후 연구팀은 수년에 걸쳐 광범위한 환자 그룹과 건강한 지원자를 대상으로 실험을 반복하며 다양한 요인을 측정했다. 이러한 실험 중 하나에서, 다마지오와 동료들은 편도체가 손상된 참가자가 게임의 패턴을 학습하기 어려워한다는 사실을 발견했다.

무슨 일이 일어나고 있는지 알아보기 위해 연구팀은 그들의 피부 전도도skin conductance를 측정하여 참가자들의 감정이 고조되었는지를 확인했다.[11] 건강한 참가자는 보상이나 처벌을 받을 때 피부 전도도의 증가를 경험하고, 차츰 카드를 선택할 때(특히, 나쁜 덱을 선택하는 것을 고려할 때) 피부 전도도가 증가하며 일종의 예감을 갖는 것으로 나타났다. 그에 반해 편도체 병변이 있는 참가자는 보상과 처벌에 대한 반응이 훨씬 둔하며 예기 반응anticipatory response(자극을 받기 전에 자극을 예상하며 미리 일으키는 반응)을 보이지 않았다.

이러한 발견은 '감정은 우리가 좋은 결정을 빨리 내리는 데 도움이 된다'는 다마지오의 신체표지가설somatic marker hypothesis을 뒷받침한다. 다마지오와 동료들의 주장에 따르면, 건강한 참가자들은 IGT에서 처벌을 받을 때 드는 부정적 감정을 나쁜 덱과 연관시키는 법을 배웠다. 하지만 편도체가 손상된 참가자들은 그렇게 할

---

**11**    좋든 나쁘든 강한 감정을 경험하면 손에서 땀이 조금 나기 시작한다. 본인은 눈치채지 못할 수도 있지만, 피부에 땀이 나면 전기가 쉽게 통한다. 과학자들은 손에 센서를 부착함으로써 이 변화를 측정하고, 그로써 당사자가 느끼고 있는지조차 모를 감정을 감지한다.

수 없었다. 왜냐하면 편도체는 감정적 반응을 대상과 연관 짓는 정서적 학습에 필수적이기 때문이다. 이들은 시끄러운 소리에 감정적 반응을 보이느라 감정을 느끼지 못했을 뿐 아니라 건강한 사람들과 달리 그 소리를 소음원과 신속히 연관시키는 법을 배우지 못했다. 이러한 주장은 편도체가 파괴되면 공포와 관련된 것들에 대한 학습이 불가능하다는 동물 연구로 뒷받침된다. 결론적으로 말해, 편도체는 감정을 사용하여 좋은 결정을 내리도록 도와준다. 그러나 편도체는 감정적 결정에 관여하는 유일한 영역이 아니다. 흥미롭게도, IGT를 사용한 첫 번째 연구에서 연구팀이 조사한 것은 편도체가 아니라, 안와 바로 위에 있는 전두 영역인 복내측 전전두피질vmPFC 이었다.

의사결정에 필수적인 뇌 네트워크의 많은 영역은 전두엽에서 발견된다. 이전 장에서 살펴본 것처럼, 이 영역은 추론, 계획, 인지 제어와 같은 가장 '고차적' 기능을 제어하는 것으로 알려져 있다. 따라서 전두엽이 결정을 내리는 데 중요하다는 것은 놀라운 일이 아니다. 다마지오와 동료들은 vmPFC의 손상 때문에 어려움에 직면한 사람들, 특히 EVR이라는 환자 때문에 vmPFC에 관심을 가졌다. EVR은 35세 때 결혼하여 두 자녀를 두었고, 주택 건설 회사의 회계 책임자로 일했다. 그는 교회 활동에 적극적이었고, 네 동생의 존경을 한 몸에 받았다. 그러나 상황이 변하기 시작했다. 그는 시력에 문제를 느끼며 다르게 행동하기 시작했다. EVR은 전두엽에 뇌종양이 있는 것으로 밝혀져 제거 수술을 받았으며, 수술 경과가 좋

결정, 논리인가 화학물질인가

아 2주 만에 퇴원했다.

그러나 후속 진료에서는 모든 것이 좋지 않았음이 밝혀졌다. 수술 3개월 후 EVR은 다시 일을 시작했지만, 얼마 지나지 않아 회사에서 해고된 전직 동료와 동업을 시작했다. 친구들과 가족은 동업자의 신뢰성을 의심하며 만류했지만, EVR은 그들의 간청을 무시하고 전 재산을 투자했다가 사업에 실패하고 파산했다. 그는 용케 다른 회사에 취직했지만, 필요한 기술이 있었음에도 체계적이지 않고 종종 지각했기 때문에 금세 해고되었다. 17년간의 결혼 생활도 파탄 나고 결국 이혼하게 되었다. EVR은 어쩔 수 없이 부모님과 함께 살게 되었고, 한 달 후 가족의 반대를 무릅쓰고 성매매 여성과 재혼했다.

후속 검사에서 종양이 재발하지 않았으며, 그의 IQ는 온전한 것으로 밝혀졌다. 실제로 그는 기억력과 성격을 포함하여 모든 검사에서 높은 점수를 받았다. 하지만 뭔가 이상했다. EVR은 세계적 사건과 금융 문제에 대해 지적인 대화를 나눌 수 있었지만, 저녁을 어디서 먹을지나 어떤 셔츠를 구입할지와 같은 간단한 결정을 내리지 못해 쩔쩔맸다. 그는 끝없는 순환 고리에 얽매여 각 항목의 모든 측면을 (제 딴에는) 합리적으로 평가하려고 노력하고, 심지어 어떤 레스토랑이 덜 붐비는지 확인하기 위해 이곳저곳으로 차를 몰다가, 종종 아무런 결정도 내리지 않았다. 그럼에도 각종 검사 결과는 여전히 정상이었다. 신경학자 폴 에슬링거Paul Eslinger와 다마지오는 EVR에 관한 1985년 논문에서 다음과 같이 설명했다.[12] "결론은,

그의 '조정 문제adjustment problem'가 기질적 문제나 신경기능장애의 결과가 아니라는 것이다. (…) 그보다는 정서적·심리적 조정 문제에 기인하므로 심리요법에 순응할 것으로 보인다."

그러나 심리요법은 도움이 되지 않았고, 결국 공은 다시 에슬링거와 다마지오에게 넘어왔다. 그들은 다시 온갖 검사를 실시했지만 EVR은 모든 검사에서, 심지어 전두엽 기능을 테스트하기 위해 설계된 검사에서도 높은 점수를 받았다. 그러나 마지막으로 수행한 뇌 영상 연구에서, 뇌 양쪽의 vmPFC가 모두 손상된 것으로 나타났다.

가장 놀라운 결과 중 하나는, EVR이 사회적 상황에 대한 질문에 적절하게 대답할 수 있지만, 실제로 그렇게 행동하는 것은 그의 능력 밖인 듯 보인다는 점이었다. 에슬링거와 다마지오는 다음과 같이 말했다.

> 그가 아침에 일어났을 때, 직장에 출근하여 주어진 날의 임무를 수행하는 일은 고사하고, 자기 관리나 식사와 같은 통상적인 일상 활동을 영위하도록 그를 이끌어줄 내부 자동 프로그램이 작동한다는 증거가 없었다. 그는 마치 단기 및 중기 목표를 염두에 둬야 한다는 사실을 '잊은' 것 같았다.

---

**12**    Paul J. Eslinger, Antonio R. Damasio. (1985). "Severe disturbance of higher cognition after bilateral frontal lobe ablation Patient EVR", *ARTICLE*, 35 (12)(옮긴이 주).

이것은 전두엽의 다른 영역에 손상을 입은 사람들에게서 볼 수 있는 충동이나 무모한 행동이 아니었다. 그는 운동을 시작하는 데 어려움을 겪지도 않았다. EVR에게 문제가 있는 것처럼 보이는 건 목표 지향 행동goal-driven action 특유의 복잡한 순서뿐이었다. 저자들은 악영향을 받은 부분이 '변연계에 연결된 전두 영역'이라는 것을 깨닫고, 이것이 EVR이 겪는 문제의 원인이 될 수 있다고 생각했다. 그의 '감정 영역'과 '합리적인 전전두 영역'은 더 이상 양방향 의사소통을 할 수 없었다. 이는 그의 행동이 더 이상 적절하게 조절될 수 없다는 것을 의미한다고 저자들은 썼다. 한편으로 그의 전두엽은 환경에 기초하여 보다 기본적인 충동을 조절할 수 없었고, 다른 한편으로 이러한 기본적인 '충동 및 성향'은 목표 달성에 필요한 결정을 내리는 데 필수적인 전두 영역을 활성화할 수 없었다.

다마지오와 동료들이 도박 과제를 고안한 의도는 EVR과 그와 비슷한 사람들이 겪는 문제를 이해하기 위해서였다. 그리고 그들이 예상한 대로, EVR은 과제를 수행하는 과정에서 특정한 장애를 보였다. 편도체가 손상된 환자와 마찬가지로, EVR처럼 vmPFC가 손상된 환자들은 위험한 결정을 내렸고 나쁜 덱의 카드를 계속해서 선택했다. 그러나 전기피부반응galvanic skin response에 관한 한, 두 그룹 사이에서 몇 가지 흥미로운 차이점이 발견되었다. 편도체가 손상된 사람들과 달리 vmPFC가 손상된 사람은 돈을 따거나 잃을 때 감정적으로 반응했다. 하지만 그들은 건강한 참여자와 같은 예기 반응을 나타내지 않았다. 흥미롭게도 이 환자들 중 상당수가 연구자에게 어떤 덱이 '좋은' 것이고 어떤 덱이 '나쁜' 것인지 말할 수 있었지만, 계속해서 나쁜 덱을 선택하는 자신을 막지는 못했다. 건강한 참가자는 '나쁜 덱을 선택하기 전의 피부 전도도'가 어떤 덱의 좋고 나쁨을 의식적으로 말할 수 있기 전에 증가하기 시작했지만, vmPFC가 손상된 참가자는 '예감' 단계가 누락된 것 같았다.

그렇다면 편도체가 손상된 사람과 전두엽이 손상된 사람 사이에 유사점과 차이점이 있는 이유가 뭘까? 이러한 발견이 의미하는 것은 두 영역이 의사결정 네트워크의 일부이지만 서로 다른 역할을 수행한다는 것이다. vmPFC가 손상된 사람들은 돈을 따거나 잃을 때 감정을 경험하며, 편도체가 손상된 사람들과 달리 어떤 단서(예: 시끄러운 소리)를 정서적 사건과 연관시키는 방법을 배울 수 있다. 그러나 이러한 정서적 경험은 그들이 의사결정을 하는 데 이용할 수 없다. 과제를 수행하는 동안 각각의 덱은 승패와 관련이 있으므로, 긍정적 감정과 부정적 감정 모두와 연관된다. 이 모든 정보를 통합하여 의사결정에 사용하는 일은, vmPFC가 손상된 사람들의 능력을 벗어난다. 건강한 참가자들처럼 카드를 선택하기 전에 덱과 관련된 감정 상태를 재현하지 않는다면, '신체표지somatic marker를 사용한 안내'가 불가능하다. 결과적으로 vmPFC가 손상된 사람들은 잘못된 결정을 내린다.

실제 상황에서, 편도체가 손상된 사람들은 위험에 대한 감각이 없고 자신과 타인을 직접적으로 해칠 선택을 하는 반면, EVR처럼 vmPFC가 손상된 사람들은 그런 종류의 나쁜 결정을 내리지 않는다. 대신 그들의 의사결정은 문제를 일으키는 경향이 있다. 다마지오가 이끄는 연구팀은 이를 'vmPFC에 손상을 입은 사람들은 신체 표지를 사용하여 자신을 안내할 수 없기 때문에 잘못된 결정을 내린다'는 자신들의 가설을 뒷받침하는 것으로 해석한다. 과거의 실수와 관련된 감정을 재현하지 않는다는 점은 그들이 실수로부터 배울 수 없다는 것을 의미하는 듯하다.

## 감정적 의사결정을 제어하는 화학물질?

o—o

다마지오의 연구는 매혹적이며, 의사결정과 관련된 뇌 네트워크에 대해 많은 것을 알려준다. 하지만 이 책은 명색이 뇌 화학물질에 관한 책이므로, 우리의 다음 과제는 당연히 특정 신경전달물질이 이 감정적 의사결정 과정과 연결되어 있는지 여부를 알아내는 것이다. 그리고 비록 잠정적이지만, 다마지오는 실제로 몇 가지 아이디어를 제시했다. 4장에서 살펴본 것처럼, 감정은 신체와 뇌의 변화이며, 이러한 변화 중 많은 부분이 화학적이다. 예컨대 많은 돈을 잃었을 때 경험하는 신체 상태는 아드레날린과 코르티솔 같은 스트레스 호르몬과 관련될 가능성이 높다. 다마지오의 생각에 따르면, 결정을 내리기 전에 이러한 상태를 재현할 경우, 동일한 신체 변화까지 일으키지는 않더라도 뇌의 화학적 변화를 촉발할 수 있다. 이것은 화학물질 특히 도파민과 세로토닌이 이러한 신호의 매개체임을 여실

히 드러낸다. 가장 간단한 수준에서, 뇌의 한 영역에서 이러한 화학
물질의 방출을 변화시키면 '다른 영역이 얼마나 쉽게 활성화되는
지'를 바꿀 수 있다.

주지하는 바와 같이 도파민은 뇌가 각 옵션의 중요성을 평가하
는 데 도움이 되는데, 이는 많은 의미가 있다. '감정적으로 유발된
도파민 수준의 변화'는 특정 반응에 갖는 관심과 중요성을 높임으
로써 의사결정에 도움이 될 수 있다.

세로토닌의 역할도 연구되었지만 결과는 명확하지 않다. 세로
토닌이 의사결정에 미치는 영향을 탐구하는 한 가지 방법은, 참가
자들에게 뇌의 세로토닌 수치를 높이는 SSRI 약물을 투여하는 것
이다. 일부 연구에 따르면 이것은 효과가 있으며, 특히 참가자가 적
어도 '무슨 일이 일어나고 있는지' 예감하는 IGT의 후반부에 '좋은'
선택의 빈도를 늘린다. 그러나 배심원단은 아직 결정을 내리지 못
했고, 다른 연구에서도 엇갈리는 결과가 나왔다.

뇌의 세로토닌 수치를 변화시키는 또 다른 방법은 세로토닌의
전구체인 트립토판이라는 분자의 양을 늘리거나 줄이는 것이다. 예
를 들어 인간에게 여분의 트립토판을 추가로 투여하면 의사결정의
편향을 줄일 수 있다. 그리고 트립토판을 고갈시켜 세로토닌 수치
를 낮추면 시궁쥐의 의사결정을 방해하는 것으로 보이는데, 이는
세로토닌이 그 과정에 관여한다는 생각을 뒷받침한다.

또한 유전적 차이로 인한 세로토닌 수준의 자연적 변화도 살펴
볼 수 있다. 예컨대 세로토닌 재흡수 수송체SERT를 제어하는 5-HTT

라는 유전자가 있다. 이 수송체는 시냅스에서 과도한 세로토닌을 제거함으로써 시냅스 후 뉴런의 지속적인 활성화를 막는다. 4장에서 보았듯이, SSRI가 표적으로 삼는 것은 바로 이 단백질이다. 이를 차단한다는 말은, 세로토닌이 시냅스에서 더 오래 머물면서 더 많은 영향을 미친다는 것을 의미한다. 시궁쥐의 경우, 이 유전자를 완전히 제거하면 시냅스에서 사용할 수 있는 세로토닌이 증가하고 시궁쥐 버전의 IGT에서 성적이 향상된다. 그러나 인간의 경우 늘 그렇듯 이야기가 더 복잡해진다. 인구 집단을 대상으로 한 정확한 실험을 할 수는 없지만, 세로토닌이 얼마나 빨리 흡수되는지에 영향을 미치는 5-HTT 유전자의 상이한 변이를 가진 사람들을 비교할 수는 있다.

만약 당신이 '짧은 버전'의 유전자를 가지고 있다면, (설거지를 게을리하는 바람에 싱크대에 식기가 수북이 쌓이는 것처럼) 수송체의 기능이 저하되어 세로토닌이 시냅스에 축적된다. 그리고 이론에 따르면, 세로토닌이 시냅스에 축적되면 의사결정에 도움이 된다. 하지만 일부 연구에서는 '짧은 버전의 유전자를 가진 참가자가 IGT에서 좋은 성적을 거뒀다'고 보고했고, 다른 연구에서는 '그런 사람들의 성적이 그저 그렇거나 심지어 더 나빴다'고 보고했다. 환자 집단에 대한 연구 결과도 불명확하기는 마찬가지였는데, 그 원인은 연구 방법의 차이(예컨대, IGT를 전체적으로 살펴보거나 몇 개의 섹션으로 나누어 살펴봄)에 있을 수 있다. 연구자들은 또한 '세로토닌이 의사결정에 영향을 미치는 메커니즘'과 '세로토닌과 신체표지가설의 관련성 여부'를 살펴보지 않았다.

의료 유전학자인 불투라르 로마나Vulturar Romana를 비롯한 루마니아의 연구팀은 이러한 난맥상을 타개하기 위해, '저기능 단백질(짧은 유전자)을 가진 사람들'과 '고효율 단백질(당신이 차를 다 마시기도 전에 머그잔을 치우는 사람[13]을 생각하면 된다)을 가진 사람들'의 정서적 반응에 차이가 있는지 여부를 살펴보았다. 그들은 마침내 차이점을 발견했다. 저기능 단백질 그룹은 고효율 단백질 그룹에 비해 더 강한 정서적 반응을 보이고 더 나은 선택을 하는 것으로 나타났다. 그들의 주장에 따르면, 저기능 단백질 그룹은 세로토닌의 가용량 증가로 더욱 극적인 정서적 반응을 보이고 더 나은 결정을 내리게 된다. 사실 이러한 관계는 '유전자로 인한 실험 결과 차이'의 거의 절반을 설명할 수 있는 것으로 밝혀졌다. 그러나 다시 말하지만, 이런 관계를 근거로 '저기능 단백질 그룹은 세로토닌이 증가하므로 전반적으로 더 나은 의사결정을 하게 된다'고 확언하기는 힘든 것 같다. IGT에서는 감정을 이용해 결정을 내리는 것이 도움이 되지만, 현실 세계에서는 감정이 최선의 결정을 내리는 데 방해가 될 수도 있기 때문이다(좋아하는 식당이었는데 얼굴을 붉힌 경험 후 발길을 끊는 사례를 종종 볼 수 있다). 그리고 다른 연구에서는, 짧은 버전의 유전자를 가진 그룹이 위험을 더 회피하고 편견에 더 취약하며 불안을 더 많이 느끼는 것으로 밝혀졌다. 그렇다면 그들의 강한 정서적 반응은 어떤

**13** 우리 엄마가 이렇다!

결정, 논리인가 화학물질인가

결정에는 도움이 되지만 다른 결정에는 방해가 될 것 같다.

## 과수원에서 사과 따기

○─○

언뜻 보면 유전적 조성genetic make-up이 의사결정을 좌우하는 것 같다. 그러나 한 개인을 놓고 보면, 인간이 항상 최선의 결정을 내리는 것은 아니며 심지어 동일한 결정을 두 번 내리지도 않는다. 우리의 의사결정 자아들decisionmaking selves에 대해 생각하는 한 가지 방법은, 두 자아가 우위를 차지하기 위해 끊임없이 싸운다고 간주하는 것이다.

우리의 감정 시스템은 NAc에 있는데, 주로 도파민에 의해 추동되며, 보상을 소리 높여 외치는 것을 업으로 한다. 감정 시스템은 걸음마 배우는 아기와 약간 비슷하며, 일단 케이크 조각에 눈독을 들이면 그것을 얻을 때까지 짜증을 낼 것이다. 그리고 우리의 이성 시스템은 전전두피질PFC에 기반을 두고 있는데, 마치 조급한 부모처럼 감정적인 아기를 통제하기 위해 최선을 다한다. 그러나 많은 부모가 그렇듯, 뇌는 그렇잖아도 분주하거나 스트레스를 받거나 피곤하므로 소리를 지르는 아기에게 항상 '안 돼'라고 말할 수는 없다. 때로는 항복하고 원하는 것을 제공하는 편이 더 쉽다.

스트레스는 여러모로 뇌에 영향을 미칠 수 있으며, 만성 스트레스와 급성 스트레스를 구별하는 것이 중요하다. 특히 어린 시절부터 오랫동안 높은 수준의 스트레스를 경험한 사람은 뇌가 스트레스에 의해 형성됐을 것이다(2장 참조). 장기 스트레스는 PFC의 기능을 억제할 수 있으며 보상에 대한 개인의 반응을 변화시키기도 한다.

그러나 우리 모두가 정기적으로 경험하는 단기 스트레스도 의사결정 방식을 바꿀 수 있다. 이것이 어떤 식으로 이루어지는지 알아보려면 실험실에서 '일관되고 신뢰할 수 있는 스트레스'를 생성해야 한다. 예컨대, 연구자들은 참가자에게 뉴스(이것만으로도 분노에서 절망에 이르기까지 모든 것을 생성할 수 있다!)를 읽거나 듣게 하는 대신, 얼음물 양동이에 손을 집어넣고 연구가 끝날 때까지 그대로 있어달라고 요청한다. 별로 나쁘게 들리지 않을 수도 있지만, 이것은 심히 불쾌하며 오래 지속될수록 더욱 악화된다. 그리고 널리 알려진 바와 같이 그것은 우리가 일상생활에서 과로나 돈 걱정 때문에 스트레스를 받을 때 흔히 일어나는 많은 생리적 변화를 초래한다.

한 연구에서 당시 뉴욕 대학교에 재직 중이던 제니퍼 레노Jennifer Lenow와 동료들은 참가자에게 차가운 물에 손을 넣은 상태에서 어떤 게임을 해달라고 요청했다.[14] 연구자들은 참가자에게 컴퓨터 화면의 과수원을 보여주며, '가능한 한 많은 사과를 따달라'고 요청했다. 각각의 실험에서 참가자는 같은 나무에서 계속 사과를 따거나(실험이 진행됨에 따라 사과가 줄어들게 될 것이다), 다른 사과나무로 옮길

---

14   Jennifer K. Lenow, et al. (2017). "Chronic and Acute Stress Promote Overexploitation in Serial Decision Making", *Journal of Neuroscience*, 37 (23)(옮긴이 주).

결정, 논리인가 화학물질인가

수 있었다. 과수원에는 두 유형이 있었는데, '풍요로운 과수원'에서는 사과나무 간의 간격이 좁았고 '가혹한 과수원'에서는 사과나무 간의 간격이 매우 넓어서 다음 나무로 이동하는 데 더 많은 시간이 걸렸다.

예상대로 풍요로운 환경에 처한 참가자들은 너 나 할 것 없이 다른 나무로 빨리 이동하는 쪽을 선택하는 것으로 나타났다. 그러나 스트레스군(팔을 찬물 속에 넣은 참가자 그룹)과 대조군(팔을 따뜻한 물에 넣은 참가자 그룹)을 비교했을 때, 한 가지 차이점이 발견되었다. (자술서 및 코르티솔 반응으로 측정한) 스트레스를 많이 받은 참가자일수록 동일한 나무에서 더 오랫동안 머문 후 다음 나무로 이동한다는 것이었다. 그리고 이러한 현상은 풍요로운 환경과 가혹한 환경 모두에서 발견되었다. 연구자들이 계산한 '최적 이동 시점'과 비교할 때, 스트레스는 동일한 나무에서 지나치게 많은 사과를 따는 과수확과 밀접한 상관관계가 있는 것으로 밝혀졌다.

연구자들은 이렇게 주장한다. "스트레스는 '편향된 인식'을 유발하여, 참가자가 '환경이 실제보다 더 가혹하다'고 여기게 만든다. 따라서 스트레스를 받은 참가자는 있던 자리에 그대로 있으려는 충동을 느끼게 된다." 그러나 다른 이론도 있다. 한 연구에 따르면, 스트레스는 사람들이 부정적 정보보다는 긍정적 정보에 더 관심을 기울이도록 만들 수 있다. 그렇다면 이 경우, 참가자들은 '사과가 별로 없다(아휴!)'는 것보다는 '사과가 좀 있다(아싸!)'는 사실에 집중했다고 볼 수 있다. 또한 스트레스는 사람들을 무대응 쪽으로 치우치게 하는 것 같다. 그래서 우리는 스트레스를 받을 때, 작심하고 다른 사과나무로 옮기기보다는 현상 유지(현재의 사과나무)를 고수할 가능성이 더 높다. 사실 구체적으로 어떤 행동이 필요할 때, 스트레스는 그 행동을 억제함으로써 학습 효과(당사자를 보상으로 이끌거나 처벌에서 멀어지게 함)를 원천적으로 차단한다. 또 다른 연구에 따르면, 스트레스를 받은 사람들은 미래보다 현재에 대해 더 많이 생각하기 때문에 '새로운 나무로 이동하기'의 잠재적 이점을 제대로 평가하기가 더욱 어려워진다.

스트레스가 의사결정에 영향을 미치는 방법 중 하나는 도파민 시스템을 경유하는 것이며, 연구에 따르면 급성 및 만성 스트레스가 이 시스템을 변화시킨다(4장 참조). 그러나 정확히 어떤 변화가 나타나는지는 스트레스의 유형에 따라 다르다. 예컨대 생쥐를 이용한 연구에서는, 경미한 만성 스트레스가 복측피개 영역VTA에서 도파민 뉴런의 활성을 감소시키며, 이 영역을 자극할 경우 생쥐는 스트레스가 줄어든 듯이 행동하는 것으로 나타났다. 그러나 사회적 과제에서 스트레스가 발생하면 도파민 뉴런이 더 많이 발화하는데, 다른 연구자들은 '전기 충격과 같은 급성 스트레스도 VTA에서 도파민 뉴런의 활성을 증가시킬 수 있다'는 사실을 발견했다.

그런데 어떻게 이런 일이 일어날 수 있을까? 스트레스가 어떻게 동일한 뉴런의 활성을 증가시키거나 감소시킬 수 있을까? 한 가지 가능한 답은 관련된 연구의 디테일이 불충분하다는 것이다. 앞에서 살펴본 것처럼, 동일한 영역 내에도 상이한 뉴런군이 존재할

결정, 논리인가 화학물질인가

수 있으며, 이것들이 이를테면 '진행'과 '멈춤' 경로처럼 매우 다른 일을 할 수 있다. 어쩌면 상이한 유형의 스트레스가 동일한 뇌 영역 내의 다른 뉴런망에 영향을 미칠 수도 있다. 아니면 스트레스가 반복되거나 지속될 때, 뇌가 반격하여 반응을 바꾸는 경우일 수도 있다. 스트레스가 도파민에 어떤 영향을 미치는지, 그리고 이것이 우리의 의사결정에 어떤 영향을 미치는지 확인하려면 더 많은 실험이 필요하다.

정확한 내용은 아직 알 수 없지만, 스트레스는 동물들이 '더 큰 보상을 위해 일하는 것과 관련된 옵션'보다는 '쉬운 옵션'을 선택하도록 부추기는 것 같다. 인간의 경우에도, 스트레스는 종종 의사결정을 '주도면밀한' 반응보다는 '본능적' 반응 쪽으로 밀어붙이는 것처럼 보인다. 이러한 휴리스틱과 편향이 우리를 안내하고 생존에 도움이 되는 결정을 신속하고 용이하게 내리도록 진화했다는 것은 이치에 맞는다. 하지만 스트레스가 우리의 의사결정에 긍정적 영향을 미치는지 부정적 영향을 미치는지는 의사결정의 유형에 따라, 그리고 사람마다 다르다. 왜 그럴까?

적어도 부분적으로, 이것은 우리 모두가 스트레스에 다르게 반응하기 때문이다. 어떤 사람은 평소에는 침착하고 느긋하지만, 군중 앞에서 말하라고 하면 횡설수설하며 엉망진창이 된다. 나를 포함한 많은 사람은 각광받기를 좋아하지만, 마감일이 촉박하다는 생각만으로도 (많은 사람이 마지막 스퍼트를 올리는 가운데) 공황 상태에 빠진다. 과학자들은 종종 혈류나 타액에 있는 코르티솔의 양으로 스트레스 수준을 측정한다. 코르티솔이 스트레스와 관련된 유일한 화학물질은 아니지만(4장 참조), 개인이 모든 유형의 스트레스에 어떻게 반응하는지를 측정하는 좋은 방법이다. 그러나 코르티솔 수치가 시간대에 따라 다르다는 점을 명심해야 한다.

증가한 코르티솔은 변연계의 수용체에 결합하는데, 코르티솔이 '전전두 영역과 변연계 사이의 연결'을 변경함으로써 의사결정을 바꾸는 것은 바로 이 때문일 수 있다. 동물의 경우, 그 또한 도파민 신호를 강화함으로써 동물이 보상에 더 몰두하게 만들고, 보상을 얻기 위해 위험을 감수할 가능성을 높이는 것으로 보인다. 인간에게 코르티솔이 함유된 알약을 제공한 연구는 동물실험 결과를 뒷받침한다. 참가자가 코르티솔을 복용한 후, 대조군에 비해 위험한 도박을 선택할 가능성이 더 높아졌기 때문이다. 그러나 이것은 다른 어떤 그룹보다도 위험을 감수할 가능성이 높은 그룹인 젊은 남성을 대상으로 한 연구라는 점에 유의해야 한다. 많은 심리학 연구와 마찬가지로, 이는 노인이나 여성에게도 동일한 현상이 나타날 거라고 장담할 수 없다는 것을 의미하며, 다른 연구에서는 스트레스가 이런 다양한 그룹에 다른 방식으로 영향을 미칠 수 있다고 제안한다.

날로 증가하는 스트레스에 직면한 삶의 한 가지 큰 문제는 스트레스가 우리를 편향에 더 취약하게 만든다는 것이다. 이러한 편향의 범위는 '자기 위주 편향(우리 중 90퍼센트가, '사교성'에서부터 '운전 실력'에 이르기까지 자신이 '평균 이상'이라고 평가한다)'에서부터 '암묵적인 인

결정, 논리인가 화학물질인가

종 또는 젠더 편향(우리 모두가 의지와 무관하게 이런 경향이 있다)'에 이르기까지 다양하다. 하지만 이런 진실을 깨달았다면 일단 고비를 넘긴 것이다. 우리가 '자신의 무의식적 편향'과 '편향의 희생양이 될 가능성이 높은 자신의 상태'를 알게 되면, 그에 대응할 수 있기 때문이다. 인간이 쉽게 접할 수 있는 편향을 이 장에서 모두 다룰 수는 없는 노릇이므로,[15] 나는 더 자세히 살펴볼 가치가 있는 한 가지 항목을 선택했다. 바로 시점 할인temporal discounting이다.

## 현찰이 최고야!

어떤 조식용 시리얼을 구입할지 어떤 영화를 볼지 결정을 내릴 때, 우리는 눈앞에 있는 다양한 선택지를 비교한다. 하지만 많은 경우 선택지는 구체적이거나 즉각적이지 않으며, 그중 하나에 대한 보상은 먼 미래에 있을 수 있다. 예컨대 피자 한 조각을 더 먹어야 할까? 그 맛의 단기적 이점은 명백하지만, 여러분의 소금과 그것이 혈압에 미치는 영향의 장기적 결과는 끔찍할 수 있다. 지루하지만 안정적인 직장에 계속 다녀야 할까 아니면 사업을 시작하기 위해 그만둬야 할까? 새로운 상의를 구입할까 아니면 연말에 휴가를 가기 위해 그 돈을 저축할까? 지금 사귀는 사람과 결혼할까 아니면 더 나

---

15   위키피디아에는 의사결정에만 관련된 편향이 120개 이상 나열되어 있다.

은 사람이 나타날 때까지 기다릴까?

우리는 실생활에서 이러한 종류의 결정을 끊임없이 내려야 하며, 이를 위해 '미래의 자아'의 입장이 되어 우리의 결정이 그에게 어떤 영향을 미칠지 상상한다. 불행하게도 우리는 이런 일에 꽤 서툴다. 어떤 면에서 우리는 '미래의 우리'에게 후한 점수를 주는경향이 있다. 예컨대 다음 주에 먹을 간식을 고를 때, 건강식을 선택하는 경향이 있다. 왜냐하면 미래의 우리는 스스로 돌보는 것을 선호하기 때문이다. 하지만 때가 되면 초콜릿 바가 점점 더 유혹적으로 보이기 시작한다. 또한 우리는 미래의 일을 생각할 때 '좋은 목적'을 위해 더 많은 시간을 할애하고, 다음 달에 고급 외국 영화를 보기 위해 예매할 것이다. 요컨대 우리의 미래 자아는 우리가 되고 싶어 하는 관대하고 교양 있고 건강한 사람이다. 그러나 다른 한편으로 우리는 그를 이해하는 것이 어렵다고 여기고, 그가 초콜릿이나 로맨틱 코미디를 좋아할지도 모른다는 사실을 망각한 채 '그가 된다는 것은 어떤 기분일지' 생각하게 된다.

이것은 부분적으로 시점 할인이라고 부르는 현상에 기인하며, 몇 가지 주요 문제(이를테면 영국 성인의 3분의 1 이상이 연금에 가입하지 않았다)로 이어질 수 있다. 심지어 연금에 가입한 사람들도 충분히 저축하지 않고 있다. 비교 웹사이트 파인더Finder의 설문조사에 응답한 사람 중 '편안한 은퇴를 위해 충분히 저축하고 있다'고 믿는 사람은 28퍼센트에 불과했다.

시점 할인이란 사람들이 '크지만 지연된 보상'보다 '작지만 즉각적인 보상'을 선호한다는 사실을 의미하는 용어다. 이것이 어떻게 작동하는지 알아보기 위해 간단한 실험을 해보자. 내가 당신에게 '지금 당장 100만 원' 또는 '내일 150만 원'을 지불하겠다고 제안했다고 상상해보라. 당신은 아마 기다렸다 더 많은 금액을 받을 것이다. 하지만 '지금 당장 100만 원' 또는 '1년 후 150만 원'을 제안한다면 어떻게 될까? 즉각적인 옵션이 더 매력적으로 보이기 시작한다. 인간과 동물 모두에서, 이와 같은 실험을 통해 할인곡선 discounting curve을 작성할 수 있다. 할인곡선은 시간이 경과함에 따라 보상의 가치가 어떻게 떨어지는지를 보여준다.

시점 할인은 유익한 전략으로 진화했을 수 있다. 결국 당신이 1년 후 생존하여 더 큰 보상을 받을지, 아니면 그것을 제안하는 사람만 살아 있을지 누가 알겠는가! 그러나 대부분의 사람이 노년에 접어드는 현대 사회에서는, 오늘날 사회가 직면한 몇 가지 문제로 이어진다. 나이가 듦에 따라 생겨나는 욕구를 충족하기에 충분한 돈을 저축하지 못하는 사람이 태반인데, 이는 적어도 부분적으로 '지금 돈을 쓰는 즐거움'이 너무 유혹적이기 때문이다.

행동 측정뿐만 아니라, 동물의 뇌를 들여다보면 이러한 할인의 신경적 기반을 볼 수 있다. 특정 신호가 보상을 예고한다는 것을 동물이 알게 되면, 보상이 지연되는 시간을 변경하며 무슨 일이 일어나는지 관찰할 수 있다. 그 결과, 보상이 지연될수록 NAc의 도파민 뉴런이 덜 활성화되는 것으로 밝혀졌다. 이 영역은 보상의 크기와 확률뿐만 아니라 타이밍까지도 고려하여 주관적 가치에 대한 신호를 생성한다.

아마 놀라겠지만, PFC의 일부 영역은 보상의 타이밍을 구별하지 않고, 다른 영역은 지연된 옵션을 선택할 때 더 활성화된다. 이것은 우리에게 다음과 같은 아이디어를 떠올리게 한다. 뇌에는 두 개의 시스템이 존재하는데, 하나는 도파민에 기반한 시스템으로 "지금 줘, 난 현찰이 좋아!"라고 지껄이고, 다른 하나는 보다 합리적인 전전두엽 시스템으로 "때로는 기다리는 게 더 낫다"고 평가한다. 일부 연구자들은 이러한 시스템을 '지금'과 '나중에'라고 부른다. 그러나 눈치 빠른 독자들은 예상했겠지만, 이러한 시스템 중 하나를 자세히 살펴보면 그렇게 간단하지 않다는 것을 알 수 있다. 사실, 선조체의 상이한 영역은 '지연된 보상'에 다르게 반응하는 것처럼 보인다. 선조체의 한 부분은 행동을 억제하는 데 관여하고, 다른 부분은 보상과 충동적 선택에 더 중요하며, 세 번째 부분은 습관에 중요한 역할을 한다. 이와 마찬가지로 PFC는 하나의 기능을 가진 단일 영역이 아니다. 그것의 일부는 노력을 지속하는 데 도움이 되는 반면 다른 영역은 충동적으로 선택할 때 더 활성화된다. 이들 각각은 선조체의 해당 부분에 연결된다.

지금쯤이면 독자들은 이러한 수준의 복잡성에 익숙해졌을 것이다. 그도 그럴 것이, 몇 번이고 반복해서 보았을 테니 말이다. 그러나 우리가 아직 다루지 않은 또 다른 복잡한 층이 있다.[16] 동일한 뉴런 집단 내에서도 뉴런이 발화하는 방식이 중요하며 상이한 신호를 보낼 수 있다는 것이다. 사실, '지금'과 '나중에'는 시스템이라

결정, 논리인가 화학물질인가

기보다는 프로세스라고 부르는 것이 나을 수도 있다. '나중에' 프로세스가 이기려면, 뇌의 선조체와 전두 영역에 일정한 수준의 도파민이 존재해야 한다. 이것은 동물에 지연된 보상의 목표를 계속 추구하도록 동기를 부여한다. 이런 종류의 발화는 강장제tonic에 비견되며, 화려한 와인바에서 흘러나오는 잔잔한 클래식과 같은 배경음악 정도로 생각할 수 있다. 그러나 '지금' 프로세스는 도파민의 날카롭고 갑작스러운 폭발에 의해 추동된다. 배경음악을 잠재우는 갑작스러운 심벌즈의 핑음이나 데스메탈 연주를 생각해보라. 물론 이런 연주는 당신의 주의를 끌 것이고, 뇌에서도 똑같이 작용하여 우리가 원인을 불문하고 지금 당장 그것을 원하게 한다! 이것이 바로 3장에서 논의한 '보상' 또는 '욕구' 신호다.

## 지금 줘!

따라서 우리는 이 두 시스템 간의 경쟁을 통해 옵션을 저울질함으로써, 지금 더 작은 보상을 받을 것인지 아니면 나중에 더 큰 보상을 받을 것인지를 결정할 수 있다. PFC의 도파민 변화는 이용 가능한 보상이 얼마나 되는지를 나타내는데, 이곳에 도파민이 적다는 것은 미래의 보상을 더 극적으로 할인한다는 것을 의미한다. 한편,

---

**16** 독자 여러분의 열화와 같은 응원 소리가 들린다!

NAc는 이용 가능한 보상의 가치를 알려주는데, 이곳이 더 많이 활성화되면 우리는 즉각적인 만족을 선택하게 된다. 또한 vmPFC는 동물이 보상을 얼마나 필요로 하는지에 따라 보상에 가치를 매기는 역할을 한다. 6장에서 보았듯이 음식은 배가 고플 때 더 맛있는데, 이는 부분적으로 vmPFC와 NAc 사이의 연결고리 덕분이다. 그리고 vmPFC의 손상은 (EVR이 경험하고 위에서 설명한 대로) 시점 할인을 증가시킨다.

다른 영역들도 '지금' 또는 '나중에'를 결정하는 데 관여한다. 예컨대 해마는 기억을 사용하도록 허용하는데, 기억을 이용한다면 (옵션에 매기는 가치에 영향을 미치는) 과거의 경험을 바탕으로 선택의 결과를 상상하는 것이 가능하다. 편도체도 여기에 개입하여 감정을 섞는다. IGT에서처럼 편도체가 손상되면 위험한 선택이 증가할 수 있으며, 사람들은 나중에 큰 손실로 이어질지라도 지금 당장 큰 보상을 받아들인다. PFC는 이 모든 영역의 정보를 비교하여, (바라건대) 우리가 가능한 한 최선의 결정을 내리는 데 도움이 되도록 가중치를 부여하는 역할을 하는 것 같다.

두 시스템의 상호연결성이 의미하는 것은, 우리의 주의가 산만해져 전전두엽의 제어 영역이 덜 관여할 경우 NAc가 더 활성화됨으로써 '보상의 가치가 더 많이 반영된 결정'을 내린다는 것이다. 이와 대조적으로, 매우 좋아하지만 저녁 식사 전에는 필요하지 않은 초콜릿 바에 대한 갈망을 극복하려고 할 때, 우리는 전전두 영역을 사용하여 NAc의 활동을 억제함으로써 충동을 제어한다.

결정, 논리인가 화학물질인가

다음으로 수용체들이 있다. 이전에 살펴본 것처럼, 동일한 신경 전달물질이라도 특정 영역의 뉴런이 어떤 수용체를 사용하는지에 따라 다른 효과를 나타낼 수 있다. PFC에는 두 개의 상이한 도파민 수용체가 있는데, 그중 하나는 위험한 선택으로 기울고 다른 하나는 안전한 선택으로 기운다. NAc에서도 유사한 차이점을 발견할 수 있다. 그렇다면 첫 번째 수용체를 더 많이 가진 사람이 더 많은 위험을 감수할 수 있기 때문에, 위험 감수 측면에서 개인 간의 차이점 중 일부를 설명할 수 있다. 또한 각 수용체의 수가 변경될 수 있기 때문에, 이러한 경향이 삶의 과정에서[17] 어떻게 변할 수 있는지를 설명할 수 있다.

이러한 회로들은 미래에 대해 좋은 선택을 하는 데 필수적이다. 좋은 선택이란 균형의 문제로, 자칫 잘못하면 이전 장에서 살펴본 약물 남용, 도박 중독, 과식 같은 모든 문제로 귀결될 수 있다. 불행하게도, 빠르고 극적인 보상을 제공하는 이 같은 행동들은 시스템을 훨씬 더 왜곡시킬 수 있다. 행동이 반복되면 전두 영역의 활동이 감소하고, 편도체와 해마가 스트레스와 보상 신호에 더 민감하게 반응하고, 사람들이 욕망 상태를 더 잘 인식하게 된다. 이 모든 것은 다음번에 즉각적인 보상에 저항하는 것을 더 어렵게 만들고 악순환으로 이어진다.

---

**17**    위험의 유형에 따라 다를 수 있지만 일반적으로 우리는 십 대에 가장 많은 위험을 추구하는 경향이 있으며 성인이 되면서 더욱 조심스러워진다.

그렇다면 미래를 위한 올바른 결정을 내릴 수 있는 최상의 기회를 얻기 위해 우리는 무엇을 할 수 있을까? 흥미롭게도, "미래의 당신"의 입장에 서면 도움이 될 수 있다. 예컨대 소프트웨어를 사용하여 얼굴 사진을 노화시키고, 미래에 대한 결정을 내리는 동안 그것을 보면 미래의 자아에게 더 관대해질 수 있다.

편향을 피하는 데 도움이 되는 다른 방법들도 있다. 만약 다이어트 중 가족이 정크푸드를 먹더라도 당신 자신은 그것을 거부한 적이 있다면, 당신은 이행 장치commitment device[18]를 사용한 것이다. 그 밖의 방법으로는 신용카드 동결하기(심지어 진짜 얼음덩어리 속에 넣어 동결하기!)와 조깅을 하거나 자선 경주에 참가할 때 멋진 팟캐스트 듣기 등이 있다. "현재의 당신"이 ("미래의 당신"이 깰 수 없는) 철석같은 약속을 한다면, 당신이 목표를 고수하는 데 도움이 될 수 있다.

이러한 트릭들은 중요한 점을 강조한다. 신경과학 연구는 매혹적이며 우리 삶의 다양한 측면의 기초가 되는 네트워크와 화학물질을 이해하기 시작했지만, 아직 초기 단계다. 뇌를 더 자세히 들여다보는 더 나은 기술이 개발됨에 따라 우리의 이해가 변화하고 있다. 우리가 1년 전에 알고 있던 것들이 매일 업데이트되고 있으며, 내가 이 책에 쓴 몇 가지 '사실'은 당신이 이 책을 읽을 때쯤이면 구식

---

**18** 《괴짜 경제학》의 저자 스티븐 더브너Stephen J. Dubner와 스티븐 레빗Steven Levitt의 말에 따르면, 원하는 결과를 얻기 위해서 스스로 행동에 제약을 가하는 것을 말한다. 미래에 자신의 의지가 약해질 것을 알고 방법을 미리 마련하는 단순한 원리이지만 그 효과는 강력하다 (옮긴이 주).

이 되어 있을 게 거의 확실하다.

이는 신경과학을 포기해야 한다는 것을 의미하지 않으며, 우리 자신을 더 잘 이해하고 삶을 개선하기 위해 취할 수 있는 실질적 조치를 감안할 때 더욱 오랜 역사를 지닌 학문, 즉 심리학의 연구 결과를 참고하는 게 더 낫다는 것을 의미한다. 신경과학은 우리에게 이유를 설명하려고 노력할 수 있지만, 스트레스가 우리를 더 나쁜 의사결정자로 만든다는 사실을 알려주고 어떻게 하면 스트레스 수준을 낮출 수 있는지(4장 참조)를 보여주는 것은 심리학 연구다. 그리고 우리가 결정을 내릴 때 잘못될 수 있는 편향을 인식하고 대응하게 해주는 것도 심리학이다. 정확히 어떻게 작동하는지 아직 이해되지 않았을 수도 있지만, 행동 변화는 의사결정 회로와 이를 제어하는 화학물질에 영향을 미치고 의사결정 능력을 변화시킬 수 있다. 그리고 지금이야말로 이러한 심리학적 깨달음을 얻기 위한 절호의 기회다. 왜냐하면 나는 바야흐로 '대부분의 사람이 내려야 할 가장 큰 결정'과 관련된 주제로 뛰어들려고 하기 때문이다. 그건 다름 아닌 사랑이다.

# 사랑,

## 빵처럼 늘 다시 만들어지고 새로워지길

사랑과 매력은 대부분의 사람에게 삶의 큰 부분을 차지한다. 어떤 사람에게는 필요로 하는 모든 것일 수도 있고 어떤 사람에게는 한낱 두 음절짜리 단어일 수도 있지만, 그것은 수천 년 동안 음악가, 시인, 작가, 철학자를 매료시켰다. 과학자들이 끼어든 건 비교적 최근의 일이다. 범주화를 좋아하는 사람들답게, 그들은 낭만적인 사랑의 경이로움을 정욕lust, 매력attraction, 애착attachment이라는 세 가지 요소로 분류했다. 겹치는 부분이 많긴 하지만, 각각의 요소는 특정한 패턴의 '관련된 뇌 활동 및 신경화학'을 가지고 있다. 그래서 나는 과학적 관점에서 볼 때 가장 단순한 요소인 정욕부터 살펴보고자 한다.

본론으로 들어가기 전에, 독자들에게 한 가지 주의사항을 알려

사랑, 빵처럼 늘 다시 만들어지고 새로워지길

주려고 한다. 인간의 섹슈얼리티sexuality와 젠더gender는 매우 복잡하다. 그것에 대해 알면 알수록, '어떻게 식별하는가'와 '누구에게 끌리는가'에 대해서 우리 모두가 하나의 스펙트럼상에 있다는 사실을 더 많이 깨닫게 된다. 불행하게도 내가 이 장에서 인용한 연구중 대부분은 이 사실을 제대로 파악하지 못했다. 다양한 참가자를 포함하는 것에 대해, 연구자들은 미처 생각하지 않았거나 너무 복잡하므로 어벌쩡 넘어가기로 결정했기 때문이다. 이는 대부분의 연구가 이성애자와 시스젠더cis-gender[1]인 사람들만을 포함한다는 것을 의미한다. 극소수의 연구가 동성애자 커플을 포함했는데, 그중에는 성적 취향을 묻지 않고 이성애자 커플과 함께 묶었거나, 충분히 포함하지 않아 유의미한 차이가 있는지 확인할 수 없는 것도 있다.

사실, 인간의 성행위를 동물과 비교하려고 할 때는 별문제가 없다. 동물의 성행위는 (항상 그런 건 아니지만[2]) 수컷과 암컷 사이에서 일어나는 경향이 있기 때문이다. 그러나 이것은 사랑과 매력에 관한 한 베일에 가려져 있는 인구가 엄청나게 많다는 것을 의미한다. 사정이 이러하다 보니, 우리는 기존의 연구가 '이성애자가 아닌 사

---

**1**  '생물학적 성'과 '성 정체성'이 일치하는 사람(옮긴이 주).

**2**  예컨대 큰돌고래는 이성애만큼이나 동성애 행위에 몰두하며, 뉴욕시 센트럴파크 동물원에 사는 한 쌍의 수컷 턱끈펭귄은 바위를 알처럼 품기 시작하여 화제가 되었다. 그 커플은 나중에 (피치 못할 사정 때문에 알을 품을 수 없는) 이성애자 커플에게서 가져온 진짜 알을 받았다. 그들은 성공적으로 알을 품었고, 알에서 나온 딸을 잘 키웠다. 동물의 섹스와 짝짓기의 복잡성에 대한 더 많은 이야기를 보고 싶다면, 줄스 하워드Jules Howard의《지구상의 섹스 Sex on Earth》(Bloomsbury Sigma, 2014)를 추천한다.

람들'에게 외삽될 수 있는지 확신할 수 없다. 그리고 트랜스젠더와 논바이너리를 어떻게 해석해야 할지, 또는 비일부일처적 관계가 일부일처제와 어떻게 다른지 감을 잡을 수 없다. 이것은 정말 부끄러운 일이며, 앞으로는 더 많은 연구에 더 다양한 참가자가 포함되기를 바란다. 나는 이 장 전체에서 가능한 한 포괄적인 용어를 사용하려고 했지만, 본의 아니게 이성애와 일부일처적 관계에 초점을 맞추게 된 것을 양해해주기 바란다. 이건 이것들을 다른 유형보다 더 중요하게 생각해서가 아니라 지금까지 대부분의 연구가 그 중심으로 수행되었기 때문이다.

## 정욕이란 무엇인가

◦—◦

정욕은 짝짓기 충동이며, 짝짓기란 거의 모든 동물이 유전자를 다음 세대에 물려주기 위해 꼭 해야 하는 일이다. 이는 정욕이 진화에 의해 추동된 강한 충동이라는 것을 의미한다. 인간의 특이한 점은 다른 동물들과 달리 정욕이 생식과 분리되어 있다는 점이다.

동물이 우리와 같은 방식으로 정욕을 느끼는지는 알 수 없지만, 그들 역시 분명히 짝짓기를 하고 싶은 욕망이 있고 그것을 위해 열심히 노력할 것이다. 그러나 대부분의 포유류에서, 짝짓기는 대개 번식과 관련이 있다. 암컷 고양이는 평소에 수컷의 '가시 돋친 페니스' 근처에 얼씬도 하지 않지만(거기에 가시가 돋아나 있으니 이해할

사랑, 빵처럼 늘 다시 만들어지고 새로워지길

만하다), 발정기가 되면 뭔가 달라진다. 암컷의 뇌는 생식 호르몬인 에스트로겐으로 넘쳐나기 때문에, '배우자 찾기'가 그녀의 마음에서 갑자기 1순위 과제로 떠오른다. 그리고 수컷은 암컷의 매혹적인 야옹 소리를 듣자마자 흥분하여 출격 준비를 한다.

전 세계 연구실에서 가장 많이 연구되는 포유류인 생쥐와 시궁쥐도 마찬가지다. 암컷은 주기적으로 가임기에 도달할 때마다 이상한 행동을 보인다. 수컷이 가까이 있으면, 암컷은 깡충깡충 뛰고 쏜살같이 달려가려 한다. 수컷(또는 연구자)이 옆구리를 만지면, 암컷은 척추전만증lordosis 자세를 취함으로써 자신의 등을 아치형으로 만든다. 하지만 번식력이 최고조에 달하지 않은 암컷은 수컷 주위에서 완전히 다르게 행동한다. 왜냐고? 암컷의 뇌에 있는 호르몬인 에스트로겐과 프로게스테론의 수준이 다르기 때문이다. 척추전만증은 반사작용이며, 촉각 신호가 척수로 이동한 후 운동뉴런이 암컷의 자세를 수용 자세로 바꾸기 때문에 일어난다. 대부분 이 반사작용은 시상하부의 일부에 의해 억제된다. 그러나 발정기가 되면 에스트로겐 호르몬 중 하나가 이 영역의 활동을 변경하므로 반사작용의 고삐가 풀린다.

인간의 경우, 정욕과 생식은 느슨하게 연결되어 있다. 여성은 한 달 내내 아무 때나 흥분할 수 있다(하지만 일부 연구에서는, 여성이 배란 즈음에 성적 자극을 더 잘 받아들인다고 주장한다). 그리고 아기를 만들 수 없는 사람들 사이여도 얼마든지 끌릴 수 있다. 그러나 우리의 욕망도, 동물과 마찬가지로 테스토스테론과 에스트로겐이라는 호르몬에 좌우된다. 섹스에 대한 우리의 관심이 사춘기 무렵에 시작되는 것은 바로 이 때문이다. 사춘기에는 이 호르몬이 뇌와 신체에 넘쳐나 다양한 방식으로 변화를 일으킨다. 그리고 나이가 들면서 성욕이 둔해지는 것은 이러한 화학물질의 생성이 감소하기 때문이다. 심지어 임신한 여성이 특정 시점에 자신의 파트너(또는 좋아하는 섹스 토이)를 거부할 수 없는 것도 바로 호르몬 때문이다.

정욕은 중요한 원동력이지만 반드시 특정한 사람에게 집중되는 것은 아니다. 따라서 정욕은 남녀관계에서 특히 초기에는 중요한 요소가 될 수 있지만, 인간의 로맨스에 대해 생각할 때 그보다 더 복잡한 요소들을 살펴볼 필요가 있다.

남편 제이미와 나는 우리가 처음 만났을 때를 잘 기억하지 못하는데, 그건 부분적으로 그날 밤 마신 술 때문이다. 나는 대학 1학년이고 그는 2학년이었으며, 둘 다 기숙사 오픈하우스 주간을 맞이하여 대학 주점에 있었다. 우리는 그날 밤 많은 새로운 사람을 만났고, 다음 날 우리의 만남에 대해 내가 기억한 것은 '어떤 2학년생과 살사 댄스 이야기를 나눴다'는 것뿐이었다. 운 좋게도 다음 날 밤 주점에서 친구에게 이 이야기를 했을 때, 제이미의 룸메이트가 우연히 듣고 내가 누구 이야기를 하는지 단박에 알아차렸다.[3] 그는 우리를 (재)소개했고, 우리는 일주일에 한 번씩 만나서 춤을 추는 사이가 되었다.

---

**3** 당시 2학년생 중에는 살사 댄스를 잘 추는 사람이 많지 않았던 게 분명하다!

사랑, 빵처럼 늘 다시 만들어지고 새로워지길

우리가 만났을 때 갑자기 찌르르 전기가 통한 일도 없었고, 즉각적인 욕망이나 정욕도 없었다. 사실 그날 밤 그는 다른 여학생과 수다를 떨었고, 나 역시 고향에서 온 다른 남자 친구가 있었다. 하지만 서로를 알아가면서 친구가 되었고, 우리 사이의 끌림은 커져갔다. 그렇다면 그 몇 주, 몇 달 동안 우리가 서로에게 끌린 이유는 무엇이었을까? 우리는 어떻게 '주점의 낯선 사람들'에서 '남은 인생을 함께 보내고 싶다고 결정한 남녀'가 되었을까? 모든 것은 점점 더 커져가는 매력에서 시작되었다.

## 매릴린 먼로, '몸짱' 남성

○─○

매력은 정욕보다 훨씬 구체적이다. 이것은 누군가를 좋아하기로 결정하게 만들기도 하며, 두 사람이 단순한 친구 이상의 관계로 발전하도록 할 수 있는 부분이다. 우리가 매력적이라고 여기는 사람을 볼 때 광범위한 뇌 영역, 특히 보상 회로의 일부와 편도체 같은 정서적 영역이 관여한다. 하지만 관련된 연구를 면밀히 살펴보면 늘 그렇듯 상황이 그렇게 간단하지는 않다. 예를 들어, 편도체는 평범한 얼굴보다 매력적인 얼굴을 볼 때 활성이 증가하지만, 매력적이지 않은 얼굴을 볼 때도 증가한다.[4] 그러나 다시 한번 말하지만 이런 연구 중 대부분은 '젊은 이성애 남성'이 여성 사진을 보고 있는 가운데 이루어졌다. 사실, 여성을 대상으로 한 몇 안 되는 연구에서는 색다른 활성화 패턴이 발견되었다.

매력을 둘러싼 문제는 참가자의 범위에 국한되지 않는다. 보상 시스템에 관해서도 상황이 명확하지 않다. 한 연구에서는, 매력적인 얼굴의 사람이 참가자를 직접 바라보는 경우에만 보상 시스템의 일부가 활성화되는 것으로 나타났다. 참가자를 외면하는 경우, 매력적일수록 참가자의 선조체 영역이 덜 활성화되었다(이전 장에서 살펴본 바와 같이, 선조체는 보상 시스템과 의사결정에 관여한다). 이것은 말이 된다. 마음에 드는 사람과 눈을 마주치는 것은 좋은 일이며, 이때 참가자의 보상 시스템은 도파민을 방출함으로써, 하던 일을 계속하며 그 사람에게 접근하는 방법을 배우도록 도와줄 테니 말이다. 만약 참가자가 외면받는 기색이 역력하다면, 뇌에서 도파민이 감소함으로써 '지금 하는 일은 효과가 없다'고 일러줄 것이다.

그렇다면, '도파민 = 매력에 관여하는 뇌 화학물질'이라고 말할

---

**4** 여기서 흥미로운 문제는, 매력적이거나 매력적이지 않은 얼굴을 정의하는 사람이 '누구' 인가다. 종종 이것은 다수의 샘플(참가자들)에게 사진첩을 보여주며 매력을 평가해달라고 요청한 다음 결과의 평균을 내는 방식으로 진행된다. 그러나 평점이 샘플에 의해 편향되는 과정을 모르는 사람은 없을 것이다. 예를 들어 평가자가 모두 대학 학부생인 경우, 흔히 그렇듯 그들의 평점은 모집단의 무작위 표본보다 훨씬 더 유사할 것이다. 그러므로 만약 샘플링의 범위를 넓힌다면, 매우 다른 결과를 얻을 수 있을 터다. 그리고 평점은 문화의 영향을 받는 게 명백하므로, 이를 매력의 객관적인 척도로 간주하는 것은 비약이다. 그리고 때때로 문제는 더 노골적이다. 최근 연구에서, 연구팀은 거의 200명의 대학생에게 '자신이 얼마나 매력적이라고 생각하나요?'라고 질문한 다음, 그 평가를 '객관적 매력'과 비교하여 그들이 자신을 얼마나 현실적으로 바라보는지 확인했다. '객관적 매력'의 척도가 뭐냐고? 참가자들이 설문지에 응답하는 동안, 참가자들 앞에 서 있는 두 남성 실험자가 눈에 띄지 않게 그들의 매력을 평가했다. 연구 결과에 대해서는 더 말할 필요가 없을 것이다.

사랑, 빵처럼 늘 다시 만들어지고 새로워지길

수 있을까? 단도직입적으로 말해서, 그렇다고 장담할 수는 없다. 수 컷 생쥐에 도파민 상승제를 투여했을 때, 성적으로 수용적인 암컷 에 접근하는 속도는 변하지 않았고, 도파민을 차단해도 그 속도는 감소하지 않았기 때문이다. 암컷도 마찬가지였다. 실제로는 보상 시스템 속의 아편유사제가 더 중요할 수 있다. 오슬로 대학교의 올 가 첼노코바Olga Chelnokova가 지휘한 연구에서,[5] 인간 지원자에게 모 르핀을 투여하면 매력적인 얼굴을 더 매력적으로 평가하는 것으로 나타났다. 그들은 또한 매력적인 얼굴을 더 오랫동안 바라보았고, 그 얼굴을 화면에 계속 표시하기 위해 버튼을 더 많이 눌렀다. 그에 반해 아편유사제 시스템을 차단하면 정반대 효과가 나타났다.

그러나 매력 향상은 '가장 매력적인 얼굴'에 대해서만 발생한 다. 연구팀이 아편유사제 시스템을 아무리 조작해도, 중간 이하의 매력적인 얼굴을 더 예뻐 보이게 만들 수는 없었다. 사실 참가자들 은 모르핀을 투여받은 후 가장 덜 매력적인 얼굴을 더 빨리 외면했 다. 이러한 발견이 시사하는 것은, 아편유사제 시스템이 매력적인 얼굴에 대한 '욕구'와 '애호'에 관여하지만('욕구'와 '애호'에 대한 자세한 내용은 3장을 참조하라) 그 메커니즘이 복잡하다는 것이다.

독자들도 알다시피, 우리가 매력적인 사람을 발견했을 때 뇌에 서 일어나는 과정은 아직도 잘 이해되지 않았다. 끌림이 아마도 사랑

---

**5**    Olga Chelnokova, et al. (2016). "The μ-opioid system promotes visual attention to faces and eyes", *Social Cognitive and Affective Neuroscience*, Volume 11, Issue 12, pp. 1902~1909(옮긴이 주).

의 가장 신비로운 부분이라는 점을 고려하면, 이건 그리 놀라운 일이 아니다. 왜 한 명의 잠재적인 파트너가 당신의 심장을 뛰게 하고 가슴을 설레게 하는 반면, 다른 사람에 대한 생각은 당신을 냉담하게 만드는 것일까? 아직 갈 길이 멀지만 과학이 그 답을 찾기 시작했다.

물론 누군가의 외모는 당신이 그 사람에게 끌릴지 여부를 크게 좌우한다. 전 세계 문화권에는 대칭적인 특징, 특정한 이목구비 비율, 깨끗하고 밝은 피부와 눈 등 매력적인 것으로 간주되는 특성이 존재한다. 일부 진화심리학자들은 이러한 특성이 유전적 적합성genetic fitness의 표지자로 작용한다고 믿는다. 그들의 이론에 따르면, 예컨대 모든 비대칭적인 것은 발생 중인 배아의 문제로 귀결될 수 있다. 따라서 비대칭적인 파트너를 선택하면 후손에게 유전적 결함을 물려줄 위험이 있으며, 후손의 생존 가능성이 낮아질 수 있다. 그래서 건강한 대칭적 파트너를 선택한 사람들의 후손은 시간이 지남에 따라 살아남을 가능성이 더 높았고, 우리는 성선택sexual selection이라는 메커니즘을 통해 그러한 선호를 진화시켰다.

이 메커니즘은 우리의 다른 선호를 설명하기 위해 제안되었다. 예컨대 서양의 이성애 남성은 '젊어 보이는 외모', '풍만한 가슴과 잘록한 허리'를 가진 여성에게 매력을 느끼는 경향이 있으며, '완벽한' 허리-엉덩이 비율은 종종 0.7[6]로 선전된다. 이 모든 것이 호르

---

**6** 1945년에 36-24-34인치였던 매릴린 먼로의 허리-엉덩이 비율은 0.7로, '완벽한' 비율의 대명사였다.

사랑, 빵처럼 늘 다시 만들어지고 새로워지길

몬과의 연관성을 통한 다산의 신호라고 주장하는 사람도 있다. 에스트로겐은 허벅지와 엉덩이에 지방이 축적되도록 촉진하는 반면, 테스토스테론은 허리 주위에 지방이 저장되도록 촉진한다. 후자는 폐경 전후에 가장 분명하게 볼 수 있는데, 이 시기에 여성의 에스트로겐 수치가 떨어지면 적어도 어느 정도는 허리 라인이 사라지는 경향이 있다.

그래서 허리가 잘록한 여성은 호르몬 균형 때문에 다산 가능성이 더 높다는 주장이 제기되었다. 그러나 엉덩이-허리 비율 연구에는 근본적인 문제가 있다. 상당수의 연구는 엉덩이-허리 비율을 변경하기 위해 이미지를 조작할 때 전반적인 겉보기 무게를 고려하지 않았기 때문에, 'BMI가 엉덩이-허리 비율보다 더 결정적인 매력의 요인이다'라는 황당한 결론이 도출되었다. 그리고 훨씬 더 극적인 비율인 0.5(예: 바비 인형과 비슷한 비율인 40-20-40인치)까지 포함한 연구에서는, 남성들이 자연적으로 불가능한 이런 비율을 선호한다고 주장한다. 이 주장은 진화적 관점에서 방어하기 어렵다.

또한 비교문화연구는 이러한 선호가 사회마다 다르다는 것을 보여준다. 사실 일부 환경에서는 더 높은 테스토스테론 수치(그리고 더 굵은 허리)가 여성에게 유익할 수 있다. 이것은 체형에 대한 보편적이고 선천적인 선호가 존재한다는 이론에 의문을 제기한다. 만약 이러한 체형에 대한 선호가 생존 및 유전자 대물림상의 이점 때문에 진화했다면, 전 세계 방방곡곡에 존재해야 한다. 만약 그렇지 않다면 그것은 환경적 요인을 암시한다.

우리는 파트너의 외모에 대한 선호도를 분명히 가지고 있지만, 그건 아마 진화적으로 프로그래밍됐다기보다는 문화적일 것이다. 그리고 개인의 취향도 있다. 예를 들어 어떤 여성은 보디빌더를 좋아하는 반면, 나는 개인적으로 체육관에서 몇 시간 동안 단련한 것 같은 남성보다는 날씬한 체격의 남성에게 훨씬 더 끌린다. 이것은 적어도 부분적으로 내 경험과 내가 성장한 문화 때문일 것이다. 그러나 내 뇌에서 정확히 무엇이 진행되어 내 선호를 유발하는지는 아직 잘 이해되지 않는다. 그리고 물론 우리가 어떤 사람에게 매력을 느끼는지를 결정하는 것은 그 사람의 외모뿐만이 아니다.

## 그대의 사랑스러운 체취

○—○

사실, 더 미묘한 단서들이 매력으로 이어질 수 있는데, 그중에서 중요한 것을 하나 든다면 체취다. 알려진 바에 의하면, 인간은 서로의 체취에서 많은 정보를 감지한다. 우리는 냄새로 가족 구성원을 알아챌 수 있고, 심지어 낯선 사람에 대한 사실(이를테면 나이, 또는 놀랍게도 성격)을 판단할 수도 있다.[7]

---

[7]    한 연구에서 사람들은 티셔츠의 냄새로 타인의 외향성, 신경증, 지배욕을 이전 연구들에서 행동을 비디오로 관찰하여 평가한 것만큼이나 정확하게 판단할 수 있었다. 그러나 지배욕에 관한 한, 흥미롭게도 참가자들의 코는 이성일 때만 정확히 평가하는 것으로 나타났다.

사랑, 빵처럼 늘 다시 만들어지고 새로워지길

많은 동물의 경우, 개체들이 면역계의 차이에 따라 파트너를 선택한다는 증거가 있다. 주조직적합복합체major histocompatibility complex,MHC는 병원체를 탐지하고 면역계를 활성화하는 데 관여하는 유전자 집합으로, 부모로부터 자손에게 전달된다. 가장 건강한 자손을 갖고 싶다면, 커플의 MHC에 포함된 유전자가 서로 달라야 한다. 그러면 근친교배도 피할 수 있는데, 유사한 MHC를 가진 사람들은 친척일 가능성이 더 높기 때문이다. 그리고 일부 동물은 냄새로 잠재적 배우자의 MHC 차이를 감지할 수 있는 것 같다. 각각의 개체는 체액을 통해 MHC에 결합된 작은 단백질 조각을 지속적으로 방출한다. 이것들은 피부의 세균에 의해 분해되어 각 동물에 고유한 냄새를 부여한다. 그리고 한 이론에 따르면, 이것이 배우자 선택을 안내한다.[8]

그러나 MHC가 인간에게 효과가 있을까? 1990년대에 현재 스위스 로잔 대학교의 생물학 교수인 클라우스 베데킨트Claus Wedekind가 평소와 마찬가지로 대학생들을 대상으로 실험을 수행했을 때, 이 아이디어가 큰 선풍을 일으켰다. 그는 한 무리의 남학생들에게 티셔츠를 지급하고, 탈취제나 향내 나는 제품을 사용하지 말고 이틀 밤 동안 입고 있으라고 신신당부했다. 그런 다음 그는 이 티셔츠를 한 무리의 여성들에게 제시하고, 각각의 향기가 얼마나 매력적

---

[8] 이 문제를 집중적으로 다룬 책으로는 대니얼 데이비스의 《나만의 유전자》(생각의 힘, 2016)가 있다(옮긴이 주).

인지 평가해달라고 했다. 분석 결과, 연구팀은 여성들이 자신과 다른 MHC를 가진 남성을 일관되게 선택한다는 사실을 발견했다.

그렇다면 우리는 궁극적으로 누구와 함께할지에 대한 통제권이 없으며, 오로지 상대방의 체취에 이끌려 배우자를 선택하는 걸까? 당연히 아니다. 사실, 다른 연구팀이 베데킨트의 연구 결과를 재현하려고 시도했을 때 엇갈리는 결과가 나왔고, 일부 연구에서는 사실무근인 것으로 밝혀졌기 때문에, MHC는 실험실에서조차 결정적 요인으로 취급될 수 없다. 그리고 인간이 설사 다른 면역계를 가진 사람의 체취를 선호하거나 매우 유사한 유전자를 가진 사람을 싫어하는 경우가 있더라도, 그게 실제로 파트너를 선택하는 요인으로 작용하는지는 알 수 없다.

장담컨대 만약 누군가에게 다른 반쪽과 함께 있는 이유를 묻는다면, 지능, 유머, 친절, 그리고 아마도 외모를 언급할 가능성이 높지만 천연 사향을 들먹이지는 않을 것이다. 그리고 우리 중 대부분은 가능한 한 체취를 예방하려고 노력한다. 정기적으로 씻고 향기 나는 제품을 사용하는 것은 일반적으로 짝을 유혹하는 방법으로 간주될지언정,[9] 짝짓기 기회를 포기하는 방법은 아니다.

MHC의 차이가 실제 환경에서 배우자 선택에 정말 영향을 미치는지를 알아보기 위해, 많은 연구팀이 부부를 대상으로 유전체

---

**9** 또는 만약 링스Lynx의 광고를 믿는다면, '잠재적 짝'의 무리 전체가 이런 식으로 행동할 것이다. 그리고 내가 십 대였을 때는 모든 남자 친구들이 그 광고를 절대적으로 신뢰했다!

사랑, 빵처럼 늘 다시 만들어지고 새로워지길

염기 서열을 분석하여 동일한 모집단의 무작위 쌍과 비교했다. 그러나 다시 말하지만 결과는 엇갈린다. 네덜란드 위트레흐트 대학교 의료센터의 사라 풀리트Sara Pulit가 이끈 연구에서는 파트너가 낯선 사람과 유전적으로 다르지 않은 것으로 밝혀졌다. 옥스퍼드 대학교의 라파엘 셰Raphaëlle Chaix가 이끈 유럽계 미국인에 대한 또 다른 연구에서는 차이가 있는 것으로 나타났다. 그러나 셰의 데이터를 재분석한 결과, 비커플 그룹의 몇 가지 특이치outlier에 불과할 수 있는 것으로 밝혀졌다. 결론적으로 말해, 배심원단은 '누군가의 유전자 냄새를 맡는 것이 그들의 청바지를 입고 싶게 만들 수 있는지'에 대해 여전히 의견이 분분한 것 같다.[10]

이러한 검증되지 않은 가설에도 불구하고 향기는 낭만적이며 성적 매력과 욕망의 중요한 부분이라고 생각된다. 그리고 후각이 없는 사람들을 살펴보면, 향기의 중요성이 분명해진다. 후각상실증anosmia은 타고난 것일 수 있지만, 후천적으로 감염이나 (코에서 뇌로 이어지는 신경이 손상되거나 절단되는) 심각한 두부외상head trauma으로 인해 발생하는 것이 더 일반적이다. 후각상실이 사회적 관계에 영향을 미친다는 증거가 있다. 독일 드레스텐 대학교의 일로나 크로이Ilona Croy가 지휘한 일련의 연구에 따르면,[11] 후각상실증을 가지고

---

**10**    미안하지만 나는 동의하지 않는다.

**11**    Ilona Croy, et al. (2012). "Learning about the Functions of the Olfactory System from People without a Sense of Smell", *PLOS ONE*(옮긴이 주).

태어난 사람은 건강한 대조군보다 사회적으로 불안정하며, 남성의 경우에는 일반적으로 평균보다 성관계 횟수가 적고 여성의 경우에는 성관계에서 불안함을 느낀다. 후각상실증 환자의 약 4분의 1은 성욕이 감소했다고 보고했으며, 다수가 이것이 섹스의 즐거움에 영향을 미친다고 말한다. 환자들은 또한 우울증에 걸릴 확률이 더 높다.[12]

내 경험에 비추어볼 때, 이것은 많은 의미가 있다. 파트너가 자리를 비웠을 때 그의 점퍼를 입는 것을 좋아하는 사람은 분명 나뿐만이 아닐 것이며, 나는 남편의 독특한 냄새에서 확실히 편안함을 느낀다. 그러나 그의 독특한 향기가 나를 그렇게 느끼게 만드는 것인지, 아니면 내가 단순히 그것을 그와 연관시키는 법을 배워서 편안함, 안전함, 매력을 느끼는지는 분명하지 않다.

따라서 냄새는 적어도 어떤 면에서 매력과 관련이 있는 것 같다. 그런데 이런 연구에 대해 이야기할 때 자주 언급되는 단어가 '페로몬'이다. 사실, 전 세계 웹사이트들이 병에 든 페로몬을 판매하며, 남성이나 여성이 거부할 수 없게 만든다고 주장한다. 그리고 냄새나는 티셔츠 같은 연구는 종종 페로몬이 인간에게 존재하고 매력에 관여한다는 증거로 선전된다. 그러나 현실은 훨씬 덜 명확하다.

페로몬은 동종의 개체들 사이에서 신호를 전달하는 화학적 메

---

[12] 그러나 이 사실은 이러한 연구에 복잡한 요인을 도입한다. 만약 후각상실이 우울증으로 이어진다면, 관계 형성에 영향을 미치는 것은 후각상실 자체보다는 우울증일 수 있다.

사랑, 빵처럼 늘 다시 만들어지고 새로워지길

신저일 뿐이다. 그것은 어류, 곤충, 포유류에 존재하며, 그중에는 수 컷 나비를 최대 10킬로미터 떨어진 곳에 있는 암컷에 유인하는 성 페로몬같이 꽤 먼 거리로 전달될 수 있는 것도 있다. 친밀한 만남에 서 교환되는 페로몬도 있는데, 일례로 여왕벌이 생성하는 물질은 일벌의 난소 발달을 억제한다. 페로몬은 온갖 종류의 메시지를 전 달할 수 있으며, 종종 짝짓기에 관여한다.

동물들 간의 장거리 의사소통 사례를 제공하는 기록은 17세기 까지 거슬러 올라가며, 다윈은 1871년 발간한《인간의 유래와 성선 택》에서 수컷 악어의 '사향 냄새'를 언급했다. 1800년대에 프랑스 의 곤충학자 장 앙리 파브르Jean-Henri Fabre는 큰공작나방에 대한 일 련의 실험을 통해, 그들의 후각이 짝을 찾는 데 도움이 된다는 것을 증명했다. 그는 암컷을 닫힌 상자에 넣거나 수컷의 더듬이를 제거 함으로써, 수컷이 암컷을 찾는 것을 막을 수 있다는 사실을 알아냈 다. 또한 수컷이 이전에 암컷이 있었던 채집장에 끌린다는 것도 발 견했다. 그 자신은 몰랐을 수도 있지만, 그는 페로몬을 발견한 것이 다. 이러한 초기 발견에도 불구하고, 최초의 호르몬은 1959년에 와 서야 확인되었다.

아돌프 부테난트Adolf Butenandt는 독일의 화학자로, 1939년 성호 르몬인 에스트론(3대 에스트로겐 호르몬 중 하나), 안드로스테론(테스토스 테론을 포함하는 호르몬인 안드로겐 중 하나), 프로게스테론(월경주기 및 임신에 관여하는 호르몬)을 규명한 공로를 인정받아 노벨 화학상을 수상했다. 그의 다음 목표는 수컷 누에나방을 암컷에 유인하는 분자가 무엇인지 알아내는 것이었다. 그의 연구 주제는 현명한 선택이었다. 왜냐하면 당시 유럽은 실크 산업이 호황을 누리고 있어서 많은 샘플을 쉽게 수집할 수 있었기 때문이다. 부테난트가 이끄는 연구팀은 암컷 나방의 땀샘에서 화학물질을 추출하여 분석에 착수했다.

이것은 엄청난 도전인 것으로 판명되었다. 연구팀이 관심을 가졌던 화학물질은 미량으로 생산되었으므로, 그들은 추출된 다른 모든 분자들과 그것을 분리해야 했던 것이다. 그래서 그들은 생물학적 검정 bioassay이라는 기법을 개발했는데, 그 내용인즉 수컷 나방을 이용하여 각 용액을 검사하고 짝짓기 욕구를 나타내는 특징적인 날갯짓 반응을 기다리는 것이었다. 그들은 가능한 한 가장 낮은 농도에서 이 '펄럭이는 춤'을 유발하는 물질을 찾는 것을 목표로 용액을 계속 정제했다.

15년이 넘게 걸렸지만, 결국 연구팀은 자신들이 찾던 것을 발견하여 분자를 동정同定[13]하기 시작했다. 1년 후 그들은 성공했고, 1959년에는 처음부터 시작하여 차근차근 합성함으로써 그 정체를 확인했다. 그들은 누에나방의 분자를 봄비콜 bombykol이라고 불렀는데, 이는 '전달된 흥분'이라는 뜻의 그리스어에서 유래하는 신호용 페로몬이었다.

---

**13** 화학적 분석과 측정 따위로 해당 물질이 다른 물질과 동일한지 여부를 확인하는 일. 또는 그 물질의 소속과 명칭을 정하는 일(옮긴이 주).

사랑, 빵처럼 늘 다시 만들어지고 새로워지길

# 인간에게도 페로몬이 있을까?

○━○

부테난트의 발견은 매우 훌륭하지만 우리는 나방이 아니다. 그렇다면 인간에게 페로몬이 있다는 증거는 뭘까? 놀랍게도 거의 없는 것으로 밝혀졌다. 이론을 뒷받침하기 위해 종종 인용되지만, 티셔츠 연구에서 실제로 다룬 것은 페로몬이 아니라 '개인의 냄새'였다. 정의에 따르면 페로몬은 개체의 분비물이 아니다. 어떤 물질이 한 종의 상이한 다른 구성원들 사이에서 신호로 통용되려면 모든 개체에 작용해야 한다. 봄비콜을 감지하는 모든 수컷 나방은 예외 없이 그것을 매력적으로 느낄 것이다. 그와 마찬가지로 티셔츠 연구에 참가한 남성 중 한 명이 광고주가 자랑하는 '저항할 수 없는 페로몬'을 생성했다면, 연구에 참가한 모든 이성애 여성이 그의 향기를 선호했어야 한다. 그러나 이런 현상은 발견되지 않았다. 누누이 말하지만 그녀들 사이에서 작용한 건 개인적 선호인 것 같다.

다음으로, 인간이 과연 페로몬을 감지할 수 있느냐 하는 문제가 있다. 대부분의 동물은 두 가지 후각계를 보유하고 있는데, 하나는 냄새를 감지하는 주主후각계이고, 다른 하나는 페로몬을 감지하여 행동을 유발하는 서골비기관vomeronasal organ이다. 만약 서골비기관이 손상되면 수컷 생쥐는 발정 난 암컷의 오줌에 관심을 보이지 않고(그럼에도 주변에 발정 난 암컷이 있으면 짝짓기를 시도한다) 암컷은 척추전만증 자세를 취하지 않는다. 수컷 햄스터의 경우, 연구자가 발정 난 암컷의 페로몬을 뿌리면 자기들끼리 교미를 시도한다.

인간이 서골비기관을 가지고 있는지, 만약 가지고 있다면 여전히 기능적인지를 놓고 논쟁이 있다. 진화의 역사에서 우리는 한때 서골비기관을 가지고 있었던 것으로 보인다. 사실, 그것은 배아에서 발생하기 시작하지만 이윽고 퇴화한다. 연구에 따르면 일부 성인에게 서골비기관의 잔재가 존재하지만, 기능을 발휘하지는 않는 것 같다. 뉴런이 거의 없는 데다 발견된 뉴런조차 연결되어 있지 않아, 페로몬을 감지하거나 뇌에 행동을 제어하라는 신호를 보낼 방법이 없기 때문이다. 그리고 어떤 세포도 후각 기능의 표지자인 단백질을 발현하지 않는다. 그 대신 피부 세포로 구성되어 있는 것으로 보아, 과연 사용될 수 있을지 심히 의심스럽다.

그러나 기능적인 서골비기관이 없더라도 우리는 여전히 주후각계를 이용하여 페로몬을 탐지할 수 있다. 페로몬은 콧속의 모세혈관을 통해 혈액으로 확산되거나 뇌 주변의 체액으로 직접 이동할 수 있다. 또는 주후각계의 수용체를 활성화함으로써, 뇌에 신호를 보내 우리의 행동을 변화시킬 수 있다. 그러나 이러한 방법들을 뒷받침하는 증거는 부족하다.

그럼에도 네 가지 분자 안드로스테논androstenone, 안드로스테놀androstenol, 안드로스타디에논androstadienone, 에스트라테트라에놀estratetraenol이 인간 페로몬이라는 주장이 널리 퍼져 있다. 그리고 이 분자들은 온라인에서 구입할 수 있는 페로몬 분무제에서 발견되는 경향이 있다. 그런데 이 아이디어는 도대체 어디서 나온 것일까? 이것들 중 처음 두 개는 실제로 페로몬이다. 적어도 돼지에서는. 그

사랑, 빵처럼 늘 다시 만들어지고 새로워지길

래서 인간의 겨드랑이에서 이 화합물들이 미량 검출됐을 때, 과학자들은 안드로스테논과 안드로스테놀은 인간의 페로몬이기도 하다는 확신에 찬 결론에 도달했다. 그러나 이 결론을 뒷받침하는 증거는 축적되지 않았다. 옥스퍼드 대학교의 선임 연구원인 트리스트람 와이엇Tristram Wyatt은 이 주제에 대한 2015년의 논문에서 다음과 같이 썼다.[14]

> 안드로스테논이 실험자들의 인기를 끈 것은, 돼지 축산용 분무제 캔(예: 보어메이트Boarmate™)을 통해 상업적으로 이용할 수 있었기 때문이다. (…) 더욱 근본적인 비판은, 인간의 겨드랑이에서 발견되는 수백 가지 다른 분자들을 제쳐놓고 이 분자들만 인간에게 사용하는 것을 정당화할 증거가 없다는 것이다.

AND와 EST라는 약어로 알려진 두 번째 듀오 안드로스타디에논과 에스트라테트라에놀은 약간 더 어두운 역사를 가지고 있다. 1991년, 과학자들이 연구 결과를 발표하는 학회가 열렸다. 그러나 이 행사는 인간 페로몬으로 '추정되는' 물질 여럿에 대한 특허를 보유한 에룩스 코퍼레이션이라는 회사의 후원을 받았다. 여기서 '추정되는'이라는 단어를 주목해야 하는데, 왜냐하면 '믿어진다'를 의

---

**14** Tristram D. Wyatt. (2015). "The search for human pheromones: the lost decades and the necessity of returning to first principles", *Proceedings of the Royal Society B*, Vol. 282, Issue 1804(옮긴이 주).

미하기 때문이다. 따라서 이 회사는 특허를 받기 위해 그 물질들이 페로몬임을 증명할 필요가 없었다. 그리고 학회에서 논문을 발표할 때, 그들은 어떠한 증거도 제시하지 않았다. 와이엇은 다음과 같이 썼다.

저자들은 이 분자들이 어떻게 추출되고 동정되고 생물학적 검정을 거쳐 논문 제목에 나오는 '페로몬 추정 물질'로 입증되었는지 자세히 설명하기는커녕 다음과 같은 각주만 남겼다. "이 페로몬 추정 물질은 에룩스 코퍼레이션에서 제공받았다."

그 분자들은 특허 목록에 AND와 EST로 등재되었지만, 2000년에 출판된 수마 제이콥Suma Jacob과 마서 매클린톡Martha McClintock의 논문[15] 덕분에 상당한 과학적 관심을 얻었다. 시카고 대학교의 매클린톡은 가까운 곳에 사는 여성들의 월경주기가 '동기화'되었다고 주장하는 논문으로 이름을 날렸으며, 생쥐를 이용한 연구를 바탕으로 '페로몬과 관련이 있을 수 있다'는 가설을 세웠다. 이 개념은 대중의 관심을 끌었으며, 과학적 뒷받침이 부족함에도 불구하고 대중문화에서 여전히 언급되고 있다(최근에 발표된 총설 논문에서는 관련 증거가 발견되지 않았다). 그래서 그녀가 AND와 EST를 사용하여 페로

---

15  William Harms. (2000). "McClintock discovers two odorless chemical signals influence mood", *Chicago Chronicle*, Vol. 19, No. 13(옮긴이 주).

사랑, 빵처럼 늘 다시 만들어지고 새로워지길

몬에 관한 또 다른 논문을 발표했을 때 격렬한 논란이 일어났다. 그리고 와이엇에 따르면 최근의 모든 페로몬 연구는 다음과 같은 방식으로 진행되었다.

제이콥과 매클린톡은 150회 이상 인용되었으며(구글 스콜라, 2014년 10월 23일), 그들이 사용한 분자와 농도는 오늘날까지 많은 분야에서 전통으로 자리 잡았다. 그러나 제이콥과 매클린톡은 상당히 신중했고, "이 스테로이드들을 인간 페로몬이라고 부르는 것은 시기상조다"라고 논평했지만, 많은 후학은 이 논평을 망각했다.

사정이 이러하다 보니, 우리는 거의 모든 페로몬 연구에 사용되는 페로몬이 실제로는 페로몬이 아닐 수도 있다는 상황에 처하게 된다. 그렇다면 왜 사람들은 이 분자들이 인간의 행동에 영향을 미친다고 결론을 내리게 될까? 와이엇은 출판 편향publication bias이 원인일 수 있다고 주장한다.

출판 편향은 아마도 오늘날 과학이 직면한 가장 큰 문제일 것이다. 과학자들은 연구를 하기 위해 자금을 확보해야 한다. 그리고 연구비 제공자들은 《사이언스》나 《네이처》와 같은 일류 저널에 논문을 게재한 과학자에게 연구비를 지원하는 경향이 있다. 그런데 이 저널들은 화려한 결과와 극적 메시지가 포함된 흥미진진한 이야기를 좋아한다. "페로몬은 인간의 행동을 바꾼다"는 출간될 가능성이 높지만, "페로몬은 효과가 없다"는 헤드라인을 장식할 가능성이 낮다.

이것은 '파일 서랍 효과'로 알려진 현상으로, 과학자들이 부정적 결과를 발표하려고 시도조차 하지 않는 경우가 많다는 것을 의미한다. 효과가 없는 것으로 밝혀진 페로몬 연구가 수도 없이 수행되었다. 그에 더하여 연구비 지원자들이 통상적으로 좋아하지 않는 주제가 있는데, 그 내용은 기존의 연구를 재현하는 것이다(그도 그럴 것이, 재현 연구는 출판될 가능성이 낮기 때문이다). 따라서 재현은 훌륭한 과학의 초석임에도 과학자들은 종종 서로의 연구를 재현할 기회를 얻지 못한다.[16]

그렇다면 인간 페로몬에 대한 이해는 어디쯤 와 있을까? 서글프게도 와이엇은 이제 초심으로 돌아가야 할 때라고 다음과 같이 주장한다. "페로몬을 찾으려면, 우리는 우리 자신을 새로 발견된 포유류인 것처럼 다룰 필요가 있다. 하나의 성별, 또는 두 성별 모두에게 믿을 만한 효과가 있는 잠재적 분자를 과학적·체계적으로 검색해야 한다."

그러나 특히 욕망과 관련된 인간의 행동을 측정하는 데는 어려움이 있다. 인간은 믿을 수 없을 정도로 복잡하며, 문화와 경험을 포함한 모든 범위의 입력에 영향을 받을 수 있다. 따라서 최초의 결

---

**16** 좋은 소식은 과학자와 저널 들이 이 문제를 인식하고 문제를 해결하기 위해 노력하고 있다는 것이다. 그러한 방법 중 하나는 연구를 수행하기 전에 온라인으로 사전 등록하여 목록에 표시하는 것이다. 이렇게 하면 다른 과학자들이 연구의 진행 상황에 관심을 갖고, 결과가 나오는 대로 검토할 수 있다. 또한 일부 저널은 어떤 결과가 나오든 논문이 발표되기 전에 공표하기로 결정했다.

정적 인간 페로몬을 찾으려면 아마도 다른 대상, 즉 아기에게 눈을 돌려야 할 것이다.

페로몬은 매력에 관여할 뿐만 아니라 온갖 종류의 다른 신호를 전달할 수도 있다. 예컨대 모유 수유 중인 엄마는 유두 주위의 샘에서 분비물을 분비하는데, 이것을 신생아의 코 아래에 놓으면 아이는 젖꼭지를 찾아 빨기 시작한다. 그리고 이러한 분비샘이 많은 여성일수록 아기에게 젖을 먹일 때 어려움을 덜 겪는 것으로 보인다. 이것이 페로몬인지는 확실하지 않지만, 유망해 보인다. 이것을 조사하면 우리가 페로몬을 가지고 있고 이에 반응한다는 사실을 확인할 수 있을 뿐만 아니라, 특히 출생 후 처음 몇 시간 동안 젖을 먹는 데 어려움을 겪는 많은 아기를 도울 수 있을 것이다.

## 실험과 현실의 차이

페로몬 연구에 큰 문제가 있는 것처럼 보이지만, 실험실에서 '매력의 열쇠'를 발견했다고 주장하는 다른 실험에도 문제가 있다. 가장 큰 문제는 대부분의 참가자가 적어도 실험실에서 파트너에게 끌리지 않는다는 것이다. 그들은 파트너의 냄새에 이끌려 데이트를 할 것인지 결정하거나, V라인이나 S라인 때문에 그들과 동침한다는 환상을 품지는 않는다.

과학자들은 모든 요소를 조심스럽게 통제함으로써, 참가자들로 하여금 다른 모든 요인이 방정식에서 제거된 상태에서 서로 바라보거나 냄새 맡도록 만든다. 그러나 이것은 현실적이지 않다. 내 경우, 처음에는 매력적인 사람을 찾는 것을 확실히 경험했지만 그들과 대화하는 과정에서 평가를 재빨리 수정했다. 다른 사람들도 마찬가지다. 상대방의 매너와 성격을 경험함에 따라, 그들 역시 단순한 파트너로 여겼던 사람에게서 새로운 매력을 느끼게 될 수 있다(나와 내 남편에게 일어난 일처럼). 그다음에는 사회의 영향이 있다. 우리는 어렸을 때부터 '매력적인' 사람이 어떻게 생겼고 어떻게 행동하는지를 알고 있다. 그러므로 우리가 선호하는 것이 있더라도 그게 정말로 우리 자신의 것인지, 아니면 끊임없는 사회적 압력과 조건화의 결과물인지 알아낼 방법은 없다.

이러한 질문에 답할 수 있는 사람을 찾고 매력에 대한 실험실 연구를 조망하고 싶어, 나는 앵글리아 러스킨 대학교의 사회심리학자 비렌 스와미Viren Swami와 이야기를 나눴다. 그는 신체적 매력에 대한 진화론적 기초가 지나치게 강조되었다고 믿는다. 주디스 버틀러Judith Butler, 산드라 바트키Sandra Bartky 같은 페미니스트 학자들이 처음 개발한 아이디어와 자신의 비교문화 연구를 바탕으로, 그는 뭔가를 매력적으로 보이게 만드는 데 사회가 크게 기여한다는 결론에 도달했다. 그는 나에게 다음과 같이 설명했다.

**대부분의 문화는 매력적인 것의 이상형을 제시하고 장려하죠. 제가 보기에 이 중 많은 부분은 가부장제 구조와 밀접하게 연결되어 있으**

며, 사회적 약자(이 경우에는 주로 여성)에게 낙인을 찍을 핑곗거리를 찾는 것과 관련이 있어요. 사회는 구성원에게 매력의 기준을 제시하는데, 대부분의 사람에게 이 기준은 그림의 떡이죠. 요점은, 지배계층이 모든 구성원에게 열등감을 느끼게 함으로써 이득을 본다는 거예요.

그는 신체적 기능이 관계 형성에 중요한 역할을 한다는 데 동의하지만, 매력과 건강을 동일시하는 데는 반대한다. 다시 말해서 매력적인 사람이 우월한 생식능력을 바탕으로 진화한 건 아니라는 것이다. 성선택의 첫 번째 특징은, 공작의 꽁지처럼 극단적으로 과장된 형질로 귀결되기 십상이라는 것이다. 만약 엉덩이 대 허리 비율이 낮은 여성이 실제로 아기를 잘 낳고 인기 있는 신붓감이라면, 이 형질이 인구 전체에 급속히 확산되어야 하지만 현실은 그렇지 않다. 사실, 우리 조상들이 매력에 신경을 썼다는 증거조차 없다. 짝짓기를 하고 아기를 낳고 자녀를 양육하는 데 충분하다면, 파트너의 생김새는 전혀 중요하지 않을 수 있다! 그러므로 스와미에 따르면, 매력의 기준을 형성하는 가장 중요한 요인은 문화다.

그렇다면 냄새는 어떨까? 스와미의 설명에 따르면 문화는 여기서도 큰 역할을 한다.

그것을 인간에게 적용하는 데는 두 가지 문제가 있어요. 첫 번째 문제는 많은 연구가 실험실에서 이루어지는데, 실험실에서는 실생활에서 일어나는 다른 일들이 배제될 수 있다는 거죠. 더 큰 문제는 우리가 대부분의 사회적 환경에서 나쁜 일이나 나쁜 사람은 나쁜 냄새가 나고, 좋은 사람은 좋은 냄새가 난다고 배운다는 거예요. 첫 데이트에 헬스클럽에서 방금 나온 듯한 냄새를 풍기며 나타난다면, 당신은 나쁜 시간을 보내게 될 거예요.

이것은 매력과 '사람이 누군가를 좋아할 때 뇌에서 일어나는 일'을 연구할 때, 연구실을 박차고 나와야 한다는 것을 의미하는 걸까? 스와미는 그렇게 생각하지 않는다.

저는 실험실 기반 연구의 가치를 인정해요. 제가 생각하기에, 그것은 사회에서 '특정 시점'에 일어나는 일에 대해 '특정 정보'를 알려주죠. 제가 고려하는 주된 문제는, 당신이 누군가를 매력적이라고 생각하기 때문에 결국 그 사람과 짝짓기를 하게 된다(또는 짝짓기를 원하게 된다)는 가정이에요.

그가 지적하는 것은 우리가 매력적이라고 생각하더라도 결국 섹스를 하지 않는 사람이 많다는 점이다. 이것은 그들이 결코 당신이 만나지 못할 사람이기 때문일 수 있다(팝 스타에 대해, 십 대와 같은 강렬한 호기심을 가진 사람이라면 누구나 이해할 것이다!). 그들(또는 당신)은 이미 다른 사람과 사귀고 있을지 모른다. 그들은 잘못된 믿음을 갖고 있거나, 당신과 반대되는 믿음을 가지고 있을 수도 있다. 심지어 당신은 그들이 너무 매력적이라고 느낀 나머지 감히 접근하지 못할

사랑, 빵처럼 늘 다시 만들어지고 새로워지길

수도 있다. 뇌 화학물질은 당신이 누구에게 끌리는지 결정하는 데 중요한 역할을 하지만 수 세대 전, 진화에 의해 입력된 '미리 프로그래밍된 욕망'과는 거리가 먼 것 같다. 대신 매력은 우리의 문화와 경험으로 형성된다. 물론 인간의 사회적 관계로 구성된 복잡한 세계에서 누군가에게 끌리는 것은 관계를 형성하는 데 있어서 퍼즐의 한 조각일 뿐이다.

스와미의 설명에 따르면 사회심리학자들은 일찍이 관계 형성에 중요한 세 가지 요인을 제시했지만, 너무나 단순해서 종종 간과되는 경향이 있다. 첫 번째는 근접성인데, 우리는 가까이 있는 사람에게 빠지는 경향이 있다. 두 번째는 상호주의이며, 우리는 우리를 좋아하는 사람을 좋아하는 경향이 있다. 그리고 세 번째는 유사성이다. 대화를 시작하게 하는 것은 반짝이는 눈과 깜찍한 보조개일 수 있지만 더 많은 대화를 위해서는 공통된 관심사, 특히 가치관이 필요하다. 특히 당신이 좋아하고 당신과 사이좋게 지내며 친절을 베푸는 사람의 경우, 서로 알아감에 따라 그동안 보이지 않던 신체적 매력이 눈에 들어올 수 있다.

이 세 가지 요인은 내 경험과 확실히 일치한다. 대학 1학년 동안 제이미를 정기적으로 만나고, 늦게까지 희망과 꿈에 대해 이야기하며 서로에 대해 더 많이 알게 된 것은 확실히 우리의 관계가 성장하는 계기로 작용했다. 그리고 우리는 매우 다른 어린 시절을 보냈지만(그는 동아프리카에서 성장한 다음 부모님이 일본으로 이사했을 때 영국의 기숙학교로 보내졌지만, 나는 그를 처음 만날 때까지 늘 같은 지역에 살았고 아프리

카나 아시아에 단 한 번도 가본 적이 없었다), 중요한 문제에 대해서는 많은 공통점이 있었다. 생각해보면, 그것은 우리가 단순한 친구 이상의 관계로 발전하는 데 도움이 되었다.

## 맹목적 사랑

o—o

그런데 어떤 경우에는 매력이 관계로 이어지고 얼마 후 사랑이 찾아온다. 그리고 부부가 된 첫해에 뇌 화학물질의 가장 큰 변화가 나타난다. 초기의 낭만적 사랑에서, 사람들은 많은 스트레스를 받는다. 사랑은 일반적으로 스트레스로 생각되지 않기 때문에 이상하게 들릴 수 있지만, 애정의 대상을 바라볼 때 경험하는 입이 마르고, 손바닥에 땀이 나고, 심장 박동이 빨라지는 등의 일반적 현상은 모두 노르아드레날린에 기인한다. 그리고 연구에 따르면 코르티솔 수치는 독신자나 오랫동안 함께한 커플보다 새로운 커플에서 더 높게 나타난다.

그와 동시에 뇌의 보상 시스템이 매우 활성화되어, 사랑하는 사람을 볼 때 많은 양의 도파민을 생성한다. 한 MRI 연구에 따르면 사랑하는 사람의 사진을 볼 때는 지인의 사진을 볼 때와 비교하여 뇌의 두 영역이 특히 활성화된다. 그것은 선조체와 복측피개 영역VTA의 일부인데, 둘 다 동기부여 및 보상과 관련되어 있다. 이러한 영역과 약물 남용 사이의 연관성 때문에 많은 사람은 사랑에 빠진 느낌이 약물의 '황홀감'과 비슷하다고 주장해왔지만, 3장에서 살펴본 것처럼 도파민은 '쾌락 화학물질'이 아니므로, 나는 이러한 주장이 과장됐다고 생각한다. 그러나 도파민은 목표를 추구하도록 유도하므로, 이러한 활성화는 항상 함께하고 가능한 한 가까이 있기를 원하는 초기 느낌의 원인이 될 수 있다.

또한 뇌 스캔은 우리가 사랑하는 사람을 생각할 때 덜 활성화되는 영역을 보여준다. 여기에는 두려움에 관여하는 편도체와 타인에 대한 비판적 평가를 내리는 데 중요한 역할을 하는 전두피질의 일부가 포함된다. 이는 왜 '사랑이 맹목적'인지 설명할 수 있는데, 사람들은 종종 친구들에게 "너랑 전혀 안 어울려"라는 평을 듣는 상대에게 반한다.

한편, 세로토닌 수치는 떨어진다. 낮은 세로토닌은 높은 스트레스 화학물질과 관련이 있으므로, 이러한 차이가 밀접하게 연관되어 있을 가능성이 높다. 흥미롭게도 세로토닌 수치는 강박장애OCD에서도 낮아지는데, 일부 연구자들은 사랑의 초기 단계와 OCD 사이에 유사점이 있다고 제안한다. 신혼부부는 종종 서로에 대해 강박적으로 생각하고 스트레스와 불안을 경험한다. 그러고 보니 욕망의 대상에 대한 생각이 매 순간 자신을 지배하기 때문에, 먹을 수도 잠잘 수도 없다는 오래된 질병인 일명 상사병이 떠오른다. 그것이 OCD 환자들이 경험하는 것과 동일한 증상의 발현이라고 할 수 있을까?

분명히 말하지만 여기에는 차이점이 있다. 상사병의 느낌은 오래가지 않는다. 그리고 대부분의 경우 심신을 피폐하게 만들 수 있는 OCD와 달리, 상사병은 정상적인 삶을 영위하는 능력을 실제로 방해하지 않는다. 하지만 그럼에도 그것은 흥미로운 비교다. 게다가 세로토닌 수용체 중 하나를 코딩하는 유전자의 차이가 강박적인 낭만적 행동과 관련되어 있는데, 이는 세로토닌이 초기 사랑의 강박관념에 관여한다는 생각을 뒷받침한다.

지금까지 설명한 모든 연구 결과는 사랑에 빠진 남녀에게 똑같이 적용되지만, 성별에 따라 다른 화학물질이 있다. 남성의 경우에는 관계가 시작될 때 테스토스테론 수치가 떨어지지만, 여성의 테스토스테론 수치는 다소 모호하다. 일부 연구에서는 테스토스테론 수치가 감소한 반면 다른 연구에서는 증가한 것으로 밝혀졌기 때문이다. 한 연구에서는 여성의 테스토스테론 수준이 감소했지만, 파트너가 같은 도시에 있는 경우에만 그런 것으로 나타났다. 즉, 장거리 연애를 하는 여성들은 그런 효과를 보이지 않았다. 이는 적어도 여성의 경우 파트너가 물리적으로 주변에 있을 시에만 호르몬 수치가 변화할 수 있음을 시사한다.

결혼한 후 처음 몇 주에서 몇 달 동안 부부관계는 뜨겁다. 내 경우 늘 제이미에 대한 생각에 사로잡혀 있었고, 내 전화기에 그의 이름이 뜰 때나 편지에 적힌 그의 손글씨를 볼 때마다 전율을 느꼈던 것을 생생히 기억한다.[17] 그러나 시간이 지남에 따라 최초의 강박관념은 그에 못지않게 훌륭하기는 하지만, 좀 다른 것으로 변화했다. 이 단계에서 부부관계는 긴 기간(경우에 따라서는 부부의 남은 생애

사랑, 빵처럼 늘 다시 만들어지고 새로워지길

동안) 지속될 수 있는 장기적 유대관계에 진입한다. 이 단계와 이를 추동하는 뇌 화학물질을 이해하려면 전혀 그럴 법하지 않은 곳, 즉 중세 프랑스의 시골로 가야 한다.

## 약이냐 독이냐
o—o

프랑스 남부의 마을들과 중부 유럽 전역의 많은 유사한 마을에서 이상한 일이 벌어지고 있었다. 주민들이 잇따라 이상한 증상을 보였는데 그 원인은 전혀 알려지지 않았다. 어떤 사람들은 발작과 근육 경련으로 고통받았고, 일부는 극심한 사지통에 시달렸다. 이 증상은 '거룩한 불'[18]이라는 신비로운 이름을 얻었다.

이 질병이 수 세기 동안 널리 퍼진 1600년대 후반, 튀리에 박사 Dr. Thuillier라는 프랑스 의사는 이 질병의 발병 패턴이 다른 전염병과 다르다는 것을 알아차렸다. 가족 중에서 한 명만 병에 걸리는 것으로 보건대 전염성이 있는 것 같지는 않았고, 혼잡하고 불결한 도시보다는 시골에서 더 흔했다. 그리고 가난한 사람들만 괴롭히고,

---

[17] 우리가 외출을 시작한 지 불과 몇 주 만에, 제이미는 운무림雲霧林에서 여름을 보내며 새로운 나비종을 찾기 위해 에콰도르로 떠났다. 나는 최소한의 연락을 하며 3개월을 보내야 했지만, 그가 우체국이 있는 마을에 도착했을 때 다량의 러브레터를 받았다!

[18] 나중에 증상 치료에 성공한 승려들의 명령에 따라 '성 안토니오의 불St. Anthony's fire'로 이름이 바뀌었다.

부자들은 털끝 하나 건드리지 않는 것 같았다. 이로 인해, 튀리에는 그것이 환경의 뭔가에 의해 야기된 게 틀림없다는 결론을 내렸다.

알고 보니 범인은 마을을 빵과 맥주로 가득 채운 호밀이었다. 질병이 퍼진 마을의 곡물 상점은 맥각ergot이라는 균류fungus에 감염되어, 마을 사람들이 겪는 온갖 증상을 유발하는 다양한 화합물을 생성했다. 그리고 이 병을 앓은 사람은 이들이 처음이 아니었다. 일부 역사가들은 고대 그리스까지 거슬러 올라가는 맥각 중독 사례의 증거가 있다고 믿으며, 심지어 맥각이 세일럼 마녀 재판Salem witch trial[19]의 원인일 수 있다고 제안하기도 했다. 왜냐하면 '마녀'의 증상이 맥각 중독 증상과 유사하기 때문이다.[20]

맥각은 이러한 심각한 중독 증상을 일으켰을 뿐만 아니라 민간에서 오랫동안 약으로 사용되기도 했다. 처음에는 연금술사들이 이용했고, 다음에는 산파들이 분만 촉진제로 사용했다. 하지만 이 균류가 생성하는 화합물이 알려지지 않았기 때문에 그것은 위험천만한 관행이었다.

비디오 빨리 감기로 1904년으로 재빨리 이동하여, 런던의 버로스 웰컴 연구소에서 일하는 젊은 과학자 헨리 데일Henry Dale을 만나

---

**19** 세일럼 마녀 재판에 대해서는 〈서양 동화의 마녀들은 왜 빗자루를 타고 날아다닐까?〉(《파퓰러사이언스》, 2017년 11월 21일 자)를 참고하라(옮긴이 주).

**20** 이 아이디어는 1976년 린다 카포라엘Linnda Caporael이 처음 제안했지만 이후 많은 논쟁의 대상이 되었으며, 오늘날에도 '마녀'의 증상을 완전히 설명할 수 있는지를 놓고 의견이 분분하다.

사랑, 빵처럼 늘 다시 만들어지고 새로워지길

보자. 그는 '맥각에서 자궁을 수축시키는 화합물을 찾으라'는 상부의 지시를 받고, 그 화합물을 분리함으로써 더 안전하고 효과적인 출산 보조제를 생산할 수 있기를 바랐다. 이 아이디어에 열광하지는 않았지만 데일은 화학자 조지 바거George Barger와 함께 실험을 시작했다.

두 사람은 힘을 합쳐 균류에 의해 생성된 화학물질 혼합물에서 에르고톡신ergotoxin으로 알려진 화합물을 분리하는 데 성공했다. 그러나 슬프게도 그것은 맥각 혼합물 전체보다 덜 효과적인 데다 심각한 부작용까지 초래하는 것으로 밝혀졌다. 데일은 연구를 계속하다가 혼합물에서 혈관을 확장시키는 물질을 발견했고, 그것은 나중에 신경계에서 가장 중요한 분자 중 하나인 아세틸콜린인 것으로 확인되었다. 1936년 그에게 노벨 생리의학상을 안겨준 것은 바로 이 발견이었다.

그러나 우리 이야기의 핵심인 맥각에 대한 그의 연구에서, 아세틸콜린은 부수적 발견에 불과했다. 맥각이 다양한 다른 물질과 어떻게 상호작용하는지 살펴보던 중 데일은 소의 뇌하수체에서 추출한 물질이 임신한 고양이의 자궁을 수축시킨다는 사실을 확인했다. 그는 이 물질을 옥시토신이라고 불렀는데, 어원을 살펴보면 '빠른 분만'을 뜻하는 그리스어에서 유래한다.

연구의 초점이 '맥각과 그 효과'였기에 대충 언급하고 넘어갔지만, 옥시토신 발견은 엄청나게 중요한 사건이었다. 얼마 지나지 않아 동일한 뇌하수체 추출물을 어미 염소에게 주사하면 젖 생산량이 증가한다는 사실이 밝혀졌다. 그러나 이 연구 결과는 1940년대에 와서야 확인되었고, 관련 호르몬이 분리되고 특징이 밝혀지기까지는 수십 년이 더 걸렸다.

바통을 이어받은 사람은 빈센트 뒤비뇨Vincent du Vigneaud였다. 1920년대 초, 뒤비뇨는 일리노이 대학교에서 생화학을 공부하던 중 인슐린 발견에 관한 강의를 듣고 귀가 번쩍 뜨였다. 이로 인해 뒤비뇨는 인슐린 연구 경력을 쌓았고, 이윽고 데일이 연구해온 뇌하수체 추출물을 조사하게 되었다. 그리하여 뒤비뇨는 추출물에서 바소프레신과 옥시토신이라는 두 가지 호르몬을 어렵사리 동정했다. 제2차 세계대전 동안 페니실린 때문에 연구를 잠시 중단한 후, 뒤비뇨는 1953년 실험실에서 옥시토신을 세계 최초로 합성했다. 이 업적으로 뒤비뇨는 1955년 노벨 화학상을 수상했다.

일단 합성되자, 옥시토신은 의학계에 선풍을 일으켰다. 테스트 결과 합성 버전은 천연 옥시토신과 구별할 수 없었고, 만삭 여성의 분만을 촉진할 뿐만 아니라 산모의 유즙 분비를 유도하는 것으로 밝혀졌다. 이로써 옥시토신이 출산과 수유에 중요한 역할을 한다는 사실이 증명되었다. 오늘날 분만 초기에 옥시토신 수치가 상승하여 자궁 수축을 유발함으로써 아기를 밀어낸다는 것은 상식이다. 출산 후에는 옥시토신 수치가 높게 유지되어 태반을 배출하고 자궁을 수축시켜 출혈을 줄인다. 모유 수유 중에 옥시토신은 모유 분출을 도우며, 아기가 젖을 빨 때 방출된다. 그러나 옥시토신이 이러한 단순한 생리적 반응을 일으키는 것 이상의 역할을 할 수 있을까? 그 질

사랑, 빵처럼 늘 다시 만들어지고 새로워지길

문에 답하려면 먼저 한 부부 과학자와 그들의 염소에 대해 알아볼 필요가 있다.

## 엄마의 변화

○─○

아기가 태어나면(여기서 나는 인간 아기가 아니라 염소 새끼에 대해 이야기하고 있다), 엄마는 아기를 돌보고 젖을 먹인다. 그러나 다른 염소의 새끼가 자신의 젖을 빨려고 하면[21] 사정이 달라진다. 어미 염소는 그 새끼 염소를 사정없이 밀어낼 것이다. 1960년대와 1970년대에 과학자들은 이런 일이 어떻게 일어나는지 알아내고 싶어 했다. 염소는 어떻게 자신의 자손을 알아보고 그들을 돌보는 한편 다른 새끼들을 거부하는 걸까? 과학자들은 곧 이것이 실제로 두 가지 별개 질문으로 나뉨을 깨달았다. 즉 냄새는 인식에 중요한 것으로 보였지만, 이 감각이 손상되었을 때도 모성 유대maternal bond는 여전히 형성될 수 있었다.

일련의 시험을 통해 노스캐롤라이나주 듀크 대학교에 재직 중인 피터와 마서 클로퍼Peter & Martha Klopfer는 '갓난 새끼를 어미에게서 떼어내, 다양한 시간이 흐른 후에 돌려주는 연구'에 착수했다.

---

**21**  이런 일은 종종 발생한다. 새끼들은 상당히 무차별적이며, 심지어 다른 종의 어미여도 젖을 빨려고 시도한다.

어떤 경우, 그들은 원래의 새끼를 다른 어미가 낳은 새끼로 교체했다. 연구 결과, 출산 직후에 새끼를 직접 핥은 어미들은 친자 여부에 관계없이 모성 본능이 발동했으며, 나중에 돌아온 자신의 새끼를 거부감 없이 받아들였다. 그러나 출산 직후 새끼와 접촉하지 않은 어미는, 불과 1시간 후에 돌려받은 새끼가 심지어 친자일지라도 거부하는 것이 아닌가![22]

1967년의 논문에서 클로퍼 부부는 그 이유를 추론했다. 그들은 옥시토신이 출산을 전후하여 급증하고 몇 분 안에 정상 수준으로 떨어진다는 점을 지적했다. "최종적인 자궁 경련을 유발함으로써 아기를 낳는 데 기여하는 게 분명한 호르몬이, 모성 행동의 유도와도 관련된다는 추론은 듣기에 솔깃하다."

클로퍼 부부는 또한 실험을 통해 옥시토신이 설치류의 모성 행동에 중요하다는 것을 보여주었다. 출산 경험이 없는 암컷은 새끼를 두려워하며, 가능한 한 그들을 피한다. 그러나 일단 출산하고 나면 불과 몇 시간 안에 행동이 바뀐다. 새끼들에서 멀리 떨어져 있는 대신, 그들을 정성껏 돌보고 목숨을 바쳐 지키려 든다. 심지어 많은 경우 다른 암컷의 새끼를 마치 자신의 새끼처럼 받아들인다.

이러한 변화도 역시 호르몬에서 비롯된다. 생식 주기의 적절한 시점에 처녀 동물의 뇌에 옥시토신을 주입하면 모성 행동을 보이기

---

**22** 흥미롭게도, 출산 직후 다른 동물의 새끼를 핥은 어미의 경우, 그 새끼를 떼어냈다 돌려주면 다시 받아들인다. 그러나 낯선 동물의 품 안에 있던 다른 새끼들은 거부한다.

사랑, 빵처럼 늘 다시 만들어지고 새로워지길

시작한다. 그리고 임신한 암컷에서 옥시토신을 차단하면, 암컷은 둥지를 짓지 않거나 태어난 새끼를 돌보지 않을 것이다.[23]

그렇다면 이러한 변화는 어떻게 일어날까? 컬럼비아 대학교의 비앙카 말린Bianca Marlin은 생쥐를 이용한 연구에서,[24] '청각피질auditory cortex에 옥시토신 수용체가 있으며, 호르몬이 여기에 결합하면 이 영역은 새끼의 울음소리에 반응하는 방식이 바뀐다'고 보고했다. 더 나아가 옥시토신은 자손을 돌보는 것과 관련된 다른 뇌 영역에서도 유사한 효과를 나타낼 수 있다.

인간의 경우에도 옥시토신이 부모-자녀 유대에 중요하다는 증거가 있다. 연구에 따르면 호르몬 수치가 높은 부모는 유아와의 유대가 더 강하며, 부모에게 옥시토신을 제공하면 공감과 보상에 관여하는 뇌 영역의 활성을 증가시킬 수 있다. 이는 섭식 및 마약 복용을 유도하는 경로와 동일한 경로를 통해 자녀와 상호작용하려는 욕구를 유발할 수 있다. 그러나 여기에도 되먹임 고리가 있다. 아기와 상호작용하면 옥시토신이 증가하여 설사 친부모가 아닐지라도 아기와 유대감을 형성할 수 있기 때문이다.

클로퍼 부부의 연구 이후 옥시토신이 부모와 자녀 사이의 사랑

---

**23** 그러나 경우에 따라 처녀 생쥐는 새끼 주변에 15~20분 동안 있었을 때 자발적으로 새끼를 돌보기 시작한다. 시궁쥐도 이런 행동을 보이지만, 그러려면 새끼들에 약 일주일 동안 노출되어야 한다.

**24** Bianca J. Marlin, et al. (2015). "Oxytocin enables maternal behaviour by balancing cortical inhibition", *Nature*, volume 520, pp. 499~504(옮긴이 주).

에 필수적이라는 증거가 빠르게 축적되었지만, 그것이 낭만적 관계에도 중요하다는 것을 깨닫기 위해 과학자들은 동물계에서 또 다른 사례를 발견해야 했다. 바로 극도로 헌신적인 들쥐였다.

## 사랑에 빠진 들쥐

**∘—∘**

1971년, 일리노이 대학교의 동물학 교수인 로웰 게츠Lowell Getz는 대학 주변 들판의 설치류 개체군에 대한 25년간에 걸친 연구를 시작했다. 이를 위해 그의 연구팀은 동물들을 기록하고 표시하고 풀어주기 전에 덫으로 유인했다. 외풍이 심한 연구 창고에 몇 시간이고 앉아 있을 때, 그들은 이상한 점을 발견하기 시작했다. 일부 들쥐는 거의 언제나 두 마리씩 짝을 지어 반복적으로 나타났는데, 그중 한 마리는 수컷이고 다른 한 마리는 암컷이었다. 뿐만 아니라 때때로 동일한 쌍이 여러 번 포착되는 것으로 보아, 그들은 몇 달 동안 헤어지지 않고 붙어 다니는 것처럼 보였다. 포유류 중에서 겨우 5퍼센트 미만이 일부일처제를 추구한다는 점을 감안할 때 놀라운 일이었다. 하지만 이렇게 결합된 삶을 영위하는 것은 오직 초원들쥐prairie vole 한 종인 것 같았다. 근연관계近緣關係에 있는 다른 종들 중에서 한 쌍으로 발견되는 것은 거의 없었다.

자세한 내용을 알아보기 위해, 게츠는 들쥐 12쌍을 선택하여 움직임을 추적할 수 있도록 목줄에 작은 무선 추적기를 장착했다.

사랑, 빵처럼 늘 다시 만들어지고 새로워지길

놀랍게도 12쌍 중 11쌍이 지하 굴에서 함께 살았고, 백년해로하는 것처럼 보였다. 그런데 마지막 커플은? 알고 보니 각자 집에서 기다리는 배우자가 있는데, '딴짓'을 하다 붙잡힌 것이었다!

게츠는 이 결과를 햄스터의 호르몬을 조사하던 일리노이 대학교의 동료 수 카터Sue Carter에게 보여주었다. 설치류에서 이런 유대관계를 목격한 적이 없었기 때문에 카터는 게츠의 발견에 깜짝 놀랐다.[25] 의기투합한 두 사람은 초원들쥐의 유대관계를 함께 연구하여, 애착이 즉시 형성된다는 사실을 발견했다. 성숙한 암컷은 처음 만난 수컷의 오줌 냄새를 맡자마자 사랑에 빠지는 것으로 나타났다. 그렇게 맺어진 쌍은 최대 40시간 동안 지속되는 마라톤 짝짓기에 돌입하곤 했는데, 그러고 나면 그들은 평생 동안 한눈을 팔지 않았다.

위의 발견은 이 털북숭이 동물이 주인공인 '일부일처제의 신경과학'에 대한 수십 년간의 연구를 촉발했다. 초원들쥐가 연구에 적합한 것은 근연관계에 있으면서도 일부일처제가 아닌 산악들쥐montane vole와 비교할 수 있기 때문이다. 이 두 종 사이에는 다른 점도 있다. 초원들쥐의 부모는 새끼를 공동으로, 그리고 (설치류의 기준에서 볼 때) 오랫동안 돌본다. 산악들쥐의 경우 부모의 보살핌은 미미하며 전적으로 암컷의 책임이다. 초원들쥐는 사교적이어서 짝짓기

---

**25** 카터는 《스미소니언》지와의 인터뷰에서 이 발견에 대한 놀라움을 언급하며, 그녀 자신은 암컷 햄스터와 함께 일하는 데 더 익숙하다고 설명했다. 참고로, 암컷 햄스터는 귀엽게 보이지만 종종 짝짓기를 마친 후에 파트너를 죽이고 잡아먹는다.

나 새끼를 돌보지 않을 때에도 파트너와 많은 시간을 보내는 반면, 산악들쥐는 혼자 지내는 것을 선호한다.

또 한 가지 커다란 의문은 '왜'였다. 이 두 동물 사이에 이렇게 엄청난 차이를 야기한 요인이 뭘까? 이 장의 맥락에서 보면 놀랄 것도 없겠지만, 그 해답은 적어도 부분적으로 옥시토신인 것으로 밝혀졌다. 카터와 동료들은 암컷 초원들쥐를 무작위로 선택하여 각각 하나의 상자에 넣고, 선택권을 주었다. 암컷 초원들쥐들은 처음 있던 상자(1번)에 혼자 머물거나, 다른 두 개의 상자(2번과 3번) 중 하나에 들어갈 수 있었다. 2번 상자에는 배우자가 있었고, 3번 상자에는 한 번도 만난 적 없는 수컷이 있었다. 예상한 대로, 암컷은 원래의 상자나 낯선 수컷이 있는 상자보다 배우자가 있는 상자를 유의미하게 선호했다. 그런 다음, 실험자들은 이러한 배우자 선호 효과를 창조하는 데 필요한 조건이 무엇인지 탐색하기 시작했다. 분석 결과, 한 쌍이 24시간 동안 동거하면, 그 시간 동안 짝짓기가 허용되지 않더라도 선호가 형성되는 것으로 밝혀졌다. 그러나 그 쌍에 성관계를 가질 기회가 주어진다면, 더 빨리(불과 6시간 만에) 선호가 형성될 수도 있었다.

그러나 흥미로운 것은 연구자들이 옥시토신을 주입함으로써 이러한 차이를 재현할 수 있다는 점이었다. 파트너와 6시간을 보냈지만 교미하지 않은 암컷에 옥시토신을 투여하면 대부분의 암컷은 자신의 파트너가 있는 상자를 선택하는 것으로 나타났다. 그리고 다른 연구에 따르면, 옥시토신 수용체를 차단할 경우 최근에 짝짓

사랑, 빵처럼 늘 다시 만들어지고 새로워지길

기를 한 암컷일지라도 강한 선호를 보이지 않았다.

이는 '짝짓기가 옥시토신 수치 상승을 유발함으로써 쌍 유대를 강화한다'는 바를 시사하며, 다른 연구에서는 이것이 사실로 증명되었다. 연구자들은 이것이 하나의 행동(모성 돌봄 및 부모-자녀 유대)을 위한 호르몬이 다른 행동(파트너 유대관계)을 위해 사용된 사례일 수 있다고 생각한다. 이를 호선co-optation이라고 하며 진화에서 매우 일반적인 현상이다. 초원들쥐의 마라톤 짝짓기는 암컷에 많은 '질 및 자궁 경부 자극'을 경험하게 할 텐데, 이는 출산과 동일한 방식으로 옥시토신 방출을 유도할 수 있다.

암컷은 이 정도로 해두고, 수컷은 어떨까? 암컷과 마찬가지로 최근에 짝짓기를 한 수컷은 낯선 암컷보다 파트너를 선호한다. 그러나 이것이 옥시토신의 영향인지에 대한 연구 결과는 엇갈린다. 어떤 연구에서는 그렇다고 한 반면, 다른 연구에서는 그렇지 않다고 보고했기 때문이다. 그러나 바소프레신이라는 또 하나의 호르몬이 있는데, 이것은 옥시토신과 매우 유사한 화학물질로 수컷의 유대관계에 더 확실한 영향을 미친다.[26] 옥시토신을 투여받은 암컷과 마찬가지로 바소프레신을 투여받은 수컷 초원들쥐는 짝짓기 없이도 불과 몇 시간 만에 파트너와 유대를 형성하게 된다. 그리고 바소프레신을 차단하면, 함께 살며 짝짓기한 암컷과의 유대 형성이 억

---

**26** 바소프레신은 암컷의 유대관계 형성에도 어느 정도 관여하는 것으로 보인다. 오늘날 많은 연구자가 '두 화학물질이 암수 모두에 영향을 미치지만, 암컷은 옥시토신에 더 민감하게 반응하고 수컷은 바소프레신에 더 민감하게 반응한다'고 믿고 있다.

제된다. 흥미롭게도 일단 짝짓기한 수컷은 다른 수컷들에 공격적이 된다. 한때 느긋했던 수컷들은 자신이나 배우자에 접근하는 낯선 수컷들을 공격하게 되는데, 이는 산악들쥐에서는 볼 수 없는 일이다. 뻔한 이야기이지만, 이것은 바소프레신 때문인 것 같다.

초원들쥐와 산악들쥐를 비교한 결과 눈에 띄는 차이가 발견되었다. 연구자들이 산악들쥐 독신자들에 옥시토신이나 바소프레신을 투여하자 독자들이 예상하는 것처럼 일부일처제로 바뀌지는 않았다. 그러기는커녕 효과가 거의 없었다. 그렇다면 왜 동일한 화학 물질이 두 유사 종에 그렇게 다른 반응을 일으키는 것일까? 단서는 유전체 염기서열 분석에서 나왔다. 두 동물의 DNA는 99퍼센트 동일하지만, 1퍼센트의 차이가 호르몬의 작용 방식과 관련된 유전자에 있다. 그리고 중요한 차이점은 뇌에서 옥시토신과 바소프레신 수용체가 발견되는 위치인 것으로 밝혀졌다.

초원들쥐의 경우 이 분자들의 수용체가 뇌의 보상 회로에서 발견된다(3장 참조). 파트너와 함께 있을 때 이 영역을 자극하면 파트너를 '짝짓기의 보상 효과'와 연관시키는 법을 배우고, 둘은 더 많은 시간을 함께 보내게 된다. 이 호르몬을 차단하면 산악들쥐처럼 짝짓기 시간이 짧아지고 유대관계 형성 효과는 사라진다.

그러나 초원들쥐 내에서도 유전적 차이가 중요한 연쇄 효과를 나타낸다. 게츠가 발견한 한 쌍의 들쥐는 배우자가 집에서 기다리는 동안 '딴짓'을 했다는 것을 기억하는가? 이건 드문 일이 아니다. 초원들쥐는 일부일처적 쌍 유대를 형성하고 오직 한 마리의 배우

사랑, 빵처럼 늘 다시 만들어지고 새로워지길

자와 함께 살며 새끼를 키우지만, 섹스에 관한 한 완전히 충실한 건 아니다. 그들은 기회가 생기면 외도를 하며, 새끼의 약 10퍼센트는 생물학적으로 관련이 없는 아버지가 양육하는 것으로 추정된다. 그리고 일부 '모태 솔로남'들을 위한 여지가 존재함을 의미한다. 그들은 정착하지 않고 혼자 살며, 이따금씩 임자 있는 암컷과 몰래 짝짓기를 한 후 사생아 양육을 다른 수컷에 떠넘긴다.

에머리 대학교의 연구원인 래리 영Larry Young은 종종 '방랑자'라고 불리는 이 독신남의 바소프레신 수용체를 코딩하는 유전자에서 차이를 발견했다. 이 유전자에는 유전자 코드가 여러 번 반복되는 영역이 있는데, 반복 횟수가 평균보다 적으면 특정 뇌 영역의 바소프레신 수용체가 줄어들고 방랑자가 될 가능성이 높아진다. 반복 횟수가 평균보다 많고 수용체가 많을수록 수컷 초원들쥐는 암컷과 더 강한 유대관계를 형성한다.


# 포옹의 호르몬
◦—◦

인간의 경우에도, 진화는 엄마와 아기 사이의 유대관계를 허용하는 시스템을 가져와 적당히 조정함으로써 '성인 사이의 쌍 유대'를 창조했을 가능성이 높다. 억지스럽게 들릴 수도 있지만 이것은 실제로 드문 일이 아니다. 어떤 시스템을 처음부터 구축하는 것보다, 이미 사용 중인 시스템 중에서 호선co-optation하는 것이 훨씬 쉽기 때문이다. 모성 유대와 파트너 유대 시스템은 둘 다 뇌의 '보상' 영역에 있는 도파민과 '옥시토신과 바소프레신의 효과'를 포함하기 때문에, 뇌를 살펴보면 유사점을 확인할 수 있다.

하지만 인간의 경우에는 두 호르몬의 정확한 효과를 파악하기가 훨씬 더 어렵다. 누군가의 혈중 농도를 측정할 수는 있지만, 이것이 뇌 속 농도와 관련이 있는지는 확실히 알 수 없다. 게다가 호르몬의 영향을 연구하기 위해 호르몬을 뇌에 직접 주입할 수도 없는 노릇이다!

그러나 그것들이 나름의 역할을 수행한다는 바를 시사하는 몇 가지 힌트가 있다. 예컨대 한 연구에서, 옥시토신을 투여받은 남성이 아내의 사진을 더 매력적으로 평가했지만 다른 여성의 이미지에 대한 평가는 변경되지 않은 것으로 밝혀졌다. 그와 동시에 그들의 측좌핵은 옥시토신을 투여받은 후 아내를 바라볼 때 더 활성화됐는데, 이는 아내의 이미지에서 더 큰 보상감을 느꼈음을 뜻한다. 그리고 초원들쥐와 마찬가지로 인간은 사랑과 관련된 다양한 뇌 영역 (예: 보상 시스템, 편도체를 포함한 변연계)에 옥시토신과 바소프레신 수용체를 가지고 있다. 이 두 호르몬은 구조적으로 매우 유사하며, 어떤 경우에는 서로의 수용체를 활성화할 수 있는 것처럼 보이기 때문에 구별하기가 어렵다. 그리고 둘 다 장기적 유대를 형성하는 데 중요하다. 하지만 사람과 동물의 데이터를 함께 놓고 비교해보면 약간 다른 역할을 하는 것처럼 보인다. 옥시토신은 안전 신호로서 불안감을 완화하므로, 한곳에 머물면서 누군가와 가까워질 기회를 제공

사랑, 빵처럼 늘 다시 만들어지고 새로워지길

한다. 바소프레신은 관계를 보호하는 데 관여하며, 공격성과 질투로 이어질 수 있다.

남성과 여성 모두 두 호르몬을 만들고 이에 반응하지만 유대관계에 관한 한 남성은 바소프레신에, 여성은 옥시토신에 더 의존하는 것 같다. 두 호르몬이 뇌에 영향을 미치는 방식은 에스트로겐과 테스토스테론 같은 성호르몬의 영향을 받기 때문에 이러한 차이를 설명할 수 있다. 그러나 동성 간에도 유대관계의 네트워크에 차이가 있는데, 이것은 부분적으로 유전자의 영향에 기인한다. 한 연구에 따르면, 바소프레신 수용체를 적게 생성하는 유전자를 가진 남성은 결혼 생활에서 문제를 겪을 가능성이 높고, 관계에 대한 만족도가 낮다고 호소한다. 보상 시스템에서 도파민 반응의 차이도 영향을 미칠 수 있다. 하지만 이것이 부정행위가 '생래적'임을 의미하지는 않는다. 사실 이 책에서 누누이 강조한 것처럼 우리의 뇌는 경험에 의해 변화할 수 있으며, 특히 젊은 시절에는 더욱 그러하다. 이것은 특히 우리의 유대관계 시스템에 해당되는 듯하다.

2장에서 보았듯이 어린 시절의 스트레스는 사람의 뇌에 엄청난 연쇄적 영향을 미칠 수 있는데, 그중 일부는 이 시스템의 변화 때문일 수 있다. 학대나 유대관계 부족(루마니아 고아원 아이들의 경험처럼)으로 초기 발달 기간 동안 너무 적게 생성된 옥시토신은, 나중에 뇌가 바소프레신과 옥시토신을 생성하는 방식을 바꿀 수 있다. 또한 이 화학물질들에 대한 뇌 수용체가 발견되는 위치와 수용체의 존재량에 영향을 미칠 수 있다. 이것은 고아들이 경험한 정신 건강 문제뿐 아니라 만년에 강한 유대관계를 형성하는 데 애를 먹은 이유를 설명할 수 있다.

정신 건강과의 연관성은, 옥시토신이 스트레스에 대처하는 데 도움이 되기 때문이다. 오랫동안 알려져 있는 바와 같이, 건강하고 협조적인(낭만적이든 아니든) 관계를 가진 사람들은 부정적 삶의 사건에서 신속하게 회복하고 질병에 걸릴 가능성도 훨씬 낮다. 오늘날에는 한 걸음 더 나아가 옥시토신이 건강하고 협조적인 관계를 뒷받침한다는 설이 힘을 얻고 있다. 4장에서 보았듯이 옥시토신이 장기적으로 활성화되면 온갖 문제를 일으킬 수 있는 투쟁-도피 반응을 약화시킬 수 있기 때문이다.

그렇다면 이 모든 것은 일부 사람들이 유전자나 어린 시절의 경험 때문에 관계를 맺는 데 실패할 운명에 처해 있다는 것을 의미할까? 나는 그렇지 않다고 생각한다. 뇌와 그 복잡성에 대해 우리가 아는 모든 것은, 우리의 운명이 유전자는커녕 뉴런의 배선에도 기록되어 있지 않다는 것을 암시한다. 우리의 뇌를 적시는 화학물질은 유연성을 허용한다. 그리고 모두가 아는 바와 같이 인간은 삶의 다양한 영역에서 유혹에 저항하고 본능을 극복할 수 있다. 일부일처제가 쉬운 선택인 사람도 있고, 항상 새로운 관계의 흥분에 이끌리는 사람도 있다. 그러나 충동에 따라 행동하는 것은 충동에 저항하는 것과 마찬가지로 선택이다. 그리고 저항을 반복적으로 선택하면 뇌가 변화하기 시작하므로 미래의 유혹에 더 쉽게 저항할 수 있다.

곳곳에 도사리는 유혹에 넘어가지 않는 사람들조차도 장기적 관계를 유지하는 것은 쉽지 않다. 사랑에 빠진 초창기에, 뇌 화학물질은 우리의 감정에 과부하를 걸어 '드디어 이상형을 만났다'고 느끼게 만든다. 그러나 시간이 흐르면서 이러한 감정은 희미해지는데, 그 이유는 장기적 유대관계를 담당하는 호르몬이 바통을 이어받기 때문이다. 유대관계 호르몬은 자동적으로 생겨나지 않으며, 당신의 호르몬과 유대관계는 능동적 과정을 통해 육성된다. 과학에 따르면 옥시토신은 당신이 파트너와 섹스나 포옹을 통해 신체적으로나 정서적으로 친밀감을 느낄 때 생성된다. 하지만 장거리 연애 중이라도 걱정할 필요는 없다! 연구는 거의 없지만, 위스콘신 매디슨 대학교 레슬리 셸처Leslie Seltzer의 연구[27]에 따르면, 사랑하는 사람과 대화하는 것(이 경우에는 어머니와 이야기하는 어린이)만으로도 옥시토신 방출을 유발할 수 있으니 말이다.[28]

파트너가 서로 바쁜 생활을 하면 흔히 그렇듯 관계가 소원해지기 쉬우며, 그에 따라 옥시토신 수치가 떨어질 수 있다. 아무리 바쁘더라도 친밀감을 수년 동안 유지하는 것이 관계를 유지하는 열쇠다. 이 모든 것이 의미하는 바라면 관계는 어디까지나 선택이며 계속해서 만들어야 한다는 것이다. 내가 제이미와 사랑에 빠진 것은 의식적 결정은 아니었지만, 그와 함께 삶을 건설하는 것은 의식적

---

**27**  Leslie J. Seltzer, et al. (2010). "Social vocalizations can release oxytocin in humans", *Proceedings of the Royal Society B*, Vol. 277, Issue 1694(옮긴이 주).

**28**  인스턴트 메시징은 동일한 효과를 나타내지 않았으므로, 당신은 전화를 걸거나 줌 통화를 할 필요가 있다.

결정이었다. 그리고 나의 바람은 우리가 앞으로도 계속해서 서로를 선택함으로써 유대관계를 형성하는 뇌 화학물질의 분비를 촉진하는 것이다. 또는 어슐러 르 귄Ursula K. Le Guin이 자신의 저서《하늘의 둘레The Lathe of Heaven》에서 썼듯, "사랑은 돌처럼 그냥 거기에 놓여 있는 것이 아니며, 빵처럼 만들어져야 한다. 그것은 항상 다시 만들어지고 새로워져야 한다".

사랑, 빵처럼 늘 다시 만들어지고 새로워지길

# 통증,

## 우리 몸의 작은 구급차

인생에서 가장 큰 고통을 나는 대학 시절 휴가를 보내는 동안 겪었다. 대학에서 주관한 스키 여행을 하던 어느 날 저녁, 친구들과 함께 터보건[1]을 타러 갔다. 날씨가 춥고 어두웠기 때문에 우리는 가능한 한 많은 옷을 껴입은 채, 작은 플라스틱 썰매를 끌고 슬로프 정상까지 걸어 올라갔다. 그러고 나서 출발했다! 처음에는 정말 재미있었다. 완만한 경사면은 작은 램프들로 밝혀졌고, 우리는 발과 (별로 효과가 없는) 브레이크를 이용하여 속도를 제어하며, 웃고 떠들며 휙 내려갔다. 어느 순간, 장식용 꼬마전구로 몸을 감싼 채 스키를 타던 한 독일 남성이 명랑하게 손을 흔들며 우리를 지나쳐 산 아래

---

**1**   흔히 앞쪽이 위로 구부러진, 좁고 길게 생긴 썰매(옮긴이 주).

통증, 우리 몸의 작은 구급차

로 사라졌다.

그런 다음 모퉁이를 돌 때, 적어도 내 눈에는 우리 앞에 절벽의 가장자리처럼 생긴 게 가로놓인 것처럼 보였다. 가이드에게 들은 바에 의하면, 이 부분에서 한 명씩 차례대로 내려가야 했다. 나는 별로 내키지 않았다. 일부 친구들과 달리 나는 술 때문에 대담해지지 않아, 투쟁-도피 반사가 제대로 발동했다. 내 차례가 가까워지자 심장이 마구 뛰었다. 포기할까 생각도 해봤지만, 다른 선택지가 없다는 것을 금방 깨달았다. 두려운 마음으로 경사면을 내려가는 수밖에 없었다.

다음에 일어난 사건의 원인을 제공한 것은 아마도 이 두려움이었을 것이다. 친구들은 차례로 경사면을 따라 내려가는 도중에 썰매에서 떨어졌는데, 차가웠고 어쩌면 약간 멍이 들었을지도 모르지만 그런대로 안전하게 바닥에 도착했다. 그러던 중 마침내 내 차례가 왔다. 속도를 내기 시작하면서, 나는 발을 딛고 브레이크를 당기며 통제력을 되찾으려고 노력했다. 그다음에 일어난 일은 약간 흐릿하다. 뭔가에 부딪힌 게 틀림없는데, 그건 아마도 썰매에 최대한 단단히 매달린 채 갑자기 옆으로 방향을 틀었기 때문일 것이다(이제 와생각해보면, 차라리 썰매에서 떨어지는 것이 훨씬 나은 선택이었을 것이다. 나의 생존 본능은 많은 아쉬움을 남겼다!). 몇 초 후, 나는 내 앞의 눈더미 속에 팔다리를 비스듬히 한 채, 살인 미스터리 드라마에 나오는 분필 윤곽을 방불케 하는 자세로 누워 있는 자신을 발견했다. 내 썰매는 우리가 타고 있던 슬로프와 다음 슬로프를 나누는 얼음 벽에 충돌했고,

나는 그대로 튕겨나가 1미터쯤 떨어진 곳에 나동그라진 것이었다.

흥미롭게도 나는 당시 큰 고통을 느꼈던 기억이 없다. 사실 응급 구조대가 도착해서 급격하게 부어오르는 발목과 손목을 묶었을 때도 특별히 고통스러웠던 기억이 나지 않는다. 약간 아팠는데, 조그만 병원에 도착했을 때 엑스레이를 찍어야 한다는 사실을 알게 되었다. 하지만 그 아픔은 부러진 팔다리(의사의 진단에 의해 밝혀졌다)에서 예상한 종류의 고통은 아니었다. 그러나 의사가 양손으로 내 손목을 잡고 (마치 크리스마스 크래커를 당기는 것처럼) 날카롭게 당겼을 때 고통이 찾아왔다. 내 뼈가 제대로 치유될 수 있도록 재정렬해야 했는데, 이루 형언할 수 없는 고통이었다.

나는 고통을 못 이겨 비명을 지르다가 급기야 정신이 혼미해져 헛소리까지 했던 것을 기억한다. 불쾌하기는 했지만 그 고통은 중요했다. 만약 체중을 실을 때 발목이 아프지 않았다면, 나는 발목이 다친 줄도 모르고 걸어서 호텔로 돌아갔을 것이다. 그리고 내 팔이 그 후 며칠 동안 욱신거리지 않았다면, 나는 팔을 움직일 때 주의를 덜 기울였을 것이고 회복을 위해 적절한 휴식을 취하지 않았을 것이다. 통증은 신체의 경고 신호다. 우리에게 해를 입을 수 있는 일을 하고 있다고 말해주며, 때로는 멈추라고 재촉한다. 그러므로 즐거움과는 거리가 멀지만 필수적이다. 간혹 선천적으로 고통을 경험하지 않는 사람들이 있는데, 이는 온갖 문제를 야기할 수 있다.

통증, 우리 몸의 작은 구급차

# 통증을 느끼지 않는 사람들

○━━○

통증을 느끼지 못해 끊임없이 부상을 입는 아이가 태어났다고 상상해보라. 첫 번째 징후는, 이가 날 때 뭔가 잘못되어 혀를 거의 씹을 뻔한 불상사가 일어난 것이다. 그리고 나이가 들면서 항상 타박상, 절상切傷, 화상을 입고, 골절상 때문에 정기적으로 병원에 입원한다. 자녀를 잘 돌보지 못한 부모를 탓하는 독자들도 있을 텐데, 충분히 납득할 수 있다. 하지만 안타깝게도 선천적으로 통증을 느낄 수 없는 어린이들이 장애가 발견되기도 전에 양육 시설에 맡겨지는 일은 믿을 수 없을 정도로 흔하다.

통증을 느낄 수 없다는 것은 들을 때와는 달리 축복이 아니라 엄청나게 위험한 일이다. 이 질환을 앓는 많은 사람은 자신도 모르게 스스로를 다치게 할 뿐 아니라 내부 통증도 느끼지 못한다. 그러므로 그들은 종종 그렇듯 치명적인 충수염 같은 질병을 의식하지 못한다.

통증을 느끼지 못하는 질환을 통각상실증analgesia 또는 무통증이라고 하는데, 많은 경우 통증 신호를 전달하는 신경의 발달에 영향을 미치는 유전적 변화에 기인한다. 이것은 통증 신호가 뇌에 제대로 전달될 수 없음을 의미한다. 현재는 이 질환을 치료할 방법이 없으므로 환자는 위험한 것과 안전한 것이 무엇인지 배우고 기억해야 하며, 매일 부상을 발견하기 위해 수동 점검을 수행해야 한다. 그러나 경우에 따라 문제는 뉴런이 아니라 신호를 보내는 데 관여하는 화학물질이다. 이런 사람들은 치료가 가능할 수도 있지만, 그것이 어떻게 작용하는지 이해하려면 통증 신호가 전달되는 방식에 대한 기본부터 시작해야 한다.

겉으로 보기에 통증은 단순한 현상처럼 보인다. 17세기 철학자 르네 데카르트는 유명한 스케치[2]에서, 무릎을 꿇고 불 속에 발을 집어넣은 남자를 보여주면서 고통에 대한 자신의 이해를 설명했다. 남자의 몸에는 발과 뇌를 연결하는 선이 그어져 있는데, 데카르트는 이것이 피부 손상에 대한 정보를 뇌에 전달하여 통증을 느끼게 하는 신경섬유라고 제안했다. 이 도그마는 오늘날에도 여전히 살아 있다.

문제는 그림 자체가 틀렸다는 게 아니라 지나치게 단순하다는 것이다. 데카르트는 여러 면에서 옳았고, 통증의 기본적 해부학은 그가 제시한 이미지를 따른다. 발을 다치면 피부의 신경섬유가 척수에 신호를 보낸다. 척수 속에서 신경섬유는 두 가지 화학물질을 시냅스로 방출한다. 하나는 글루탐산염인데, 이것은 이전 장에서 살펴본 것처럼 뇌가 하는 거의 모든 일에 관여하는 흥분성 신경전달물질이다. 다른 하나는 P 물질substance P로, 몸 전체에서 발견되며 많은 역할을 하는데 그중 하나는 염증을 촉진하는 것이다. 이 화학물질들은 다른 신경섬유들을 활성화함으로써 신호를 뇌로 전달한다.

이 부분에서 문제가 조금 복잡해진다. 만약 이것이 통증과 관련된 유일한 과정이라면, 해당 신경섬유를 절단함으로써 통증을 완전

---

**2**  'https://en.wikipedia.org/wiki/Pain_theories'의 삽화를 참고하라(옮긴이 주).

통증, 우리 몸의 작은 구급차

히 제거할 수 있어야 하기 때문이다. 하지만 현실은 그렇지 않다.

그렇다면 도대체 무슨 일이 일어나는 것일까? 이 의문에 답하기 위해서는 통증의 생리학과 생화학을 가장 기초적인 수준에서 이해할 필요가 있다. 통증은 수많은 다양한 유형의 경험과 사건을 지칭하는 데 사용할 수 있는 용어이므로, 데카르트가 쓴 가장 단순한 예인 피부 손상부터 시작하기로 하자.

우리의 피부는 기관과 외부 세계를 분리하는 수동적 장벽과는 거리가 멀다. 사실 피부는 진동에서 온도에 이르기까지 모든 것을 감지할 수 있는 수많은 센서를 포함한다. 또한 피부는 '통증 수용체'[3]라고도 하는 통각수용체nociceptor를 포함하고 있다. 통각수용체는 자유신경종말free nerve ending로, 복잡한 구조가 없으며 단지 감각 뉴런의 수상돌기일 뿐이다.

이 장을 집필하는 동안 나는 대학 시절 신경과학 강좌를 수강하기 위해 참여한 실습수업을 떠올렸다. 수업은 구식 실험실에서 열렸는데, 모든 목제 벤치는 분젠 버너에 그을린 자국과 몇 세대 전에 학생들이 만든 얼룩으로 덮여 있었다. 실험실의 풍경은 항상 나와 함께했고 앞으로도 그러할 텐데, 불쾌하지는 않지만 독특한 구석이 있었다. 깔끔한 현대식 실험실에는 없는, 따뜻하면서도 강렬한 느낌이었다. 우리는 몇 개 조로 나뉘어, "오늘의 실습에서는 통증 지각을 조사할 거예요"라는 말을 들었다. 나는 다른 두 여학생

---

**3**　이 장의 뒷부분에서 알게 되겠지만, 이것은 어쩌면 부적절한 명칭일지도 모른다.

스텝Steph, 캣Kat과 짝을 이루었는데, 약간의 논쟁 끝에 캣은 용감하게도 우리에게 주어진 과제의 대상이 되겠다고 자원했다. 스텝과 나는 머뭇거리며 그녀의 눈을 가리고, 그녀의 팔을 들어 핏기를 없앤 다음, 혈액 순환을 차단하기 위해 혈압 측정용 커프를 팔 주위에 단단히 고정했다.

그 뒤를 이은 것은 내가 대학에서 보낸 '가장 이상한 20분'으로 기억된다. 스텝과 나는 2분마다 한 번씩 캣을 핀으로 찌르고, "통증 부위를 가리키며 설명해달라"고 부탁했다. 처음에 그녀의 설명은 누구나 예상한 대로였다. 우리가 집게손가락을 찔렀을 때, 그녀는 즉시 "아야"라고 말하고 그 손가락을 가리키며 문자 그대로 '찌르는 듯한 통증'을 묘사했다. 그녀의 손가락에 있는 신경종말이 우리가 야기한 손상을 감지하고 뇌에 경고 메시지를 전달한 것이다. 이 메시지는 A-델타 섬유A-delta fibre를 따라 이동했는데, 이 섬유는 크기가 크고 절연체인 미엘린으로 코팅되어 있어 신호가 빠르게 이동한다. 그것은 특정한 문턱값 이상의 기계적 손상 그리고 어떤 경우에는 열 손상을 감지하며, 생성되는 통증은 '날카롭고 따끔거린다'거나 '찌르는 듯 아프다'고 묘사된다. 그것은 또한 부위를 가리키기도 쉽다. 예컨대 당신은 방금 밟은 압정이 박혀 있는 곳을 거의 즉시 알아차릴 수 있다!

그러나 자리에 앉아 있는 동안 커프가 혈류를 차단하자 캣의 팔이 마비되기 시작했다. 가장 먼저 작동을 멈춘 것 중 하나는, 많은 에너지를 필요로 하는 굵은 A-델타 섬유였다. 다음에 우리가 캣

통증, 우리 몸의 작은 구급차

을 찔렀을 때, 캣은 곧바로 응답하지 않았다. 잠시 지체한 후 캣은 통증을 감지할 수 있다고 말했지만, 질이 달랐다. 즉, 날카롭고 따끔거리는 느낌은 덜하고, 그 대신 무지근하고 타는 듯한 느낌이라고 했다. 그리고 캣은 그것이 정확히 어디에서 왔는지 확신하지 못했다. 이는 캣이 더 이상 A-델타 섬유로부터 신호를 받지 않았기 때문이다. 그 대신, 이 감각은 C-섬유C-fibre로 알려진 다른 유형의 신경에서 온 것이었다. 이것은 가늘고 미엘린이 없기 때문에 통증 신호를 천천히 전달하고, 무지근한 통증을 생성하고, 아프거나 타는 듯한 느낌을 주며, 부위를 특정하기가 어렵다. 이 섬유는 지름이 짧아서 에너지를 많이 사용하지 않으므로, 혈류 없이도 더 오랫동안 지속될 수 있다.

C-섬유는 다양한 범위의 '잠재적 위험 자극'에 반응하는 신경 종말을 가지고 있다. 어떤 C-섬유는 손가락이 절단되거나 발가락을 찧는 것과 같은 기계적 부상에 반응한다. 다른 C-섬유는 열에 의해 작동하지만, 그보다는 (환경 속에 있거나 손상된 세포에 의해 생성되는) 화학물질에 반응하는 경우가 더 많다. 피부가 손상되면 세포가 파괴되어 내용물이 주변 지역으로 누출되기 시작하고, 손상된 세포는 히스타민, 브라디키닌bradykinin, 프로스타글란딘prostaglandin을 비롯한 수많은 화학물질을 방출한다. 이것들은 염증을 일으키고, 체액을 혈관에서 조직으로 누출시켜 조직을 부풀림으로써 치유 과정을 시작한다. 그것들은 또한 감염과 싸우기 위해 백혈구를 동원한다.

그러나 화학물질 자체가 신경종말을 자극하여 더 많은 경고 신호를 보내게 하기도 한다. 이 신호는 종종 부기와 발적을 동반하는 만성통증이며, 우리가 상처를 입은 후 경험하게 된다. 이러한 화학물질 중 일부는 신경종말을 민감하게 만들어, 이전에는 반응하지 않았을 자극에 반응하게 하기도 한다. 또한 휴지 통각수용체silent nociceptor로 알려진 신경종말도 있는데, 처음에는 유해 자극에 반응하지 않지만 일단 해당 지역에 염증이 발생하면 반응을 시작한다. 상처 주위가 눌리거나 화상 입은 피부에 옷이 스칠 때 심한 고통을 겪는 것은 바로 이 때문인데, 이러한 과정을 말초 민감화peripheral sensitisation라고 한다.

바로 이 부분에서, 흔히 OTCover-the-counter 진통제라고 하는 처방전 없이 구입할 수 있는 것 중 일부가 마법을 부릴 수 있다. 예컨대 아스피린과 관련 화합물은 프로스타글란딘의 생성을 차단함으로써 이러한 민감화를 감소시킨다. OTC 진통제가 염증을 감소시키는 효능을 발휘하는 것도 이 때문이다. 그러나 그것은 2차 메커니즘에만 작용하고 초기 부상으로 인한 통증 신호를 차단하지 않으므로, 통증을 완전히 억제하지는 못한다.

## 통증을 조절하는 방법

◦━◦

따라서 피부 손상은 통증을 유발할 수 있지만, 캣이 느낀 통증은 손상량에 대한 직접적 반응이 아님을 알 수 있다. 이 아이디어는 1962

년 로널드 멜잭Ronald Melzack과 패트릭 월Patrick Wall이 처음 소개했
다.[4] 그들은 통증 경로에 다른 요인의 영향을 받을 수 있는 지점 또
는 '관문gate'이 있다는 생각을 제시했다. 예컨대 통증 섬유는 척수
와 시냅스로 연결된 유일한 신경이 아닌데, 그 이유는 또 다른 감각
정보도 척수에 전달되기 때문이다. 멜잭과 월의 제안에 따르면, 이
두 가지 유형의 감각 정보가 억제성 개재뉴런inhibitory inter-neuron을
통해 상호작용을 할 수 있다.

개재뉴런이란 두 개의 뉴런 사이에 있는 작은 뉴런을 말하는
데, 억제성 개재뉴런이 활성화되면 그것과 시냅스로 연결된 뉴런
들 간의 신호 전달이 차단된다. 통증 신호가 척수에 도달하면 개재
뉴런이 비활성화되므로, 신호는 '관문'을 통과하여 뇌로 쉽게 전달
된다. 그러나 촉각, 압력, 온도 등의 정보를 전달하는 섬유의 활성이
증가하면 개재뉴런이 활성화되어, 관문이 효율적으로 '폐쇄'되므로
통증 정보가 뇌로 전달되기가 어려워진다. 따라서 피부가 '감지한
손상의 양'뿐만 아니라 다른 감각 신호와 비교한 '통증 신호의 비
율'도 중요하다. 단단한 물체에 부딪힌 무릎을 문지르는 것이 통증
완화에 도움이 되는 것은 바로 이 때문이다. 요컨대 여분의 촉각 자
극을 제공하면 관문이 닫혀서, 부상을 덜 고통스럽게 만드는 데 도
움이 된다.

---

**4**  'https://en.wikipedia.org/wiki/Gate_control_theory'의 그림을 참고하라(옮긴이
주).

또 다른 흥미로운 발견은, 한 신체 부위의 통증이 다른 신체 부위의 통증에 대한 반응을 감소시킨다는 것이다. 이러한 메커니즘은 척수에도 존재한다. 척수의 뉴런들은 자신이 반응하는 부위 이외의 곳에 통증 자극이 가해질 때 억제되므로, 여러 부위에서 동시에 통증 신호가 전달되는 것이 방지된다. 내가 터보건 사고를 당했을 때 호텔로 돌아와 잠자리에 들 때까지 엉덩이에 큰 멍이 든 것을 알아차리지 못한 것은 바로 이 때문이다. 부러진 발목과 손목이 다른 부위에 발생한 웬만한 타박상을 압도할 만큼 엄청난 통증 신호를 생성했을 테니 말이다.

나는 방금 통증 신호가 뇌에 도달하기도 전에 척수의 뉴런이 통증 신호에 어떻게 영향을 미칠 수 있는지를 살펴보았다. 하지만 물론 뇌는 우리의 통증 경험을 변화시키는 역할을 수행한다. 자신의 부러진 다리를 아랑곳하지 않고, 자녀의 몸 위에 쓰러진 나무를 들어 올리는 괴력을 발휘하는 어머니를 상상해보라. 또는 당신이 잠자리에 드는 순간 참을 수 없는 통증을 초래하며 다른 어떤 것에도 주의를 돌리지 못하게 만드는 끔찍한 자상刺傷을 생각해보라. 이것은 통증 경험이 '뇌의 반응'이기 때문에 발생할 수 있는 사례인데, 뇌가 신체의 메시지에 반응하는 방식은 수많은 요인의 영향을 받을 수 있다.

부상과 '통증 경험'을 구별하는 한 가지 방법은 통증을 느끼는 사람의 뇌 활성을 관찰하는 것이다. 이것은 또한 상이한 뇌 영역들이 하는 일을 구분하는 데 도움이 된다. 통증을 담당하는 특정한 뇌 영역은 없지만, '통증 매트릭스'로 알려진 영역들의 조합이 존재한다. 이러한 영역들에는 촉각을 신체 부위에 매핑하는 뇌 영역인 체성감각피질somatosensory cortex이 포함된다. 연구자들에 의하면, 체성감각피질의 활성은 통증의 부위 및 강도와 밀접한 상관관계가 있다. 다른 중요한 영역들은 감정과 관련된 것으로 뇌섬엽, 편도체, 시상하부 등이 있다. 이 영역들을 분석하면 통증에 대한 반응과 통증의 '불쾌함과 정서적 내용'에 대한 경험치를 알 수 있다.

뇌 스캔 연구에 따르면 전대상피질anterior cingulate cortex, ACC[5]을 비롯한 영역들은 개인이 통증을 불쾌한 것으로 경험할수록 더욱 활성화하는 것으로 보인다. 참가자에게 통증에 주의를 기울이도록 요청하면 ACC의 활성이 증가하고, 음악에 집중하라고 하면 ACC의 활성이 감소한다. ACC를 관찰하면, 기대가 어떻게 통증에 영향을 미치는지도 알 수 있다. 만약 연구자가 당신에게 "잠시 후 통증이 찾아올 거예요"라고 귀띔해주면 당신은 뜻하지 않은 통증을 예상하게 될 것이고,[6] 이때 뇌를 스캔해보면 ACC의 활성이 증가한 것을 관찰할 수 있다.

이처럼 우리 뇌는 온갖 요인에 기초하여 통증의 경험치를 높이거나 낮출 수 있는데, 이를 '하향식 제어top-down control'라고 한다. 그

---

**5** ACC는 뇌의 전반부 깊숙한 곳에 자리 잡은 영역으로, 공감, 오류 감지, 감정 조절, 그리고 이 장에서 중요한 정신적·신체적 고통의 경험에 관여한다.

**6** 그 말인즉, '내 손목뼈를 맞추기 전에 경고하지 않은 것'에 대해 의사에게 감사해야 한다는 것이다!

런데 이 과정은 정확히 어떻게 작동할까? 과학자들은 세부 사항을 알아내려고 노력해왔지만, 이제야 겨우 기본적 과정을 이해하기 시작했다. 그리고 이 모든 것은 수천 년 전 매우 특별한 꽃에서 시작되었다.

## 진통제 양귀비

보잘것없는 양귀비에서 추출한 아편은 수천 년 동안 통증을 치료하는 데 사용되었다. 기록에 따르면 아편의 기원은 기원전 3400년의 메소포타미아까지 거슬러 올라가며, 그 후 고대 그리스, 이집트, 페르시아로 재배가 확산되었다. 유럽인들은 1300년대까지만 해도 아편에 호의적이지 않았지만, 약 200년 후 포르투갈 상인들은 담배처럼 말아 피울 경우 효과를 훨씬 빨리 느낄 수 있음을 발견했다. 17세기에 이르러 아편은 쾌락의 원천이자 정력제가 되었지만, 아편과 알코올의 혼합물인 아편틴크가 도입되면서 다시 의약품으로 사용되었다. 이 혼합물은 온갖 문제를 완화하기 위해 판매되었고, 심지어 아기에게도 투여되었다.

한편 아편은 중국과 동아시아에 소개되었다. 자국인에게 해를 끼칠 수 있음을 깨달은 중국의 가경제嘉慶帝는 1799년 아편을 전면 금지했다. 하지만 그럼에도 아편 무역은 둔화되지 않았는데, 한 가지 주요 이유는 영국인들의 '차 사랑'이었다. 18세기에 동인도 회사는 중국에서 막대한 양의 차를 수입했다. 문제는 영국의 상품 목록에 중국의 마음에 드는 게 없다 보니 영국 상인들은 '소중한 은銀'으로 결제할 수밖에 없었다는 것이다. 그러나 중국은 약간의 아편을 수입하고 있었다. 그래서 영국은 중국 황제의 금지령을 무시하고, 인도에서 양귀비를 계속 재배한 후 아편을 중국으로 보내 차와 맞바꿨다. 아편 중독은 중국을 지속적으로 황폐화했고, 이로 인한 갈등은 20년 간격으로 치른 두 번의 아편 전쟁으로 귀결되었다. 영국과 프랑스를 상대한 중국군은 두 번 다 패배하여, 아편 무역을 다시 합법화했을 뿐만 아니라 홍콩을 영국에 할양해야 했다.

몇 가지 단점에도, 아편은 그와 동시에 의료에 혁명을 일으켰다. 아편은 1803년에 활성 성분이 분리되어, 로마 신화에 나오는 꿈의 신 모르페우스의 이름을 따서 '모르핀'으로 명명되었다. 모르핀과 그 밖의 아편계 진통제는 오늘날에도 여전히 사용되고 있으며, 알려진 진통제 중에서 가장 효과적이다. 그러나 졸음, 메스꺼움, 변비, 현기증, 호흡 둔화와 같은 부작용이 있어 방치하면 치명적일 수 있다. 또한 중독을 일으킬 가능성이 있다. 아편과 그 유도체는 19세기 내내 약으로 사용됐을 뿐 아니라 희열, 이완, 따뜻함, 평온함을 제공했기 때문에 인기 있는 기분 전환용 약물이 되었다.

19세기 말에 이르러 문제가 되는 부작용 없이 진통 혜택을 유지하는 버전을 찾는 노력이 시작되었다. 독일 엘버펠트의 바이엘 회사에 근무하던 화학자 하인리히 드레저Heinrich Dreser는 디아세테틸모르핀Diacetylmorphine이라는 화합물을 만들었다.[7] 그것은 훨씬 더 효과적인 진통제였고, 회사에서는 모르핀보다 중독성도 적을 거라고 믿었다. 새로운 버전은 강력한 효능 때문에 '헤로인'이라는 상품명으로 출시되었는데, 이 이름은 '영웅적인' 또는 '강한'을 의미하는 독일어 'heroisch'에서 유래한다.

처음에는 의료계에서 환영받았고 주로 진해제鎭咳劑로 판매되었지만, 오늘날 과학자들은 헤로인이 실제로 모르핀보다 중독성이 강하다는 것을 알고 있다. 왜냐하면 혈뇌장벽을 더 빠르게 통과할 수 있기 때문이다. 일단 뇌에 들어가면 모르핀으로 전환되어 동일한 효과를 내지만 더 빠르게 작용한다. 이것은 모르핀보다 더 많은 '흥분'을 제공한다는 것을 의미한다. 이윽고 중독은 헤로인의 고질적 문제가 되었다. 1920년대에 정부에서는 의사만 아편유사제를 처방할 수 있도록 판매를 규제했다. 그럼에도 헤로인 같은 아편계 길거리 마약과 옥시코돈 같은 처방 진통제에 의한 중독은 전 세계적으로 심각한 문제로 남아 있다.

## 오만과 편견

○━○

아편과 그것이 신체에 미치는 영향은 수천 년 동안 알려져 있었지

---

**7**  사실은 수십 년 전 런던의 화학자가 처음으로 합성했지만, 이 화합물을 상업적으로 생산한 것은 바이엘이었다.

통증, 우리 몸의 작은 구급차

만, 여전히 풀어야 할 수수께끼가 있었다. 이 화합물은 정확히 어떻게 통증을 줄이고, 그 밖의 다른 효과를 나타낼까?

1900년대 초, 모든 약물에는 상응하는 수용체가 있기 마련이라는 이론이 등장했다. 모든 약물은 세포 표면의 특화된 부위에 결합하여, 이를 활성화하거나 차단함으로써 세포의 기능을 직접 변화시킬 수도 있고, 인체의 천연 화학물질이 세포에 미치는 영향을 좌우할 수도 있다는 것이었다. 그러나 이 이론이 주류 과학계에 받아들여지려면, 최초의 수용체 차단제(아드레날린 수용체 중 하나에 영향을 미치는 베타 차단제)가 개발된 1960년대까지 기다려야 했다. 그즈음 모든 종류의 약물은 자체 수용체를 가지고 있을 거라는 생각이 관심을 끌기 시작했다.

1972년 캔더스 퍼트Candace Pert는 메릴랜드주에 있는 존스홉킨스 대학교 솔로몬 스나이더Solomon Snyder의 연구실에서 일하는 대학원생이었다. 허리가 부러지는 바람에 여름 내내 다량의 진통제를 복용하며 병원에서 보낸 퍼트는 자신이 투여받은 아편유사제를 더 자세히 연구할 기회를 놓치지 않았다. 새로 시작된 연구 프로젝트에서 퍼트는 아편유사제 수용체(아편유사제가 결합하는 세포 표면의 부위)를 찾으려고 노력했다. 이를 위해 그녀는 방사성 추적자로 표지된 모르핀을 사용했다. 퍼트의 바람은, 모르핀이 수용체에 부착되어 그 위치를 알려주는 것이었다. 불행하게도, 과학에서 종종 그렇듯 그녀의 시도는 무위에 그쳤다. 신호가 너무 약하고 잡음이 너무 많아 아무것도 증명할 수 없었다. 퍼트는 자신이 올바른 길을 가고 있다고 확신했지만 스나이더는 결과를 원했으므로, 프로젝트가 실패하자 그녀를 '더 확실한 프로젝트'에 배치하기로 결정했다.

그러나 퍼트는 자신의 연구를 그렇게 쉽게 포기할 위인이 아니었다. 그녀는 실패의 원인이 모르핀에 있다는 예감이 들었다. 그녀는 '아편유사제 수용체와 더 강하게 결합하는 분자'가 필요하다고 추론하고, 그것을 사용한다면 수용체를 더 명확하게 볼 수 있을 거라고 생각했다. 그녀는 아편유사제 과다 복용을 신속하게 역전시키는 데 사용하는 날록손naloxone에 눈을 돌렸다. 날록손은 매우 효과적으로 작용하기 때문에, '모르핀보다 더 강력하게 아편유사제 수용체에 결합하여 이미 체내에 있는 아편유사제의 작용을 차단하고, 심지어 이미 수용체에 결합되어 있는 아편유사제를 제거한다'고 가정되었다.[8] 하지만 상사의 승인도 없이 어떻게 그 약을 구할 수 있었을까?

운 좋게도 근처에 있는 심리학 연구실에서 일하던 퍼트의 남편 아구Agu가 약간의 날록손을 구해줄 수 있었다. 일단 날록손을 입수하자 그녀는 방사성 추적자를 붙이는 등 모든 준비를 마쳤다. 어느 금요일, 퍼트는 모든 동료가 퇴근할 때까지 기다렸다가 연구실을 독차지한 채(빈 병을 가지고 즐겁게 노는 다섯 살짜리 아들은 별도임) 실험을 하기 시작했다. 월요일 아침 일찍 실험실로 달려간 퍼트는 자신

---

**8**  날록손은 나르칸Narcan이라는 상품명으로 판매되며, 응급 구조대가 아편유사제 과다 복용을 신속하게 치료하기 위해 휴대한다.

이 예감했던 대로 실험이 성공했다는 것을 알고 뛸 듯이 기뻤다. 방사성 추적자가 '아편유사제 수용체를 찾았다'는 신호를 보내고 있었던 것이다.

자신의 저서 《감정의 분자 The Molecules of Emotion》에서 퍼트는 과학의 세계를 새로운 것을 최초로 발견하고 발표하기 위한 숨 막히는 경쟁으로 묘사한다. 아편제[9]를 연구하는 다른 연구실은 잠재적 협력자라기보다는 라이벌이었고, 심지어 그녀의 연구실 내에서도 퍼트는 자신의 지위를 지키기 위해 싸워야 했다. 그것은 한편으로는 상사의 야망, 다른 한편으로는 그녀가 여성이라는 것 때문인 듯하다. 퍼트는 여성 과학자들이 연구비 지원을 거절당한 이야기와, 남성이 지배하는 연구실 뒤에서 목격한 고정관념과 조롱을 까발렸다. 얼마 후 벌어진 스캔들을 잉태한 것은 바로 이러한 환경이었다.

퍼트는 1978년까지 3년 동안 국립정신건강연구소에서 일하면서 최대 10명으로 구성된 팀을 이끌었다. 연구실을 떠날 때 스나이더가 "아편유사제 수용체에 대한 연구를 중단하겠다고 약속하라"고 요구했음에도 그녀는 열정을 포기하지 않았으며, 이러한 수용체를 뇌의 특정 영역에 매핑하려고 계속 노력했다. 그래서 스나이더가 그녀를 시상식에 초대하기 위해 갑자기 전화를 걸었을 때, 퍼트는 스나이더로부터 소식을 듣고 소스라치게 놀랐다. 아편유사제 수

---

**9** 아편제opiate라는 용어는 아편에서 직접 유도된 화합물, 이를테면 모르핀과 헤로인을 가리키며, 아편유사제opioid는 오늘날의 합성 진통제까지도 포함하는 광범위한 개념이다(토머스 헤이거의 《텐 드럭스》참고, 옮긴이 주).

용체에 대한 연구로, 스나이더가 권위 있는 래스커상(의학계의 노벨상)를 수상한다는 게 아닌가! 그와 함께, 돼지의 뇌에서 모르핀처럼 작용하는 분자를 최초로 분리한 한스 코스털리츠Hans Kosterlitz와 존 휴스John Hughes라는 두 명의 다른 연구원이 공로를 인정받을 거라고 했다. 퍼트는 수상에서 제외된 것에 격분했고, 스나이더가 "행사에서 함께 인사를 합시다"라고 제안했을 때 그녀의 분노는 극에 달했다.

자신이 보기에 '올드보이 클럽'인 사람들이 상을 타는 것을 허용하지 않기로 결심하고, 퍼트는 래스커에게 보낸 편지에서 자신의 주장과 인정받지 못한 것에 대한 분노와 좌절을 설명했다. 그녀는 또한《사이언스》지에 편지 사본을 우송했다.

몇 주 후 스나이더의 멘토인 줄리어스 액설로드Julius Axelrod가 퍼트를 방문하여 한 가지 부탁을 했다. 그는 스나이더, 코스털리츠, 휴스를 노벨상 후보로 지명하는 계략을 꾸미고 있었는데(래스커상을 수상한 사람들이 계속해서 노벨상을 수상하는 것은 매우 일반적이다), 그러려면 그녀의 도움이 필요했다. 분을 삭이지 못한 퍼트는 일언지하에 거절했다. 퍼트는 이 시점에서 비로소 자신이 수상자 명단에 포함되지 않은 이유를 깨달았다고 회상한다. 노벨상은 '살아 있는 과학자 세 명'만이 공유할 수 있기 때문에, 네 사람 중 한 명은 제외될 수밖에 없었던 것이다.

물론 이 모든 논쟁은 결과에 영향을 미쳤고 세 사람은 노벨상을 받지 못했다. 그러나 그것은 또한 퍼트에게 지속적인 영향을 미

통증, 우리 몸의 작은 구급차

쳤다. 그녀는 "악명 높은 평판"을 한 몸에 받았고, 학회와 행사에서 연설해달라는 초대장의 수가 급감하면서 학계에서 "매장"당했다고 회상한다. 그러나 기득권층의 이러한 반응에도 불구하고, 함께 일 했던 여성들은 자신을 주인공이라며 환호했다고 그녀는 말한다.

퍼트는 계속해서 펩타이드(아편유사제와 같은 소분자)와 그 수용체 를 연구했으며, 경력 기간 동안 250편 이상의 논문을 발표했다. 그 러나 퍼트는 또한 특이하게도 대체의학과 영성靈性의 세계로 방향 을 틀었다. 어쩌면 그녀가 훨씬 더 환영받고 덜 잔인한 세상으로 옮 아간 것은 놀라운 일이 아닐지도 모른다. 그러나《감정의 분자》전 반부에서는 과학적 경험과 발견을 자세히 설명하지만, 후반부에서 는 추론에 있어서 엄청나게 비과학적인 비약을 한다. 예컨대, 퍼트 는 자신의 발견이 "모든 질병에는 심리적 경로가 있음을 증명했다" 고 주장하고(심지어 스나이더에게 그 편지를 쓴 것이 자신에게 얼마나 중요한 일 이었는지 언급하기도 한다. 그렇게 하지 않으면 그녀가 '우울증과 어쩌면 한두 가지 암'에 걸렸을지도 몰랐기 때문이라나?), 심지어 "신경펩타이드는 신이다"라 는 당혹스러운 주장까지 한다. 엄청나게 열정적이고 재능 있는 연 구원임이 틀림없었던 퍼트가 정치와 편견 때문에 과학계에서 쫓겨 난 것은 슬픈 일이다. 우리가 동일한 방식으로 얼마나 많은 뛰어난 과학자를 잃었을지 누가 알겠는가? 게다가 퍼트와 달리 그들은 자 신의 이야기를 세상 사람들에게 들려주지 않고 조용히 사라졌을 것 이다.

# 통증 조절 경로

о—○

퍼트의 끈기 덕분에 우리는 뇌의 아편유사제 수용체에 대한 증거를 얻었다. 우리는 오늘날 통증 경로를 따라 다양한 지점에 아편유사제 수용체가 자리 잡고 있다는 것을 알고 있다. 통증의 근원에서부터 설명하면, 통증 정보를 척수로 전달하는 감각뉴런에는 아편유사제 수용체가 있다. 아편제가 이 수용체에 결합하면 감각뉴런의 활성화가 어려워지므로, 신경전달물질, 글루탐산염, P 물질이 척수의 시냅스로 덜 방출된다. 신호를 전달하는 화학물질이 없으면 척수에 있는 두 번째 뉴런은 메시지를 수신하지 못하며 통증도 느낄 수 없다. 그러나 아편유사제는 여기서 멈추지 않는다. 두 번째 뉴런에도 아편유사제 수용체가 있으므로, 설사 메시지가 시냅스를 통과하더라도 두 번째 뉴런의 수용체에 결합한 아편유사제는 두 번째 뉴런이 발화할 가능성을 낮춤으로써 신호가 뇌에 도달하지 못하게 한다.

그러나 신호가 뇌의 두 번째 뉴런에 도달할 경우를 대비하여, 아편유사제는 또 다른 역할을 수행한다. 통증 경로에는 통증 정보를 뇌로 보내는 상행 경로뿐만 아니라 통증을 제어하는 하행 경로도 있는데, 이 두 가지 경로는 상호작용을 한다.[10] 아편유사제는 수도관주위 회색질periaqueductal grey, PAG이라는 영역에 작용하여, 하행 경로를 활성화한다. 일단 활성화되면, 하행 경로는 GABA, 세로토

---

10  'https://www.intechopen.com/chapters/43104'의 그림 1을 참고하라(옮긴이 주).

통증, 우리 몸의 작은 구급차

닌, 노르아드레날린, 그리고 더 많은 내인성 아편유사제endogenous opioid 같은 화학물질을 감각뉴런과 (척수에 있는) 두 번째 뉴런 사이의 시냅스로 방출한다. 이러한 화학물질들은 함께 작용하여 신호 전달을 어렵게 만듦으로써 통증을 감소시킨다.

통증 신호를 '작은 구급차', 상행 경로를 구급차가 이동하는 '도로', 하행 경로를 수문이 설치된 '강', 화학물질을 '강물'이라고 상상해보라. 수문을 열면, 언덕을 따라 흘러내린 강물이 도로에 범람하므로 교통이 차단된다. 수문을 닫으면, 침수된 도로가 복구되므로 구급차가 다시 이동할 수 있다. 따라서 아편유사제는 하행 경로의 수문을 열어 '통증 제어용 화학물질'을 방출함으로써 엄청난 연쇄 반응을 일으킬 수 있다.[11]

모르핀과 관련 화합물이 강력하고 효과적인 진통제인 것은 바로 이 때문이다. 그러나 이 화합물들이 작동하는 것은, 인체가 엔케팔린이나 엔도르핀과 같은 소위 내인성 아편유사제나 그와 비슷한 분자들을 자체적으로 생성하기 때문이다. 그리고 인체는 내인성 아편유사제를 사용하여 통증을 차단할 수 있다. 사실, 앞에서 언급한 '뇌 영역의 네트워크'인 통증 매트릭스의 일부 영역은 실제로 통증의 '경험'이 아니라 '제어'에 관여하기도 한다. 예컨대, 전대상피질 ACC이 활성화하면 PAG의 활성이 증가하는 것으로 보이며, PAG를

---

**11** 비유의 수준을 한 단계 높인다면, 아편유사제는 수문을 열 뿐만 아니라 구급차의 타이어에 칼집을 내고(감각뉴런의 신호를 차단하고) 노면을 끈끈한 당밀로 바꾼다(척수뉴런의 발화를 어렵게 만든다)고 말할 수 있다. 그러나 이것은 과부하의 비유적 표현일 수 있다!

전기로 자극하면 통증 신호를 차단할 수 있다. 이것은 피질이 이 시스템을 사용하여 통증을 높이거나 낮출 수 있음을 시사한다.

예를 들어, 통증에 유난히 신경 쓰는 사람들(통증 피해망상자라고 한다)일수록 실제로 더 많은 고통을 느끼는 것으로 알려졌다. 연구에 따르면 통증에 대해 부정적인 믿음(예컨대 대처할 수 없거나 결코 나아지지 않을 거라는 생각)을 가진 사람들은 동일한 자극을 더 고통스러운 것으로 평가하며, 뇌의 정서적 부분이 더욱 활성화된다. 정확한 이유는 알 수 없지만 몇 가지 해석이 가능하다. 첫째, 그들은 통증에 더 많은 주의를 기울인 나머지 다른 쪽으로 주의를 돌리기가 어려워 통증을 더 고통스럽게 느낄 수 있다. 둘째, 그들은 통증이 더 고통스러울 것으로 기대하는 경향이 있는데, 앞에서 살펴본 것처럼 기대가 경험에 영향을 미침으로써 통증을 더욱 고통스럽게 만들 수 있다. PFC, ACC 등 피질의 영역들은 천연 아편유사제와 하행 경로를 사용하여 통증 시스템을 '하향식'으로 제어할 수 있는 것으로 보인다. '주의력'이나 '기대치'의 변화는 이 과정을 변경함으로써 통증의 고통을 높이거나 낮출 수 있다.

사실 통증을 느끼지 못하는 일부 사람들은 이 시스템이 제대로 작동하지 않는다. 즉, 그들은 과도하게 활성화된 하행 경로를 가지고 있어서, '강물'이 늘 흘러넘치기 때문에 '구급차'가 결코 뇌에 도착할 수 없다. 연구자들은 이 '매우 드문 사람' 중 한 명에게 날록손을 투여하여, 아편유사제 수용체를 차단함으로써 이를 증명했다. 그들은 몇 분 안에 이전에 전혀 느낄 수 없던 고통스러운 자극을 감지할 수 있었고, 심지어 평생 동안 여러 번 부러진 다리의 통증을 보고하기도 했다. 이 사람들을 연구한다면 더 나은 진통제가 개발될 것으로 기대되지만, 그때까지 우리의 통증 차단 경로를 활성화할 수 있는 방법은 없을까?

단도직입적으로 말해서, '있다'는 것이 밝혀졌다. 그것은 신체가 방출하는 천연 아편유사제의 힘을 보여주는 일반적 사례 중 하나로, '스트레스 유발 무통stress-induced analgesia'으로 알려져 있다. 즉, 우리가 극심한 스트레스를 받을 때, 뇌는 하행 경로를 활성화하여 통증을 차단함으로써, 마치 다리가 부러진 채 수 킬로미터를 걸어 안전한 곳에 도착한 군인처럼 경이로운 위업을 허용한다.

이 과정은 피질, 편도체, 시상하부의 뉴런에서 시작된다. 이 영역에서 스트레스 시스템이 활성화되면, PAG에서 내인성 아편유사제와 카나비노이드(대마초의 활성 성분과 관련된 천연 화학물질)가 방출된다. 모르핀 및 관련 화합물에서 언급했듯이, 이 천연 화학물질들은 하행 경로를 활성화함으로써 상행하는 통증 신호를 차단한다.

그러나 늘 그렇듯, 우리는 이러한 연구를 해석하는 데 신중을 기해야 한다. 스트레스 유발 무통의 정도는 통증의 종류, 스트레스의 종류 및 개인에 따라 다양하다. 예컨대 우리가 알기로, 주의 돌리기distraction도 진통제 역할을 할 수 있다. 예컨대 중증 화상을 입은 사람들의 경우, 드레싱을 교체하는 동안 VR(가상현실) 헤드셋을 착용하면 헤드셋을 사용하지 않을 때보다 통증 수준이 더 낮은 것으로 보고되었다. 게다가 사람들은 통증으로부터 주의를 돌리는 방법을 배울 수 있다. 옥스퍼드 대학교의 임상신경과학부장인 아이린 트레이시Irene Tracey가 지휘한 영상 연구[12]에서, 사람들은 주의를 돌림으로써 통증을 줄이는 데 성공했으며, 주의를 기울일 때보다 동일한 자극을 덜 고통스러운 것으로 평가했다. 주의가 산만해지면 PAG의 활성이 증가하는 것으로 나타났는데, 이는 '주의 돌리기가 스트레스 유발 무통과 동일한 메커니즘으로 작용한다'는 생각을 뒷받침한다. 즉, 우리가 어떤 통증 자극에서 다른 곳으로 주의를 돌릴 때, 척수를 통과하는 상행 경로의 통증 뉴런은 동일한 자극에 주의를 기울일 때보다 덜 활성화된다. 그리고 아편유사제 수용체를 차단하는 날록손은 주의 돌리기의 통증 감소 효과를 약화시키는데, 이는 주의 돌리기 역시 천연 아편유사제에 의존한다는 것을 보여준다.[13] 그렇다면 스트레스가 단순히 다른 유형의 주의 돌리기로 작용하지 않는다는 것을 어떻게 알 수 있을까?

---

**12**   Susanna J. Bantick, et al. (2002). "Imaging how attention modulates pain in humans using functional MRI", *Brain*, Volume 125, Issue 2, pp. 310~319(옮긴이 주).

**13**   그러나 환자가 날록손을 복용했을 때도 약간의 '주의 돌리기로 인한 통증 완화 효과'가 나타난다. 그렇다면 주의 돌리기로 인한 통증 완화에는 다수의 메커니즘이 작동하며, 그중 몇 가지는 천연 아편유사제에 의존하지 않는 게 분명하다.

# 욕설의 과학

○—○

이 문제를 해결하려고 노력하는 과학자는 킬 대학교의 선임 강사 리처드 스티븐스Richard Stephens다. 그는 자신의 경험에서 영감을 얻어, 다소 놀라운 주제인 욕설을 연구하고 있다. 그 이유인즉, 자신이 아는 범위에서 '모든 사람이 상처로 인한 스트레스 반응으로 욕을 내뱉는 경향이 있다'는 사실이 항상 궁금하던 차에, 어느 날 문득 그 이유가 알고 싶어졌다고 한다. 만약 욕설이 학습된 반응이라면 필시 무슨 이점이 있을 것이다. 아니면 고통을 더 악화시킬 수도 있을까? 나는 그에게 욕설처럼 간단한 것이 우리의 통증 수준에 어떻게 영향을 미칠 수 있는지 설명해달라고 요청했다.

욕설은 피해망상적 사고의 한 형태일 수 있어요. (…) 피해망상은 부상이 얼마나 많은 위협을 수반하는지를 이해하는 것과 관련 있어요. 우리 모두는 일련의 스펙트럼상에 있는데, 종이에 베인 상처가 생명을 위협할 수 있다고 생각하는 사람은 피해망상에 사로잡힌 것이고, 이는 고통을 더욱 악화시킬 뿐이죠. 따라서 욕설이 피해망상적 사고의 한 형태라면, 실제로 고통이 더 악화되고 있을 거예요. 그러나 저 자신을 들여다볼 때, 저는 그럴 가능성이 희박하다고 생각했어요. 제가 고통을 못 이겨 욕설을 퍼붓는 것은 고통이 사라지기를 바라는 마음의 표출이기 때문이죠.

그는 실험을 고안하기 시작했다. 연구자가 누군가의 통증 내성을 측정하는 가장 일반적인 방법 중 하나는, 손을 얼음물 양동이에 넣고 가능한 한 오랫동안 버티라고 요청하는 것이다. 상상할 수 있듯이 이것은 약간의 불편함으로 시작하지만 급속히 엄청나게 고통스러워진다. 하지만 좋은 소식은 최대 안전 시간 제한을 준수하는 한 장기적 피해가 없기 때문에 (자원봉사자를 해칠 수 있는[14]) 다른 방법보다 윤리 위원회를 통과하기가 쉽다는 것이다!

그 후 몇 년 동안, 스티븐스는 참가자들과 함께 몇 시간을 보내며, 욕을 할 때 손을 얼마나 오랫동안 얼음물에 담글 수 있는지 기록하고 '덜 무례한 말'을 할 때와 비교했다.

**우리는 참가자들에게 사용할 욕설을 미리 생각해두라고 한 다음, 비교 기준으로 (기준은 늘 동일해야 하므로) 테이블을 뜻하는 단어를 사용하도록 요청했어요. 그런 다음, 그들은 몇 초에 한 번씩 욕설이나 테이블에 관한 단어를 반복했죠.**

여러 번의 연구에서 참가자들은 테이블이라는 중립적 단어를 말할 때보다 욕을 할 때 더 오랫동안 손을 얼음물에 담글 수 있는 것으로 밝혀졌다. 욕설은 또한 연구팀이 만든 '트위즈파이프 twizzpipe'나 '파우치 fouch'와 같이 욕설처럼 들리는 단어보다 더 잘

---

**14** 장담하건대, 종이에 베일 위험은 심사에서 고려하지 않을 것이다.

통증, 우리 몸의 작은 구급차

작동했다. 연구팀이 만든 단어는 실제 욕설과 동일한 진통 효과를 나타내지 않았다.

일부 연구에서 욕설은 심장 박동 수를 증가시키는 것으로 나타났으므로, 스티븐스는 스트레스로 인한 욕설이 매우 정서적이라고 평가한다. 더 나아가 스트레스가 자체적으로 통증 완화를 촉발한다고 생각한다. 만약 스트레스가 단순히 주의 돌리기의 일종이라면 정서적 반응을 수반할 리 만무하기 때문이다. 하지만 흥미롭게도 욕설이 모든 사람에게 효과가 있는 것은 아니라고 한다. "일상생활에서 얼마나 자주 욕을 하느냐에 따라 달라요. 매일 욕을 하는 사람은 그만큼의 혜택을 누리지 못해요."

놀랍게도 욕설은 심지어 정신적 고통을 줄이는 데 도움이 될 수도 있다. 참가자가 빠르게 배제되는 가상의 캐치볼 게임인 사이버볼을 사용하여, 연구자들은 참가자가 욕을 할 때 배척감[15]이 감소한다는 것을 발견했다. 다시 말하지만, 욕설이 생활화된 사람은 혜택이 적었는데, 이는 방금 말한 것과 유사한 메커니즘이 여기에도 작용할 수 있음을 시사한다. 그렇다면 우리 모두 발가락을 찧을 때마다 욕을 내뱉어 분위기를 썰렁하게 만들어야 할까? 음, 스티븐스가 말했듯이 욕설은 단점이 거의 없는 것 같다.[16] "욕설의 장점은 공

---

**15**   따돌림당했다는 느낌(옮긴이 주).

**16**   물론 당신이 초등학교 교사가 아니거나, 욕을 할 때 국영 라디오 방송에 출연하지 않았다고 가정한다.

짜고 약물요법이 아니고 무칼로리이며, 무엇보다도 효과가 있다는 거예요."

## 통증을 없애는 위약

o—o

우리는 지금껏 환경에서 성격에 이르기까지 온갖 다양한 요인이 상처로 고통받는 정도에 영향을 미칠 수 있음을 보았다. 하지만 적어도 나에게 고통에 대한 가장 매력적인 것 중 하나는 위약 효과pla-cebo effect다. 우리 모두는 제안에 개방적임에도 불구하고 때로 부인하고 싶을 수도 있지만, 연구에 따르면 통증에 관한 한 특히 그렇다. 위약이라는 단어를 말할 때 대부분의 사람이 가장 먼저 떠올리는 것은 당의정[17]이지만, 위약은 실제로 다양한 형태로 제공된다.

위약은 치료적 가치가 없도록 설계된 비활성 물질 또는 치료법으로 정의된다. 그러나 이 정의에는 본질적으로 결함이 있다. 왜냐하면 위약은 치료적 가치가 있는 것으로 알려졌기 때문이다. 그렇기 때문에 모든 신약은 위약에 대해 테스트를 거쳐, 모든 개선 사항은 단순히 약을 먹거나 주사를 맞는 행위가 아니라 약물 자체에 달려 있음을 증명해야 한다.

그렇다면 설탕이나 식염수와 같은 비활성 물질이 어떻게 누군

---

**17** 당의정Sugar Pill은 1990년대의 뛰어난 록 밴드 이름이기도 하다.

가의 고통을 줄일 수 있을까? 이 모든 것은 우리 뇌가 생산하는 내인성 아편유사제 때문인 듯하다. 약을 먹거나 주사를 맞고 "통증이 줄어들 거예요"라는 말을 들으면 우리는 통증이 실제로 줄어들 거라고 기대하게 된다. 그리고 이러한 기대는 우리 뇌에 'PAG에서 하행 경로로 아편유사제를 방출하여 통증 신호를 차단하고 통증을 완화하라'고 재촉하기에 충분해 보인다. 연구에 따르면, 아편유사제 수용체를 차단하면 위약 진통제가 효과를 발휘하지 않을 수 있으니 말이다.

만약 위약을 투여받은 사람의 뇌를 스캔한다면 위약 효과와 관련된 뇌 영역을 구별할 수 있을 것이다. 당연한 일이지만, 위약 효과의 강도와 상관관계가 있는 영역 중 상당 부분은 뇌섬엽, 체성감각피질 같은 통증 반응 영역에 있다. 그러나 통증을 예상하는 동안에는 전전두 영역도 중요하다. 즉, 전전두 영역의 활성 증가는 통증 반응 영역의 활성 감소와 밀접한 상관관계가 있는 것으로 보인다. 의식적 사고에 중요한 것으로 알려져 있는 점을 감안할 때, 전전두 영역은 기대의 영향력이 미치는 곳일 수 있다. 그에 더하여, 전전두 영역은 PAG와 그 하향식 통증 제어 경로뿐만 아니라 (위약 반응에도 연루된) 선조체의 보상 시스템에도 연결되어 있다.

그러나 뇌 속의 모든 것과 마찬가지로 위약도 처음 생각했던 것보다 복잡하다. 대부분의 연구에서, 기대는 참가자에게 거짓말을 하는 과학자에 의해 유발된다. 예컨대, 연구자가 참가자에게 "모르핀을 투여했다"고 말하면 심지어 아직 모르핀을 투여하지 않았을 때도 참가자의 통증 등급이 내려가는 것을 볼 수 있다. 그와 반대로, 연구자가 "모르핀 투여를 중단했다"고 말하면 심지어 아직 모르핀을 투여받고 있을 때도 참가자의 통증 등급이 다시 올라갈 것이다. 이것은 실제로 노세보 효과nocebo effect이며, 위약 효과의 사악한 쌍둥이라고 불린다. 사실 누군가에게 약을 준다고 말하면서 아무것도 주지 않는 것이, 아무 말도 없이 약을 주는 것보다 효과적일 수 있다!

그러나 구두 지시가 모든 것을 설명할 수는 없다. 예를 들어, 위약 효과는 이전에 모르핀 투여를 통해 진통 효과를 경험한 사람들에게 훨씬 더 잘 작용한다. 이것이 시사하는 점은, 위약이 갖는 효과의 일부가 종종 조건화라고 불리는 무의식적 학습 과정에 기인한다는 것이다. 즉, 시간이 지남에 따라 사람들이 특정 경험을 통증 완화와 연관시키는 법을 배움으로써 위약 효과가 나타나게 된다.

예컨대 루아나 콜로카Luana Colloca와 동료들의 연구[18]에서, 참가자들은 등불이 켜질 때마다 동일한 전기 충격을 받게 될 거라는 말을 듣고 연구에 지원했다. 그러나 막상 연구가 시작될 때 연구자들은 이렇게 설명했다. "적색등이 켜질 때는 통증을 더 강렬하게 만드는 시술을, 녹색등이 켜질 때는 통증을 줄이는 시술을, 황색등이 켜질 때는 전기 충격만을 받게 될 거예요." 실제로 연구자들은 아무런

---

**18**  Luana Colloca, Fabrizio Benedetti. (2009). "Placebo analgesia induced by social observational learning", *Pain*, 144(1), pp. 28~34(옮긴이 주).

'시술'도 하지 않고, 적색등이 켜질 때 전압을 높이고, 녹색등이 켜질 때 전압을 낮출 뿐이었다(황색등이 켜질 때 가해진 전압은 적색등과 녹색등의 중간으로, 기준치 역할을 했다). 이러한 '거짓말'과 '경험'을 통해 '등불의 색깔에 따라 통증 수준이 달라진다'고 느끼도록 참가자들을 훈련시킨 후, 연구자들은 본격적으로 연구에 착수했다.

훈련을 마친 참가자들을 대상으로, 연구자들은 그들의 통증 감각을 테스트했다. 이번에는 매번 동일한 통증 자극이 가해졌지만, 참가자들은 적색등을 볼 때 황색등보다 더 강렬한 통증을 느끼고, 녹색등을 볼 때 덜 강렬한 통증을 느낀다고 평가했다. 참가자들은 또한 더 많은 훈련을 받을수록 녹색등과 관련된 통증 완화 효과를 '더 많이' '더 오랫동안' 느끼는 것으로 나타났다.

콜로카의 연구에는 여전히 '기대'라는 요소가 개입되어 있다. 그러나 하버드 의과대학의 테드 캅추크Ted Kaptchuk는 자신이 진행해온 위약 연구에서 흥미로운 점을 발견했다.[19] 그는 과민성대장 증후군 환자들을 연구해왔는데, 상당수의 환자가 여러 가지 치료를 시도했음에도 불구하고 증상이 호전되지 않았다. 그들은 종종 "치료 효과를 기대하지 않는다"고 말했지만, 캅추크의 연구 기간 동안 많은 사람이 호전되었다. 그래서 그는 '기대가 전혀 문제가 되지 않을지도 모른다'고 생각하기 시작했다. 위약임을 뻔히 알고 복용했

---

**19**  Ted J. Kaptchuk, et al. (2010). "Placebos without Deception: A Randomized Controlled Trial in Irritable Bowel Syndrome", *PLOS ONE*(옮긴이 주).

는데도 효과를 볼 수 있을까? 캅추크가 이끄는 연구팀은 이 의문을 밝히기 위한 연구에 착수했다. 연구 결과 '알고 먹은 위약'도 효과가 있는 것으로 밝혀졌고, 심지어 '당의정에 활성 성분이 없다'는 말을 들은 환자들조차 당의정을 복용한 후 종종 기분이 좋아졌다고 보고했다. 과학자들은 정확한 메커니즘을 규명하지 못했지만, 한때 생각했던 것과 달리 '의식적 기대'가 위약 효과의 유일한 원인은 아닌 것처럼 보인다. 대신 위약 효과는 여러 가지 요인이 복합적으로 어우러져 빚어내는 결과물일지도 모른다.

알고 먹은 위약도 효과가 있다는 사실은 과학적으로 매우 흥미로운 발견일 뿐만 아니라 임상적으로도 커다란 의미가 있다. 주지하는 바와 같이 위약은 진통제와 그 밖의 약물에서 종종 발생하는 부작용 없이 많은 사람에게 도움이 될 수 있지만, 의사가 위약을 처방하는 것은 문제의 소지가 있다. 의사들은 환자에게 거짓말하는 것을 좋아하지 않기 때문이다. 누군가에게 모르핀을 투여한다고 말하면서 실제로 식염수 같은 위약을 주는 것은 윤리적 악몽이며, 히포크라테스 선서에 어긋나는 일이다. 그러나 '위약이 많은 사람에게 도움이 된다'는 인식이 보편화되면, 의사들은 환자의 신뢰를 잃지 않고 위약의 힘을 사용할 수 있을 것이다.

# 만성통증의 악순환

∘━━∘

위약이 절실히 필요한 환자 그룹을 하나 든다면, 만성통증 환자들이라고 할 수 있다. 앞서 언급한 바와 같이 통증은 경고 시스템으로 진화했으며, 대부분의 사람에게서 이 시스템은 잘 작동한다. 통증은 추가 손상을 방지한다. 즉, 그것은 우리에게 뜨거운 냄비에서 손을 떼거나 부러진 발목에 체중을 싣지 말라고 지시한다. 또한 상처 입힌 일을 두 번 다시 반복하지 말라고 가르친다. 예컨대 운전 중에 뜨거운 커피 한 잔을 무릎 위에 엎질러 화상을 입은 사람은 다음번에는 더 조심하게 될 것이다. 그런 고통스러운 경험은 학습 도구로 작용한다.

그러나 통증 시스템이 깐깐한 훈장 노릇을 하는 경우, 우리를 지나치게 민감하게 만들어 만성통증을 유발할 수 있다. 불행하게도 만성통증은 매우 흔하다. 2016년 《BMJ 오픈BMJ Open》에 실린 한 총설 논문[20]에 따르면, 영국 인구의 3분의 1에서 절반이 어떤 형태로든 만성통증을 앓고 있다.

만성통증으로 가는 첫 번째 단계는, 이 장의 앞부분에서 논의한 말초 민감화다. 세포가 손상되면 화학물질이 방출되는데, 이는 상처 주위에 염증이 있을 때와 마찬가지로 통증 시스템에 있는 수

---

**20**    Fayas A., et al. (2016). "Prevalence of chronic pain in the UK: a systematic review and meta-analysis of population studies", *BMJ Open*, Vol. 6, Issue 6(옮긴이 주).

용체의 활성을 증가시킨다. 그러나 이런 일이 지속적으로 일어나면 뉴런 자체에 장기적 변화가 발생하여 더욱 민감해질 수 있는데, 이것을 중추 민감화central sensitisation라고 한다.

중추 민감화의 또 다른 일반적 원인은 신경 손상이다. 손상된 신경은 반복적으로 발화할 수 있으며, 이렇게 되면 통증 신호를 뇌로 전달하는 척수의 신경이 활성화된다. 그러나 척수 속에는 한 가지 유형의 입력(예: 통증, 촉감, 온도)에 특이적으로 반응하는 신경뿐만 아니라 모든 자극에 비특이적으로 반응하는 신경도 존재한다. 이 신경들은 자극의 강도를 뇌에 알려주며, 자극이 강할수록 더 빨리 발화한다. 세포 손상의 경우와 마찬가지로, 이 신경도 반복적으로 활성화되면 변화하기 시작한다. 즉 신경은 더욱 민감해져서 이전에는 약한 반응만 일으켰을 자극에 강하게 반응한다.

이 과정은 학습과 관련된 메커니즘인 장기 강화LTP와 매우 유사하다(2장 참조). 신경으로부터 자극이 반복적으로 입력되면 다른 화학물질(예: P 물질)과 함께 다량의 글루탐산염이 방출되므로, 두 번째 신경이 더 오랫동안 활성화된다. 이렇게 되면 뉴런이 변화하여 연결이 강화되므로, 첫 번째 뉴런이 두 번째 뉴런을 더 쉽게 활성화할 수 있게 된다. 이로 인해 이전에는 촉감으로만 느껴졌을 자극이 통증 신경을 활성화하여 통증을 초래할 수 있다. 신경 자체가 서로 교차 흥분할 수도 있으므로 하나의 신호가 곧 확산되어 커다란 통증을 유발할 수 있다. 그에 더해 일반적으로 이러한 통증 신호를 억제하는 GABA와 같은 화학물질이 감소할 수도 있다.

이 메커니즘은 염증 및 신경 손상으로 인한 만성통증을 가장 잘 설명하지만, 다른 형태의 만성통증도 이와 유사한 메커니즘을 가지고 있는 것으로 보인다. 사실, 부상 후 만성통증을 초래하는 위험 요인 중 하나는 부적절한 통증 관리다. 고통스러운 부상과 불충분한 진통제가 장기화·일상화되면, 누구나 중추 민감화의 위험에 처하게 된다. 쉽게 말해, 인체의 경고 시스템에 오류가 발생했다고 생각하면 된다. 통증 신경이 반복적으로 활성화된다는 것은 일반적으로 당신이 자신에게 피해를 주는 일을 계속하고 있음을 의미한다. 인체는 당신이 사실상 경고 시스템을 무시하고 있다고 간주하여 경고 시스템을 강화한다.

하행 경로에 변화가 일어날 경우 뇌가 만성통증에 기여할 수도 있다. 예를 들어, 뇌줄기의 세포는 척수에서 (통증 신호를 촉진하는 것으로 보이는) 세로토닌과 (통증 신호를 억제하는) 노르아드레날린의 방출을 촉발할 수 있다. 만성통증이 있는 경우 뇌신경에도 변화가 일어나, '더 많은' 세로토닌과 '더 적은' 노르아드레날린을 방출함으로써 척수의 신경을 더 쉽게 활성화한다.[21]

만성통증이 있는 사람들의 뇌 전전두 영역에도 변화가 있다.

---

**21** 여기에서 혼란스러운 점을 발견했다면 100점이다. 앞에서는 세로토닌이 '하행 경로를 도와 통증을 차단한다'고 했는데, 여기서는 '통증의 상행 경로 활성화에 도움을 준다'고 하니 말이다. 하지만 이건 실수가 아니다. 세로토닌은 관련된 통증 유형에 따라 두 가지 역할 중 하나를 수행할 수 있는 것으로 보인다. 즉, 다양한 수용체가 세로토닌과 결합함으로써 다양한 역할을 수행할 수 있으며, 어떤 수용체가 활성화되느냐에 따라 세로토닌이 통증 전달에 미치는 영향이 완전히 바뀔 수도 있다.

연구에 따르면, 이 영역에서 변연계와 연결되는 부위의 회색질이 감소한다. 이것이 의미하는 것은 만성통증 환자들이 통증을 억제하기 위해 하향식 제어를 덜 사용할 수 있다는 것이다. 일례로, 허리에 부상을 입은 사람들을 1년 동안 추적한 연구에서, 절반이 만성통증을 앓게 되었고 그들의 뇌는 연구하는 동안 줄곧 변화한 것으로 밝혀졌다. 따라서 분명한 건 통증이 이러한 변화를 일으키는 것이지 그 반대가 아니라는 점이다.

만성통증의 발생에 대해 생각하는 또 다른 방법은, 3장에서 논의한 '예측 오류' 및 '보상 학습'과 관련이 있다. 우리 두뇌는 끊임없이 세상에 대한 예측을 한 다음 이를 결과와 비교하고, 그 차이(또는 예측 오류)를 사용하여 다음번에 대한 기대치를 조정한다. 허리를 구부리면 괜찮을 거라고 예측했는데 실제로는 허리가 아팠다고 하자. 그러면 당신은 다음에 허리를 구부릴 때 약간의 통증을 예상할 것이다. 여기까지는 문제가 없어 보인다. 그런데 문제가 발생하는 지점은, 지금까지 살펴본 바와 같이 통증을 기대하는 것이 실제로 고통을 악화시킬 수 있기 때문이다. 그러므로 당신이 허리를 다시 구부릴 때, 기대감 때문에 아픔이 더 심해진다. 이것은 또 다른 예측 오류이므로, 뇌는 통증에 대한 기대치를 높인다. 당신은 악순환의 고리에 휘말린 것이다. 이는 보상 처리 및 동기부여에 관여하는 회로(3장 참조)에서 발생하는 것으로 보이며, 그 메커니즘은 통증을 예측하는 단서가 측좌핵NAc을 활성화하는 것이다. 그러나 이것이 통증을 조절한다고 알려진 뇌 영역과 정확히 어떻게 연결되어 있는지는 명확하지 않다.

그렇다면 우리는 어떻게 이 악순환의 고리를 끊을 수 있을까? '초기'에 '효율적'으로 통증을 완화하는 것이 답인 듯하다. 연구에 따르면 초기에 통증을 관리한 사람들은 앞으로 통증이 줄어들 거라고 기대한다. 그러나 각각의 비효율적 개입은 미래의 고통에 대한 개인의 기대치를 증가시킨다.

지금까지 소개한 이론 중에서 만성통증의 실제성을 부인하는 건 하나도 없다. 그러므로 만성통증도 다른 유형의 통증만큼이나 실제적이고 성가신 것임이 틀림없다. 하지만 중요한 점은 만성통증의 실제성 여부를 놓고 왈가왈부하는 게 아니라 그 메커니즘을 이해하는 것이다. 왜냐하면 많은 만성통증 환자에게, 그것은 '원래 통증을 유발한 문제'와 더 이상 연결되지 않을 수 있기 때문이다. 허리나 몇 년 전에 부러진 팔에 통증을 느낄 수 있지만, 실제로는 신경계 장애가 원인일 수 있다. 그렇다면 치료가 필요한 것은 신경계이지 신체 부위 자체가 아니다.

이러한 통찰은 만성통증 치료에 대한 몇 가지 흥미로운 아이디어로 이어질 수 있다. 만약 통증 신호 자체를 바꿀 수 없다면 신호의 강도와 불쾌감 사이의 차이를 활용하여 '사람의 뇌가 통증 신호에 반응하는 방식'을 바꿀 수는 없을까? 예컨대 최면이 전대상피질의 활성을 감소시킨다는 연구 결과가 있다. 환자들의 체험 사례에 따르면, 통증이 여전히 존재하지만 그다지 신경 쓰이지 않으며 일상생활을 계속 영위할 수 있다.

약물이 통증, 특히 급성통증을 치료하는 데 중요한 역할을 한다는 것은 분명하다. 그러나 늘 그렇듯, 약물은 부작용을 초래한다. 연구 결과는 엇갈리지만 가장 효과적인 진통제인 아편유사제도 장기간 복용하면 효과가 사라질 수 있다는 증거가 있다. 이것은 인체가 약물에 대항하기 위해 아편유사제 수용체나 내인성 아편유사제를 하향 조절함으로써 내성을 갖게 되었기 때문일지 모른다. 이러한 과정과 '외부 화학물질이 넘쳐날 때 우리 몸이 어떻게 스스로를 조절하는지'를 더 많이 이해하는 것이, 미래에 더 나은 통증 치료법을 개발하는 열쇠가 될 것이다.

장기적 통증의 경우, 비약물요법의 역할도 기대할 수 있다. 우리는 이 장을 통틀어, 뇌가 통증을 줄이는 방법(뇌로 들어오는 통증 신호를 제어하고, 하행 경로를 활성화함)을 살펴보았다. 이 방법을 의식적으로 사용하는 일은 새롭지 않다. 단단한 물체에 부딪힌 무릎을 문지르거나, 발가락을 찧은 후 큰 소리로 욕을 하거나, 아이가 좋아하는 장난감으로 우는 아이의 주의를 분산시킨 적이 있다면, 이러한 통증 제어 시스템을 이미 사용한 것이다. 그리고 인지행동요법, 요가, 명상과 같은 기술을 사용하는 통증 관리는 이미 주류 의학으로 진출하고 있다. 이는 통증에 대한 뇌의 인식에 영향을 미치거나 (통증 질환에 종종 수반되며, 통증을 악화시킬 수 있는) 기분 문제를 치료하는 것을 목표로 한다. 그러나 뇌의 통증 제어 경로를 심층적으로 연구하면, 그것을 더 효율적으로 활성화하고 더욱 극단적 환경에서 통증을 조절하는 방법을 강구할 수 있다.

물론 항상 그렇듯이 여기서도 균형에 초점을 맞춰야 한다. 주지하는 바와 같이 과도하게 활성화된 하행 경로는 비활성화된 하행 경로만큼이나 많은 문제를 일으킬 수 있다. 우리 뇌와 신경계는 항상 균형을 유지하려고 노력하며, 너무 많은 화학물질로 과부하가 걸리거나 너무 적은 화학물질 때문에 의사소통이 결여되지 않도록 배려한다. 균형 상태를 유지하는 방법을 찾는 것은 삶의 많은 영역에서 우리에게 도움이 된다. 하지만 나처럼 근시안적일 경우 언제라도 얼음 벽에 부딪힐 수 있으니 조심하기 바란다.

BRAIN
CHEMISTRY
: OVERLOADED

이 책에서 우리는 종전에 알던 것보다 뇌가 훨씬 복잡할 뿐만 아니라 여러 영역이 서로 연결되어 있음을 알게 되었다. 대부분의 과정은 단일 영역 또는 영역 네트워크에 의해 제어되는 것이 아니라 상호작용하고 억제하는 경쟁 네트워크에 제어된다. 이러한 네트워크들 사이의 균형은 의사소통을 가능하게 하는 화학물질에 제어되며, 각성과 수면, 공복감과 포만감, 목표 추구 여부를 결정한다. 그리고 이 균형은 미묘하고 섬세하므로, 환경이나 우리 행동의 아주 작은 변화에도 쉽게 좌우된다. 인간이 매우 유연하고 주변 세계에 잘 적응할 수 있는 것은 바로 이 때문이다.

이러한 네트워크를 하나둘 분석함에 따라 과학자들은 뇌 화학물질이 얼마나 다양한 효과를 제어할 수 있는지 깨닫기 시작했다.

서로 다른 수용체를 활성화함으로써 동일한 화학물질이 하나의 뇌 영역 내에서도 외견상 정반대 효과를 낼 수 있다. 방출되는 속도와 기간에 따라 화학물질이 뇌에 미치는 영향이 달라질 수도 있다. 정체불명의 건강기능식품을 판매하는 사람들이 종종 퍼뜨리는 소문처럼, 특정 화학물질이 하나의 감정이나 행동에 영향을 미친다는 단순한 주장이 진실과 거리가 먼 것은 바로 이 때문이다. 소위 "도파민 금식dopamine fast(혹자는 이것이 '지속적으로 알림 확인하기'와 같은 강박행동을 재설정하는 데 도움이 된다고 주장한다)"의 일환으로 24시간 동안 휴대전화를 꺼놓는다고 해서, 도파민 수치가 실제로 낮아지지는 않는다. 그리고 도파민 수치가 낮아지기를 원하는 사람도 없을 것이다. 도파민 수치가 낮으면 파킨슨병 증상이 나타난다는 사실을 기억하라.

사람들이 신경화학물질에 대해 이야기할 때 종종 무시하는 또 다른 중요한 요소가 있다. 화학물질이 너무 적으면 나쁜 소식일 수 있지만, 너무 많아도 해가 될 수 있다. 낮은 세로토닌 수치는 경우에 따라 우울증과 관련이 있지만, 높은 수치는 불안과 관련이 있다. 골디락스와 마찬가지로 우리의 뇌는 화학물질과 관련하여 '스위트 스폿'을 가지고 있는 것으로 보이며, 어느 방향으로든 여기에서 벗어나면 문제가 발생할 소지가 있다.

또한 뇌의 다른 부분에는 다른 '스위트 스폿'이 존재할 수 있다. 하지만 현재 대부분의 약물은 뇌 전체를 대상으로 하기 때문에, 해당 약물의 영향을 받는 화학물질에 대한 수용체가 있는 곳이라면 어디에서나 효과를 발휘한다. 이는 그것들이 약간 무딘 도구일 수 있음을 의미하지만, 그렇다고 우리가 복용하지 말아야 한다는 의미는 아니다. 현재 대부분의 정신질환에 대한 최선의 치료에는 약물 요법이 포함되어 있는데, 모든 약물의 작용 메커니즘이 완전히 이해된 것은 아니지만 매우 효과적일 수 있다. 한 가지 희망은 '고장 난 네트워크'를 정확히 겨냥하는 약물이 가까운 시일 내에 개발되어 부작용의 위험을 줄이는 것이다.

헛된 꿈처럼 들릴지 모르겠지만, 다른 보건의료 분야에서는 이미 가능해졌다. 전통적 암 치료법인 화학요법은 환자에게 암세포를 손상시키는 약물을 투여하는 것을 포함하지만, 이는 일반적으로 혈류를 통해 전달되기 때문에 몸 전체로 이동하여 건강한 세포까지 손상시킨다. 화학요법이 탈모에서부터 메스꺼움과 피로에 이르기까지 수많은 부작용을 일으킬 수 있는 것은 바로 이 때문이다. 방사선요법 같은 다른 암 치료법은 종양을 정조준함으로써 해당 신체 부위에만 영향을 미친다. 이제 종양을 직접 겨냥하는 새로운 화학 요법제가 개발되었다. 심지어 혈액에 주입된 경우에도, 이것은 건강한 세포를 우회하고 결함이 있는 세포에 달라붙어 암세포의 기능을 억제할 수 있다.

이러한 표적 지향 암 치료법targeted cancer treatment에 사용되는 것과 똑같은 기술이 뇌에서 작동할 가능성은 낮지만, 아이디어는 비슷하다. 즉, 건강한 세포에 영향을 주지 않고 오작동하는 영역에 약물을 직접 전달하는 방법을 고안하는 것이다. 하지만 이를 위해서는 개인별로 표적화된 네트워크를 알아야 한다. 이를 위해서는,

뇌과학의 기초에 대한 더 나은 이해뿐만 아니라 의학에 대한 개인화된 접근 방법personalised approach이 필요하다.[1] 우리 뇌는 제각각 독특하며 원래 고유의 유전적 청사진에 따라 만들어졌지만, 각자 일생 동안 겪은 경험에 의해 형성된다. 예를 들어, 미래에는 우울증 환자의 뇌를 스캔하여 치료 대상을 정확히 결정하게 될 것이다. 본론에서 살펴보았듯 우울증으로 이어지는 메커니즘에는 여러 가지가 있기 때문에, 이 개인화된 접근 방법은 누군가가 고통을 겪는 이유를 정확히 진단하고 근본 원인에 가장 적합한 치료법을 선택하는 데 도움이 될 것으로 보인다.

안타깝게도 이러한 수준의 개인화는 뇌의 특정 영역에만 약물을 전달하는 방법을 개발하는 것과 마찬가지로 아직 갈 길이 멀다. 현재 다른 치료법들이 사용되고 있지만 기본 원리는 같다. 예컨대 의사들은 심박 조율기의 뇌 버전인 작은 전극을 파킨슨병 환자의 뇌에 이식하는데, 이것은 뇌의 특정 부위에 전기 자극을 전달하며, 종종 질병과 관련된 운동 증상을 줄이는 데 효과적이다. 이 뇌심부자극술은 만성통증, 강박장애, 심한 우울증 환자에게도 시도되었으며, 지금까지 소수만이 치료를 받았지만 결과는 유망하다. 그러나 뇌심부자극술은 본질적으로 위험한 뇌수술을 필요로 하므로, 현재 약물에 반응하지 않는 환자를 위한 최후의 수단으로 사용되고 있다.

---

**1**  평균적인 뇌를 더 잘 이해하는 것만으로도 기존 치료를 어느 정도 개선할 수 있지만, 사람들 간의 뇌 차이가 의미하는 바는 '치료법을 더욱 개별화하지 않을 경우, 현재의 치료 방식이 신속히 한계에 도달할 수 있다'는 것이다. 적어도 나는 이렇게 믿는다.

이에 대한 대안으로, 두피를 통해 전달되는 전기 또는 자기 펄스를 사용하는 방법이 검토되기 시작했다. 이 경두개자극술은 뇌심부자극술과 마찬가지로 뇌의 다양한 부분을 겨냥할 수 있을 뿐만 아니라 비침습적이어서 더 저렴하고 쉬우며 훨씬 덜 위험하다.

이러한 기술이 흥미진진한 것은 우리의 내부 네트워크를 조작하고 뉴런을 활성화하며 천연 화학물질이 방출되는 방식을 변경하기 때문이다. 그러나 다른 방법으로도 동일한 효과를 거둘 수 있는데, 행동 기법을 통해 우리의 행동을 바꾸는 것이다. 나는 이 책에서, 우리가 하는 일을 바꾸면 뇌 영역의 활성화와 화학물질의 방출을 바꿀 수 있다고 누누이 설명했다. 예컨대, 단단한 물체에 부딪힌 무릎을 문질러 통증을 줄이거나, 언어를 연습함으로써 뇌에 효율적으로 저장되게 하는 것이다. 뇌를 적시는 화학물질 덕분에 우리 뇌는 놀라울 정도로 적응력이 뛰어나다. 스트레스 관리에서부터 숙면에 이르기까지 행동 기법이 매우 효과적인 이유는 바로 이 때문이다. 그리고 약물이나 수술이 필요한 보다 심각한 상태의 경우, 이러한 행동 기법을 병용하면 둘이 힘을 합쳐 뇌의 균형을 회복함으로써 효과를 더할 수 있다.

놀라운 뇌의 복잡성에 대해 많이 배울수록 우리는 이 지식을 더 많이 활용할 수 있다. 인간은 비스킷 통을 보고 유혹을 받는 경향이 있다는 사실을 안다면, 충동적 보상 네트워크로 촉발된 욕망과 본능을 무시하기 위해, 논리적이고 미래 지향적인 전전두 영역을 사용하여 그 통을 높은 찬장에 숨길 수 있다. 우리 모두가 희생

양이 되는 무의식적 편향에 대해 알게 되면, 우리는 합리적 채용 시스템을 구축함으로써 (우리 취향에 맞지 않아 탈락할 수도 있는) 가장 적합한 지원자를 선택할 수 있다. 그리고 인간은 뉴스에 스트레스를 받고 압도당하는 경향이 있다는 사실을 안다면, 뉴스에 휘말리는 대신 휴대폰 알림을 설정해 하루에 한 번씩만 뉴스를 확인하도록 의식적으로 결정할 수 있다. 우리의 뇌 화학물질은 우리가 이러한 편의 추구 경향을 갖도록 만들 수 있지만, 우리가 삶의 방식을 개선하기 위해 변화하고 적응할 수 있는 기회도 제공한다.

기분에서 통증에 이르기까지 우리 뇌의 화학물질이 우리 삶의 모든 측면에 어떤 영향을 미치고, 이러한 화학물질의 조절 장애가 어떻게 모든 종류의 문제를 일으킬 수 있는지 살펴보았다. 또한 화학물질이 어떻게 우리의 행동을 통해 복잡한 뇌를 형성하고, 우리가 원하는 미래를 위해 뇌와 삶을 구축하도록 허용하며, 어떻게 우리가 변화·성장·적응하도록 작동하는지 살펴보았다. 그 과정에서 나는 뇌의 화학물질은 축복받을 가치가 있는 진화의 선물임을 깨달았다.

- **감각뉴런**sensory neuron | 외부 자극에 대한 신호를 보내는 신경세포.
- **개재뉴런**interneuron | 두 개의 다른 뉴런 사이에 위치한 뉴런. 종종 반사작용에 관여한다.
- **공고화**consolidation | 뇌에서 형성된 초기 기억을 안정화하는 과정.
- **내인성**endogenous | 유기체에서 유래하는 것을 지칭하는 수식어. 일례로, 신체에서 생성된 화학물질을 내인성 화학물질이라고 한다.
- **뇌줄기**brainstem | 뇌를 척수spinal cord에 연결하는 뇌 기저부의 영역. 삼킴, 호흡과 같은 필수 기능을 담당한다.
- **모노아민**monoamines, MAs | 화학적 구조의 유사성을 기준으로 분류한 신경전달물질의 부류 중 하나로, 도파민, 노르아드레날린, 아드레날린, 세로토닌 등이 포함된다.

- **미엘린**myelin | 축삭의 주위를 에워싸 메시지가 전달되는 속도를 증가시키는 지방 물질. 옅은 색 때문에 '백색체'라고도 한다.
- **민감화**sensitisation | 자극에 더 민감해지는 과정.
- **변연계**limbic system | 감정과 관련된 뇌 영역의 복잡한 네트워크(또는 아마도 다중 네트워크).
- **사이토카인**cytokine | 광범위한 세포에서 분비되는 작은 메신저 분자로, 다른 세포에 영향을 미친다. 면역계에 특히 중요한 일부 사이토카인(염증 촉진 사이토카인pro-inflammatory cytokine)은 염증을 촉진함으로써 감염과 싸우도록 도와준다. 다른 사이토카인(항염증 사이토카인 anti-inflammatory cytokine)은 염증을 감소시킨다.
- **성장인자**growth factor | 세포의 성장을 촉진하는 물질.
- **수상돌기**dendrite | 다른 세포로부터 신호를 입력받아 세포체에 전달하는, 뉴런 말단의 분지 구조branching structure.
- **수송체**transporter | 세포막에서 발견되며, 세포의 내부와 외부 사이에서 화학물질을 이동시킨다.
- **수용체**receptor | 1. 신경전달물질이나 호르몬과 같은 특정 물질이 세포에 결합할 때 어떤 식으로든 변화하는 세포 내부 또는 세포상의 구조. 세포에 메시지를 전달할 수 있다. 예를 들어 글루탐산염이 글루탐산염 수용체에 결합하면, 뉴런을 더 흥분시키는 변화를 유발한다.

2. 온도 같은 자극의 변화에 반응하는 감각신경의 종말.

· **수초화**myelination | 신경아교세포가 신경세포의 축삭을 미엘린(수초)으로 감싸는 과정.

· **습관화**habituation | 자극이 자주 반복될 때 자극에 대한 반응이 감소하는 현상.

· **시냅스 전**pre-synaptic **뉴런** | 활성화되면 화학물질을 시냅스로 방출하는 뉴런. 방출된 화학물질은 시냅스의 간극을 가로질러 시냅스 후 뉴런으로 이동한다.

· **시냅스 후**post-synaptic **뉴런** | 시냅스로 분리된 한 쌍의 뉴런 중에서 두 번째 뉴런. 첫 번째 뉴런으로부터 신호를 받는다.

· **신경발생**neurogenesis | 뉴런의 성장과 발생.

· **신경아교세포**glial cell | 뉴런이 아닌 모든 뇌세포를 말하며, 백색질(미엘린)을 생성하는 세포를 포함한다.

· **신경전달물질**neurotransmitter | 시냅스 전 뉴런에서 만들어져 방출되는 화학물질로, 시냅스 후 뉴런의 기능 또는 세포 자체에 영향을 미친다.

· **억제성**inhibitory | 억제성 신경전달물질이 뉴런에 결합하면, 이온의 흐름이 변경되어 해당 뉴런의 활성화가 어려워진다.

· **운동뉴런**motor neuron | 뇌 또는 척수에서 근육이나 분비샘으로 신호를 보내는 신경세포.

- **이온**ion | 하나 이상의 전자를 잃거나 얻어서 전하가 생긴 원자 또는 분자.
- **자가수용체**autoreceptor | 화학물질을 방출하는 뉴런과 동일한 뉴런에서 발견되는 화학물질 수용체. 세포체, 수상돌기, 축삭, 시냅스의 첫 번째 측면(시냅스 전)에서 발견된다.
- **자극**stimulus | (유기체가 반응할 수 있는) 유기체의 환경에 변화를 일으키는 것.
- **장기 강화**long-term potentiation, LTP | 오래 지속되는 시냅스의 변화로, 신호 전송을 더 쉽게 만든다. 학습과 기억의 세포적 메커니즘으로 생각된다.
- **재공고화**reconsolidation | 회상된 기억을 다시 저장하는 과정. 경우에 따라 이 과정에서 기억이 변경될 수 있다.
- **재흡수**reuptake | 신경전달물질을 방출한 뉴런(시냅스 전 뉴런)에 의한 신경전달물질의 재흡수.
- **전전두피질**prefrontal cortex, PFC | 이마 뒤에 위치한 뇌의 앞부분. 이 영역은 계획, 의사결정, 자기 제어와 같은 행동에 중요하며, 인간의 경우 특히 크다.
- **축삭**axon | 전기 신호를 전달하는, 신경세포의 긴 실처럼 생긴 부분.
- **피질**cortex | 고차적인 뇌 기능을 담당하는 척추동물 뇌의 표층surface layer. 인간의 경우 주름이 매우 많다.

· **혈뇌장벽**Blood-Brain Barrier, BBB │ 혈액과 뇌액腦液을 분리하는 반투과성 막semipermeable membrane. 물, 산소 및 일부 호르몬과 같은 특정 분자들의 통과를 허용하지만, 다른 많은 화학물질과 대부분의 병원체들이 들어가는 것을 막는다. 또한 포도당과 같은 필수 분자에 대한 선택적 수송체selective transporter를 포함한다. 뇌를 둘러싼 체액으로 들어가는 화학물질을 엄격하게 제어할 수 있게 한다.

· **호르몬**hormone │ 방출 부위에서 혈액을 통해 표적 기관target organ으로 이동한 후, 특정 수용체에 결합하여 세포나 조직의 기능을 변경하는 분자.

· **흥분성**excitatory │ 뉴런의 활성화와 관련된 것을 지칭하는 수식어. 흥분성 신경전달물질의 경우, 수용체에 결합하여 두 번째 뉴런이 발화할 가능성을 높인다.

## 뇌의 구조

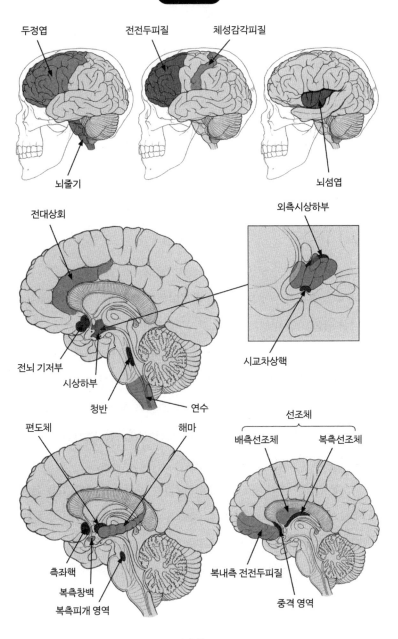

두정엽     전전두피질     체성감각피질

뇌줄기     뇌섬엽

전대상회     외측시상하부

전뇌 기저부

시상하부

청반     연수     시교차상핵

편도체     해마

선조체

배측선조체     복측선조체

측좌핵

복측창백

복측피개 영역     복내측 전전두피질

중격 영역

## 감사의 글

이 책을 집필하는 것은 기나긴 과정이었고 혼자만의 노력이 아니었기에 이를 가능하게 해주신 모든 분께 감사드린다.

남편 제이미는 점심시간에 토론을 하고 저녁 시간에 격려의 말을 건넸으며, 주말에는 초고를 검토하고 수정 사항에 의견을 제시했다. 그리고 내가 이 책에서 우리의 관계와 차이점을 이야기하고, 그를 망가뜨리는 이상한 농담을 해도 전혀 개의치 않았다! 그의 도움과 격려가 없었다면 이 책은 쓸 수 없었을 것이다.

부모님은 교정, 구글링, 조언, 끝없는 지원과 격려로 힘을 보태주셨다. 그분들은 과학에 대한 사랑과 세상에 대한 호기심을 불러일으켜, 오늘날의 나를 있게 해준 일등공신이다.

친구들은 다양한 집필 단계에서 소중한 시간을 할애하여 원고를 검토해주었다. 각자 다른 관점을 제공함으로써 책을 더 나은 방향으로 바꾸는 데 도움을 준 에마, 미치, 트렌트에게 진심으로 감사한다. 그리고 다른 친구들, 특히 격려의 말을 아끼지 않은 캣은 공명판 역할을 했고 그 과정에서 나의 든든한 버팀목이 되었다. 나를 변함없이 신뢰해준 데 감사한다.

《브레인 케미스트리》에 대해 기꺼이 논평하고, 각 장을 검토하고, 끊임없는 이메일에 답장을 보내준 연구자들에게 무한히 감사드린다. 그들의 인내와 관대함은 집필에 결정적 역할을 했다. 그리고 이 책에서 다룬 모든 과학자에게 감사드린다. 그들의 헌신, 끈기, 열정이 없었다면 우리는 오늘날과 같은 방식으로 뇌를 이해하지 못했을 것이다. 그들의 이야기를 독자에게 들려줄 기회가 생긴 것을 영광으로 생각한다. 편집자 애나와 안젤리크, 그리고 나를 믿고 이 책을 쓸 수 있는 기회를 준 짐에게 감사드린다.

다양한 행사의 대기실에서 "당신은 책을 쓸 수 있고, 써야 한다"고 말해준 내 인생의 모든 은인을 하나하나 떠올리며 감사드린다.

그리고 한 과학 쇼에서 "당신 자신을 의심하지 말고 스스로를 당당히 작가라고 부르라"고 말한 술 취한 여성에게 감사드린다. 내가 한 일을 홍보하는 것을 주저하거나 비하할 때마다 "남자라면 그런 말을 할까요?"라는 당신의 말이 내 귀에 쟁쟁히 들릴 것이다. 정말 감사드린다. 당신은 아마 우리의 만남을 기억하지 못하겠지만, 한 낯선 이의 조금은 공격적인 친절이 엄청난 변화를 가져왔다.

$$\boxed{\text{참고 문헌}}$$

## CHAPTER 1 뇌, 화학물질의 경연장

- 마이클 스트레븐스, 양병찬,《지식 기계》, 자유아카데미, 2023.
- Sidney Cohen, *The Chemical Brain: The Neurochemistry of Addictive Disorders*, Compcare Pubns, 1988.
- Roxanne Khamsi. (2005). "Jennifer Aniston strikes a nerve", *Nature*, Published online.

## CHAPTER 2 기억, 용량 큰 저장 창고 짓기

- 케빈 랠런드, 길리언 브라운, 양병찬,《센스 앤 넌센스》, 동아시아, 2014.
- Julia Shaw, *The Memory Illusion: Remembering, Forgetting and the Science of False Memory*, Anchor Canada, 2017.
- Theodora J. Kalikow. (2020). "Konrad Lorenz on human degeneration and

social decline: a chronic preoccupation", *Animal Behaviour*, Volume 164, pp. 267~272.

## CHAPTER 3 중독, 보상과 동기부여의 함정

---

- 대니얼 Z. 리버먼, 마이클 E. 롱, 최가영, 《도파민형 인간》, 쌤앤파커스, 2019.
- David J. Nutt, Anne Lingford-Hughes, David Erritzoe & Paul R. A. Stokes. (2015). "The dopamine theory of addiction: 40 years of highs and lows", *Nature Reviews Neuroscience*, volume 16, pp. 305~312.
- 'Painel Saúde-A Maconha e a Medicina-Congresso Internacional Freemind 2015.' UNIAD, 27. Aug. 2023, URL: https://www.uniad.org.br/galeria-de-videos/painel-saude-a-maconha-e-a-medicina-congresso-internacional-freemind-2015/

## CHAPTER 4 무울증, 뇌의 조심스러운 균형

---

- 조너선 와이너, 양병찬, 《핀치의 부리》, 동아시아, 2017.
- 허버트 벤슨, 양병찬, 《이완반응》, 페이퍼로드, 2020.
- Dean Burnett, *Happy Brain: Where Happiness Comes From, and Why*, W. W. Norton & Company, 2018.
- Patricia Mack Whitaker-Azmitia. (1999). "The Discovery of Serotonin and its
- Role in Neuroscience", *Neuropsychopharmacology*, volume 21, pp. 2~8.

## CHAPTER 5 수면, 뇌를 둘러싼 최대의 미스터리

---

- 리처드 와이즈먼, 한창호, 《나이트 스쿨》, 와이즈베리, 2015.
- 올리버 색스, 이민아, 《깨어남》, 알마, 2012.
- 에드 용, 양병찬, 《이토록 굉장한 세계》, 어크로스, 2023.

- 조너선 밸컴, 양병찬, 《물고기는 알고 있다》, 에이도스, 2017.
- KISTI, 〈2009년 신종플루 백신이 기면증을 일으켰던 이유〉, 《BRIC》, 2015년 7월 8일 자.
- Guy Leschziner, *The Nocturnal Brain: Nightmares, Neuroscience, and the Secret World of Sleep*, St. Martin's Press, 2019.
- Iris Haimov, Evelyn Shatil. (2013). "Cognitive Training Improves Sleep Quality and Cognitive Function among Older Adults with Insomnia", *PLOS ONE*.
- Lulu Xie, et al. (2013). "Sleep Drives Metabolite Clearance from the Adult Brain", *SCIENCE*, Vol 342, Issue 6156, pp. 373~377.
- Daniela Tempesta, Valentina Socci, Giada Dello Ioio, Luigi De Gennaro & Michele Ferrara. (2017). "The effect of sleep deprivation on retrieval of emotional memory: a behavioural study using film stimuli", *Experimental Brain Research*, volume 235, pp. 3059~3067.
- Lorinda Dajose. (2017). "The Surprising, Ancient Behavior of Jellyfish", *Caltech news*.
- 'The Elite Sleeping Genes.' Science Communication Club, 27. Aug. 2023, URL: https://scc.sa.utoronto.ca/content/elite-sleeping-genes/

## CHAPTER 6 식욕, 생존의 단순하지 않은 원동력

- 린다 베이컨, 이문희, 《왜, 살은 다시 찌는가?》, 와이즈북, 2016.
- 양병찬, 〈바이오토픽 살 빼는 수술: 그 생리학적 원리는?〉, 《BRIC》, 2014년 7월 21일 자.
- 김명호, 〈과학만화가 김명호의 의학의 소소한 최전선: 일론 머스크가 먹는 살 빼는 약의 원리는…〉, 《더메디컬》, 2023년 3월 6일 자.
- Stephan J. Guyenet, *The Hungry Brain: Outsmarting the Instincts That Make Us Overeat*, Flatiron Books, 2018.
- Gina M. Leinninger, et al. (2009). "Leptin Acts via Leptin Receptor-Expressing

Lateral Hypothalamic Neurons to Modulate the Mesolimbic Dopamine System and Suppress Feeding", *ARTICLE*, Volume 10, Issue 2, pp. 89~98.

- Paul C. Fletcher & Paul J. Kenny. (2018). "Food addiction: a valid concept?", *Neuropsychopharmacology*, volume 43, pp. 2506~2513.

- Alexandra G. DiFeliceantonio, et al. (2018). "Supra-Additive Effects of Combining Fat and Carbohydrate on Food Reward", *Cell Metabolism*, Volume 28, Issue 1, pp. 33~44.

- Karin Foerde, et al. (2018). "Assessment of test-retest reliability of a food choice task among healthy individuals", *Appetite*, Volume 123, pp. 352~356.

- '비만의 극복 1부, 두 마리의 쥐를 연결하다.' 의학의 역사, 2023년 8월 27일, URL: https://blog.naver.com/blueven74/222438149140

- '비만의 극복 2부, ob 유전자와 db 유전자.' 의학의 역사, 2023년 8월 27일, URL: https://blog.naver.com/blueven74/222438165346

## CHAPTER 7 결정, 논리인가 화학물질인가

- 댄 애리얼리, 장석훈, 《상식 밖의 경제학》, 청림출판, 2018.

- 스티븐 레빗, 스티븐 더브너, 안진환, 《괴짜 경제학》, 웅진지식하우스, 2007.

- Antonio Damasio, *Descartes' Error: Emotion, Reason, and the Human Brain*, Penguin Books, 2005.

- Michael J. Frank, et al. (2004). "By Carrot or by Stick: Cognitive Reinforcement Learning in Parkinsonism", *SCIENCE*, Vol 306, Issue 5703, pp. 1940~1943.

- Mark E. Walton, Sebastien Bouret. (2019). "What Is the Relationship between Dopamine and Effort?", *OPINION*, Volume 42, Issue 2, pp. 79~91.

- Antonio R. Damasio, et al. (1994). Insensitivity to future consequences following damage to human prefrontal cortex", *Cognition*, Volume 50, Issues 1~3, pp. 7~15.

- Paul J. Eslinger, Antonio R. Damasio. (1985). "Severe disturbance of higher cognition after bilateral frontal lobe ablation Patient EVR", *ARTICLE*, 35 (12).

• Jennifer K. Lenow, et al. (2017). "Chronic and Acute Stress Promote Overexploitation in Serial Decision Making", *Journal of Neuroscience*, 37 (23).

## CHAPTER 8 사랑, 빵처럼 늘 다시 만들어지고 새로워지길

• 래리 영, 브라이언 알렉산더, 권예리, 《끌림의 과학》, 케미스토리, 2017.

• 랜디 허터 엡스타인, 양병찬, 《크레이지 호르몬》, 동녘사이언스, 2019.

• 양병찬, 〈서양 동화의 마녀들은 왜 빗자루를 타고 날아다닐까?〉, 《ㅍㅍㅅㅅ》, 2017년 11월 21일 자.

• Olga Chelnokova, et al. (2016). "The $\mu$-opioid system promotes visual attention to faces and eyes", *Social Cognitive and Affective Neuroscience*, Volume 11, Issue 12, pp. 1902~1909.

• Ilona Croy, et al. (2012). "Learning about the Functions of the Olfactory System from People without a Sense of Smell", *PLOS ONE*.

• Tristram D. Wyatt. (2015). "The search for human pheromones: the lost decades and the necessity of returning to first principles", *Proceedings of the Royal Society B*, Vol. 282, Issue 1804.

• William Harms. (2000). "McClintock discovers two odorless chemical signals influence mood", *Chicago Chronicle*, Vol. 19, No. 13.

• Bianca J. Marlin, et al. (2015). "Oxytocin enables maternal behaviour by balancing cortical inhibition", *Nature*, volume 520, pp. 499~504.

• Leslie J. Seltzer, et al. (2010). "Social vocalizations can release oxytocin in humans", *Proceedings of the Royal Society B*, Vol. 277, Issue 1694.

• 'People can smell your neuroticism.' CNBC NEWS, 6, Sep. 2023, URL: https://www.nbcnews.com/healthy/body-odd/peo-ple-can-smell-your-neuroticism-flna1c6436941

- 토머스 헤이거, 양병찬,《텐 드럭스》, 동아시아, 2020.
- Patrick Wall, *Pain: The Science of Suffering*, Columbia University Press, 2002.
- Ream Al-Hasani, Michael R. Bruchas. (2011). "Molecular Mechanisms of Opioid Receptor-dependent Signaling and Behavior", *Anesthesiology*, Vol. 115, No. 6, pp. 1363~1381.
- Susanna J. Bantick, et al. (2002). "Imaging how attention modulates pain in humans using functional MRI", *Brain*, Volume 125, Issue 2, pp. 310~319.
- Luana Colloca, Fabrizio Benedetti. (2009). "Placebo analgesia induced by social observational learning", *Pain*, 144(1), pp. 28~34.
- Ted J. Kaptchuk, et al. (2010). "Placebos without Deception: A Randomized Controlled Trial in Irritable Bowel Syndrome", *PLOS ONE*.
- Fayas A., et al. (2016). "Prevalence of chronic pain in the UK: a systematic review and meta-analysis of population studies", *BMJ Open*, Vol. 6, Issue 6.

# 브레인 케미스트리

**초판 1쇄 발행**  2023년 9월 20일
**초판 2쇄 발행**  2023년 10월 20일

**지은이**  지니 스미스
**옮긴이**  양병찬
**펴낸이**  이승현

**출판2 본부장**  박태근
**지적인 독자 팀장**  송두나
**편집**  김예지
**교정교열**  장미향
**디자인**  studio Ain

**펴낸곳**  ㈜위즈덤하우스   **출판등록**  2000년 5월 23일 제13-1071호
**주소**  서울특별시 마포구 양화로 19 합정오피스빌딩 17층
**전화**  02) 2179-5600   **홈페이지**  www.wisdomhouse.co.kr

**ISBN**  979-11-6812-786-9  03400